Tödliches Geflecht

Axel Brennicke

Tödliches Geflecht

Ein biologischer Thriller

Weitere Informationen zum Buch finden Sie unter www.spektrum-verlag.de/978-3-8274-2889-9

Wichtiger Hinweis für den Benutzer
Der Verlag und der Autor haben alle Sorgfalt walten lassen, um vollständige und akkurate Informationen in diesem Buch zu publizieren. Der Verlag übernimmt weder Garantie noch die juristische Verantwortung oder irgendeine Haftung für die Nutzung dieser Informationen, für deren Wirtschaftlichkeit oder fehlerfreie Funktion für einen bestimmten Zweck. Der Verlag übernimmt keine Gewähr dafür, dass die beschriebenen Verfahren, Programme usw. frei von Schutzrechten Dritter sind. Die Wiedergabe von Gebrauchsnamen, Handelsnamen, Warenbezeichnungen usw. in diesem Buch berechtigt auch ohne besondere Kennzeichnung nicht zu der Annahme, dass solche Namen im Sinne der Warenzeichen- und Markenschutz-Gesetzgebung als frei zu betrachten wären und daher von jedermann benutzt werden dürften. Der Verlag hat sich bemüht, sämtliche Rechteinhaber von Abbildungen zu ermitteln. Sollte dem Verlag gegenüber dennoch der Nachweis der Rechtsinhaberschaft geführt werden, wird das branchenübliche Honorar gezahlt.

Bibliografische Information der Deutschen Nationalbibliothek
Die Deutsche Nationalbibliothek verzeichnet diese Publikation in der Deutschen Nationalbibliografie; detaillierte bibliografische Daten sind im Internet über http://dnb.d-nb.de abrufbar.

Springer ist ein Unternehmen von Springer Science+Business Media
springer.de

© Spektrum Akademischer Verlag Heidelberg 2012
Spektrum Akademischer Verlag ist ein Imprint von Springer

12   13   14   15   16   5   4   3   2   1

Planung und Lektorat: Merlet Behncke-Braunbeck, Meike Barth
Redaktion: Usch Kiausch
Herstellung und Satz: Crest Premedia Solutions (P) Ltd, Pune, Maharashtra, India
Umschlaggestaltung: wsp design Werbeagentur GmbH, Heidelberg
Titelfotografie: Ausschnitt aus „Krähen über Weizenfeld" (1890), Vincent van Gogh, © The Yorck Project: 10.000 Meisterwerke der Malerei.

ISBN 978-3-8274-2889-9

Inhalt

Hinweis

Die Personen dieses Romans sind genauso wie die Handlung frei erfunden. Die Thematik – das Problem des Pilzbefalls von Getreide – ist jedoch alles andere als ein Hirngespinst. Möglich ist diese Geschichte jederzeit. So warnte das Editorial der Zeitschrift *Science* am 23. Juli 2010 vor neuen, gegen alle Mittel resistenten Rostpilzen, die sich gerade weltweit verbreiten und die Weizenernten vernichten.

Kriebelkrankheit (Ergotismus, Kornstaupe, Antoniusfeuer, Fliegendes, Heiliges, Höllisches Feuer, Krampfsucht) Vergiftung durch Mutterkorn ...

Der Pilz ist am giftigsten zur Erntezeit, daher auch dann die meisten Epidemien, namentlich in Frankreich in der Sologne, in der Picardie etc., in Rußland, Norddeutschland, in der Lombardei etc. Die Kriebelkrankheit tritt hauptsächlich in zwei Formen auf: Bei der brandigen Form ... zeigt das erste Stadium, das etwa 2–7 Tage dauert, Schwindel, Unruhe, Schmerzen in den Gliedern, Ameisenkriechen (daher der Name), Erbrechen, Diarrhöe. Weiterhin zeigen sich die Vorläufer des Brandes, Schmerzen in den betroffenen Gliedern, Zehen, Fingern, Nase ... Die brandigen Teile stoßen sich ab. Das begleitende Fieber ist ein typhusähnliches, dem der Kranke erliegt ...

Die konvulsivische Form zeigt sich in den Vorboten der ersten Form sehr ähnlich; das Ameisenkriebeln der Glieder geht aber nur in Gefühllosigkeit, nicht in Brand über; dafür stellen sich Krämpfe, Nervkrampf oder Tobsucht ein, denen der Kranke bald oder nach Wochen erliegt ...

Meyers Konversationslexicon, 6. Auflage 1907

Prolog

Das namenlose Teilchen war seit Millionen von Jahren und Milliarden von Kilometern unterwegs. Gerade hatte es ungehindert die Atmosphäre des Planeten Erde durchquert. Und zerschellte an einem Atomkern. Die ungeheure Bewegungsenergie entlud sich dabei in Form subatomarer Partikel und als elektromagnetische Strahlung. Diese drang an weiteren Stellen in den DNA-Faden ein, in dem der Atomkern integriert war. Das DNA-Molekül wurde nicht zerstört, aber die codierte genetische Information verändert. Die gestörten Bausteine der DNA verliehen dem unscheinbaren Lebewesen neue Eigenschaften. Aus dem Schädling wurde ein Monster.

Die Zelle teilte sich, jetzt waren es zwei. Diese beiden sogen Nahrung auf und teilten sich ebenfalls. Jede der Tochterzellen wuchs heran und vermehrte sich. Ein Sturm kam auf. Teile des Lebewesens wurden fortgerissen und vom Wind durch die Luft getrieben, bis sie an einer neuen Pflanze hängen blieben. Diese war jedoch kein Wirt für die Schädlinge: Die alten Zellen konnten hier keine Nahrung aufnehmen und verkümmerten. Die geänderten Zellen aber drangen in die Blätter der Pflanze ein und gediehen prächtig. Jetzt konnten sie sich frei und ungehindert vom Ballast der alten Zellen vermehren. Sie sogen den Lebenssaft aus der Pflanze, bis diese starb. Bei jedem Windstoß rissen einige veränderte Zellen ab und infizierten weitere Pflanzen.

Das Monster war unterwegs.

1   Bei Bordeaux, Frankreich

Der Tag hatte angefangen wie ein normaler schöner Sommertag. Am Mittag würde Jean Delapierre nachdenklich sein, am Abend besorgt. Ein paar Tage später entsetzt. Dann verzweifelt.

Er war der Erste, dem etwas auffiel.

Am Morgen machte Jean einen Rundgang über die Felder. Die frühen Sorten Wintergetreide setzten bereits Körner an und würden bald zur Ernte anstehen. Dieses Jahr sah es trotz des bisherigen vielen Regens recht gut aus. Ab jetzt hieß es weniger Wasser und mehr Sonne. Für den besten Ertrag brauchte man das richtige Gefühl, reichlich Erfahrung und natürlich Glück. Und musste rechtzeitig den Mähdrescher reservieren.

Jean Delapierre hatte in diesem Jahr eine neue Sorte Weizen angebaut. Auf gut 18 Hektar, etwas mehr als der Hälfte seiner Anbaufläche, hatte er den Rat seines Saatgutzüchters befolgt und eine vom Landwirtschaftsministerium neu zugelassene Linie ausgesät. Diese Sorte sollte gegen die in der Gegend verbreiteten Bakterien resistent sein, die bis zu 20 Prozent der Ernte vernichten konnten. Die Bakterien setzten sich in den Stängeln fest und fraßen die Zellwände, sodass die Halme schon bei leichtem Wind umknickten. Außerdem sollte die neue Sorte durch kürzere Halme und mehr Körner einen besseren Hektarertrag bringen. Zum Vergleich und zur Sicherheit hatte Jean noch neun Hektar mit dem Weizen vom letzten Jahr bepflanzt. Man konnte ja nie wissen. Auf den restlichen sieben Hektar wuchsen Sonnenblumen, für die Brüssel auch in diesem Jahr einen Zuschuss zahlte.

Jean knickte eine Ähre ab. Mit geübtem Blick überflog er den Ansatz der Körner. Tatsächlich, vier oder fünf mehr als in der Sorte, die er bisher angebaut hatte. Die Korngröße schien sich nicht vermindert zu haben. Also konnte er mit etwa fünf Prozent mehr Hektarertrag rechnen. Nicht schlecht. Wenn Sonne und Regen mitspielten.

Hier hatte sich Jean Delapierre von Jugend an mit Getreide befasst: auf diesen Feldern, die sein Vater bewirtschaftet hatte, bevor er sich im Nachbardorf zur Ruhe setzte. Während seines Studiums an der Landwirtschaftsschule in Bordeaux hatte Jean jedes Wochenende und jede Ferien auf dem Hof gearbeitet und den Kontakt zu Boden und Anbau behalten. In Bordeaux hatte er neue Methoden und Ideen bis zur genetischen Verbesserung gelernt und war offen, diese auszuprobieren. Er behielt den Blick auf den Boden, in dem die Pflanzen wuchsen. Schließlich sollten sie ihn und seinen Sohn noch viele Jahre ernähren.

Zufrieden blickte Jean über das Feld.

Vom nächsten Hügelkamm aus schimmerten in der Senke die ersten blühenden Sonnenblumen. Noch waren die Blütenteller klein und leuchteten nur vereinzelt aus dem Blattgrün. In wenigen Tagen würden die Felder in voller Pracht stehen, ein gelbes Meer, das sich jeden Tag aufs Neue nach dem Sonnenstand ausrichtete.

Jean ging hinüber zum Nachbarfeld, auf dem er die alte Sorte Weizen angebaut hatte. Er wollte die Erträge der beiden Züchtungen auf nahe beieinanderliegenden Feldern vergleichen. Er bückte sich und ließ eine der Ähren durch die Hand gleiten.

Als er die Ähre in der Hand drehte, stutzte er. Er riss sie ab, hob sie näher ans Auge, zerrieb den obersten Teil mit den noch nicht aufgegangenen Blüten zwischen den Fingern. Ein weißlicher Belag krümelte von der Blüte, blieb an den Fingern hängen.

Das konnte nicht sein.

Bestimmt täuschte er sich.

Jean zupfte mit lockeren Fingern an der Blüte, betrachtete kritisch den weißlichen Belag auf seiner Fingerkuppe. Doch, das sah nach Zellen von Pilzfäden aus.

Nein, er täuschte sich nicht: Er kannte diese für Pilze typische, fast schmutziggraue Oberfläche. Und doch war etwas daran anders als sonst. Was an seiner Hand hängen blieb, wirkte eher wie feiner Staub.

Nachdenklich zerrieb Jean die noch weichen, winzigen Körner zwischen Zeigefinger und Daumen. Die meisten Fruchtstände, die er abpflückte, trugen den weißen Schimmer.

Vorsichtig steckte er einige Ähren in eine Plastiktüte. Die würde er am Nachmittag Claude bringen. Und ihn bitten, ihm zu sagen, was das war.

Claude Legrande arbeitete am Institut National de la Recherche Agronomique, in der Forschungsstation für Landwirtschaft. Jean kannte ihn seit dem Studium an der landwirtschaftlichen Fakultät der Universität in Bordeaux. Claude war dort geblieben, hatte seine Doktorarbeit geschrieben und war schließlich zum INRA gewechselt, wo er wichtige Projekte betreute: Sobald neue Schädlingsplagen auftraten, versuchte er, ebenso schnell Gegenmittel zu finden – bisher sehr erfolgreich.

Die Leichtigkeit des schönen Tages war Jean verdorben. Was zum Teufel mochte das sein? Was für ein seltsamer Pilz wuchs hier?

Wahrscheinlich gar nichts, versuchte er sich zu beruhigen. Dauernd tauchten neue Schädlinge auf, die ihren Teil von der Ernte beanspruchten. Immer wieder fiel ein neuer Pilz über die Felder her, bohrte ein Käfer, den er noch nie in dieser Gegend gesehen hatte, seine Fresswerkzeuge in die Fruchtstände. Winden schossen plötzlich aus dem Boden, schlangen sich um die Stängel der Sonnenblumen und erstickten sie. Bakterien fraßen den Weizen oder eine Verfärbung breitete sich in den Ähren aus, die niemand erklären konnte. Meistens entpuppte sich die Bedrohung als Fehlalarm, als eine Laune der Natur, eine normale Abweichung vom Normalen. Auf dem Feld wuchs niemals eine Pflanze gleich der anderen, jede verhielt sich anders. Einige wurden angenagt, während ihre Nachbarn verschont blieben. Wenn die Käfer oder Läuse zu frech wurden, verwiesen Jean und seine Kollegen sie mit einer Ladung Gift schnell in ihre Grenzen.

Jean verscheuchte die Sorgen, verdrängte das leise Unbehagen. Auf dem nächsten Feld hinter dem Wäldchen konnte er in den prallen Weizenähren keine Zeichen von Pilzen entdecken.

Pilz gefährdet Weizen

BORDEAUX. Ein neuer Schädling ist in den Weizenfeldern aufgetaucht. Wie erst jetzt bekannt wurde, infizierte dieser unbekannte Pilz bereits im letzten Jahr kleinere Felder und findet in diesem Sommer bei der außergewöhnlichen Feuchtigkeit ideale Vermehrungsbedingungen. Dr. François Bertrand und Dr. Claude Legrande vom Institut National de la Recherche Agronomique (INRA) in Bordeaux vermuten eine Ähnlichkeit mit dem Erreger des Mutterkorns. Dieser Schädling, der Pilz Claviceps purpurea, infiziert normalerweise besonders Roggen und wächst nur selten auf Weizen. Die Wissenschaftler des INRA untersuchen derzeit den neuen Schädling. Der Pilz ist erkennbar an einem weißen Belag auf den Ähren. (Pressemitteilung INRA vom 17. Juni)

(Aus: Le Matin)

2 Ulm, Deutschland

Im Computer-, Besprechungs- und Kaffeeraum von Germans Arbeitsgruppe starrte Felix Hildhof auf den Bildschirm. Blau umrahmt glitten regelmäßige Zahlengruppen und Ziffernkolonnen hoch. Mit locker auf der Cursortaste liegendem Zeigefinger bremste oder beschleunigte er die rutschenden Zeilen.

„Moin Chef. Gibt leider noch keinen Kaffee", begrüßte er German mit morgendlich rauer Stimme.

„Dir auch guten Morgen, Felix. Alles okay?"

Ohne sich umzudrehen fuhr sich Felix mit der Hand durch das verwuschelte Haar.

„Ja, Chef. Hatte bloß noch keine Zeit für den Kaffee, sorry. Hast du's gelesen? Unser guter Claviceps hat es bis in die Zeitung geschafft. Steht heute im *Schwäbischen Anzeiger*. Er sei auf Achse. In Frankreich. Anscheinend ist er im letzten Jahr gestartet und dreht jetzt voll auf. Irgendwo in der Gegend von Bordeaux."

German Nördlich zuckte mit den Schultern, „Claviceps taucht jedes Jahr irgendwo auf. Sommerloch in den Redaktionen." Er schlenderte zu Felix hinüber, warf einen Blick auf die jetzt stillstehenden Buchstabenreihen und schätzte die Zahl der Sternchen ab, die gleiche, mit den Buchstaben ACGT bezeichnete Nukleotid-Abfolgen zwischen zwei Zeilen markierten.

Mit kurzen Tastenzeichen befahl Felix der Maschine, die zehn besten Ähnlichkeiten auszudrucken. Die Hoffnung auf ein neues Gen trieb ihn jeden Morgen als Erstes vor den Bildschirm, um die Millionen Sequenzfragmente von Claviceps zusammenzusetzen und zu identifizieren. Die neuen Sequenziermethoden lieferten Unmengen von Daten, die mühsam analysiert werden mussten. Die letzten Entscheidungen konnten die Computer noch nicht für sie treffen, das blieb an ihnen hängen. Doch eines Tages, darauf baute er, würde der Mutterkornpilz Claviceps seine Geheimnisse preisgeben und Schlagzeilen machen. Und sie mit.

„Nichts Neues von der Ponderosa Claviceps", verkündete er, „nur die alten Standardgene." Hektisch wühlte er in den Papierstößen auf seinem Schreibtisch. „Ah, da ist sie ja. Wenn du dich erbarmst und Kaffee machst, les ich dir als Gegenleistung aus der Zeitung vor, okay? Ist nur eine Meldung."

Folgsam ging der Privatdozent German Nördlich zur Kaffeemaschine hinüber, warf den eingetrockneten Filter in den Abfalleimer, setzte eine neue Papiertüte ein und gab reichlich Kaffeepulver hinzu. Schließlich war Montag. Während er die Maschine startete und im Kühlschrank nach noch nicht versauerter H-Milch suchte, las Felix vor: „‚Ernte bedroht! Eine neue Getreidekrankheit ist im Gebiet von Bordeaux aufgetreten. Auf mehreren Weizenfeldern wurden ungewöhnlich starke Infektionen durch den Pilz Claviceps purpurea beobachtet. Die kranken Körner in den Ähren werden schwarz und bilden das sogenannte Mutterkorn aus. Diese enthalten ein starkes Gift, das chemisch dem LSD ähnlich ist.'"

„Das war's schon?", fragte German. „Klar, dass LSD auftauchen muss. Fünf Zeilen, und eine davon über LSD. Als ob das auf den Feldern wächst", grummelte er. Die Verwandtschaft zwischen den Pilzgiften und LSD machte sich immer gut. Bei seinen Vorträgen und Berichten wies er selbst gern darauf hin.

„Es geht noch ein bisschen weiter." Mit leicht ironischer Oberlehrerstimme übertönte Felix das laute Gurgeln der alten Kaffeemaschine: „‚Normalerweise vermehrt sich der Pilz über die Infektion von Roggen. Der neue Schädling befällt aber auch Weizen sehr aggressiv und breitet sich schnell aus. Die Bauern der Region von Bordeaux befürchten größere Verluste, wenn ein Teil der Weizenernte wegen eines zu hohen Giftgehaltes vernichtet werden muss.' Ende der Meldung."

Felix warf die Zeitung auf den Tisch, nahm sich seinen Becher mit dem Aufdruck *Stop smoking – Start drinking* vom Trockenregal und sah kritisch hinein. Schließlich hielt er ihn unter das laufende Wasser und rieb ihn mit Zeige- und Mittelfinger so lange aus, bis der braune Rand heller wurde. „Hört sich irgendwie seltsam an, dass sich unser Claviceps wie wild auf Weizen vermehrt. Klar, Claviceps kann auch auf Weizen wachsen, aber eigentlich schmeckt er ihm doch gar nicht."

Er zog die erst halbvolle Glaskanne unter der röchelnden Maschine hervor und goss seinem Chef ein, der ihm mit abwesendem Blick den Becher hinhielt. Einträchtig schlürften sie das starke Gebräu, während beide über das Rätsel nachdachten.

Kurz schoss Felix dabei durch den Kopf, was German seinen Doktoranden immer wieder predigte: *Die Zeit im Labor ist die beste eures Lebens. Führt nur Versuche durch, die tatsächlich Antworten auf wesentliche Fragen versprechen, verschwendet eure Zeit nicht mit Mittelmäßigkeit und mechanischen Aktivitäten. Und fallt mir bloß nicht auf Modethemen herein, die die Ministerien nur wegen ihres Eigenrenommees bezuschussen.*

Hier ging es darum, besser zu verstehen, wie sich Claviceps auf den Pflanzen vermehrte. Wie, wann und warum schaltete dieser Pilz seine Zellteilung an und ab? Warum bildete er zu einem bestimmten Zeitpunkt Mutterkörner aus? Was passierte dort? Welche Gene wurden wann angeknipst? Und warum? Mit zellbiologischen und molekularen Methoden versuchten sie, den Antworten auf diese Fragen näherzukommen. Inzwischen war es ihnen gelungen, neue, alte und fremde Gene in den Pilz zu schleusen. Damit ließen sich Änderungen im Verhalten auslösen. Weltweite Beachtung hatte gefunden, dass sie jetzt durch Wechsel der Nährmedien einzelne Stadien in der Entwicklung von Claviceps künstlich einleiten konnten. Um herauszukriegen, welche Gene der Pilz zur Vermehrung brauchte, durchforsteten sie deren Aktivitäten. Nach dem Genomprojekt waren jetzt die aktiven Gene an der Reihe.

Nach der kurzen Kaffeepause beugten sich beide wieder über den Bildschirm, und Felix rief den nächsten Vergleich auf. Skeptisch musterte er die Liste, in der die zehn ähnlichsten Sequenzen aus der weltweiten Datenbank aufgelistet waren.

„Ribosomales Protein L4", las German vor. „Wieder nichts Neues."

Felix zuckte ergeben die Schultern. „Tja, so ist das Leben. Machen wir weiter."

„That's the spirit." German richtete sich auf. „Muss demnächst Vorlesung halten."

„Daher das weiße Hemd und das fesche Jackett aus den Neunzigern. Dachte ich mir doch, dass heute wieder was Offizielles ist, wenn du hier so adrett erscheinst", frotzelte Felix. Sein Chef bewegte sich sichtbar unwohl in förmlicher Kleidung. Dennoch fühlte er sich dazu verpflichtet, wenn es um Geld, Politiker oder Repräsentation ging. Natürlich foppten ihn dann alle im Labor.

„Passen Sie lieber auf sich selbst auf, Herr Felix Hildhof, Doktor in spe. Ich seh dich schon in den Hochwasserhosen deines Konfirmationsanzugs auf Stellensuche gehen, mein Lieber." Grinsend verschwand German in seinem Büro.

„Hallo Anne", begrüßte Felix seine Mitdoktorandin, die mit verschlafenen Augen hinter ihm aufgetaucht war. „Morgen", murmelte sie ohne große Begeisterung und trottete zielstrebig in Richtung Kaffeemaschine.

Nachdem Felix die Konfiguration der Sequenz überprüft und mit einem schwungvollen Tastendruck das Programm gestartet hatte, drehte er sich mit dem Stuhl zu Anne um und musterte sie interessiert. „Das klingt aber nicht gerade taufrisch. Bisschen viel Wochenende gehabt? Keine Müdigkeit vorschützen. Du musst Medien kochen und Agarplatten gießen, diese Woche bist du dran. Schicken Pullover hast du an." Felix blinzelte mit scheinbar ehrlichem Blick und machte eine kleine Pause. „Nur das Zeichen mit der reinen Wolle da vorne am Hals solltest du reinstecken, das passt farblich nicht."

„Oh Mann", Anne fasste sich an den Hals. „Mist, falsch rum."

Anne brauchte morgens etwas länger, bis sie munter wurde, meist trudelte sie erst eine Weile nach Felix und German im

Institut ein, ging aber abends oft später. Heute trug sie einen blaugrün gestreiften Pullover über einem blauen T-Shirt zu ausgewaschenen Jeans. Felix mochte Anne mit ihrem kurzen dunkelbraunen Haar, dem breiten Grinsen, dem lockeren, burschikosen Umgangston und wusste ihre schnelle Auffassungsgabe zu schätzen. Sie kamen gut miteinander aus – was gelegentliche Frotzeleien nicht ausschloss. Auf jeden Fall war Anne um Welten erträglicher als Thomas, der Doktorand vor ihm, den er in seinen ersten beiden Monaten Diplomarbeit erlebt hatte. Der hatte ihn in die hohen Weihen der Pipettiertechnik und des Klonierens eingewiesen. Felix schauderte es jetzt noch, wenn er daran dachte. Thomas hatte ihn zum Knecht erziehen wollen. Kaum hatte der ihm einmal gezeigt, wo der radioaktive Abfall entsorgt wurde, da maulte er ihn schon an, warum der Müll von gestern noch im Radioaktivlabor stehe und er das Zeug noch nicht zur Sammelstelle getragen habe. Felix hatte sich bemüht, Anne von Anfang an besser zu behandeln. Obwohl er um drei Monate erfahrener war. Nicht lange, und sie kannte alle Methoden so gut wie er.

Während Anne auf dem Absatz kehrtmachte und hinaustappte, um ihre Garderobe in Ordnung zu bringen, kontrollierte Felix sein kariertes Baumwollhemd: Es saß richtig. Das war der Vorteil eines Hemdes mit Knöpfen und Kragen, man merkte es sofort, wenn man es falsch herum anzog. Gleich darauf wandte er sich wieder dem Bildschirm zu. Noch verstand niemand, welche molekularen Schalter umkippten, wenn der Pilz sich satt gefressen hatte und entschied, das Mutterkorn auszubilden. Woher wusste der Claviceps, wann er fett genug war? Noch wanderten sie blind im Labyrinth der vielen tausend Gene, aber irgendwann würden sie die Schlüsselgene finden und die molekularen Schaltkreise in Claviceps einen nach dem anderen aufdröseln. Vielleicht kam der große Erfolg nächste Woche, vielleicht erst am Ende seiner Doktorarbeit, vielleicht auch nie. Aber er würde nicht aufgeben.

Anne kam zurück und griff sich ihren Becher mit dem Aufdruck *Shit happens* vom Trockenregal.

Als Anne sich zu Felix an den Bildschirm gesellte, machte er ihr Platz und beantwortete ihre unausgesprochene Frage. „Nur langweilige Gene im Moment, nichts Besonderes." Er stand auf und begann im Labor die Gelapparaturen auseinander zu bauen, die über Nacht gelaufen waren. Danach spülte er die Glasplatten und wischte sie sorgfältig sauber.

Als er die zweite Glasplatte schräg gegen das Fensterlicht hielt, warf Anne ihm von der Clean Bench aus einen kritischen Blick zu. „Wenn du deinen Kaffeebecher nur halb so sauber machen würdest, wären da nicht dauernd so eklige weiße Haare dran!"

„Nach dem Plattenwischen ist mein Putztrieb völlig erschöpft", gab er zurück. „Da ist für den Haushalt nichts mehr übrig. Außerdem spüle ich die Tasse jeden Tag aus, bevor ich Kaffee rein gieße."

Ohne sich so früh am Morgen auf weitere Diskussionen einzulassen, schlappte Anne ins Gewächshaus hinüber, um die letzten Infektionen mit Claviceps zu kontrollieren.

Eine Stunde später trat German Nördlich nachdenklich zwischen die Labortische. „François hat angerufen", warf er in den Raum.

„François Bertrand? Vom INRA in Bordeaux?", fragte Felix.

„Genau der. Du kennst ihn. Im letzten Jahr haben wir auf dem Meeting in Uppsala gemeinsam die Biervorräte in der Bar niedergemacht."

„Ja, er hatte sich so geärgert, dass er vergessen hatte, Wein aus Frankreich mitzubringen. Und fand die Preise für Wein und Bier in Schweden unanständig."

„François sagt, dass er einen merkwürdigen Claviceps bekommen hat. Wächst offenbar wahnsinnig schnell und aggressiv. Der Pilz ist bei mehreren Bauern auf den Feldern aufgetaucht. Anscheinend ist doch was dran an der Meldung im ‚Anzeiger'."

German Nördlich und François Bertrand kannten sich seit Jahren, trafen sich immer mal wieder bei Kongressen. Vor zwei Jahren war François in Ulm gewesen, um dort einen Vortrag zu halten. Abends hatten seine Kollegen ihn zum Wein eingeladen. Anfangs hatte er über die örtlichen Weine nur die Nase gerümpft, aber mit jedem Glas Württemberger war sein Urteil milder geworden. Natürlich waren dazu einige Gläser nötig gewesen.

Im letzten Sommer hatte German ihn auf der ländlichen Forschungsstation des INRA in der Nähe von Bordeaux besucht und dort eher mit Misthaufen als mit Molekularbiologie gerechnet. Tatsächlich wechselten sich auf dem Gelände Kuhweiden mit Versuchsfeldern neuer Wein- und Getreidesorten ab, doch in den fast neuen Laborgebäuden, einstöckig im Stil der Gegend, surrten jede Menge High-Tech-Apparaturen in schicken Labors – mit Blick auf Land und Landwirtschaft. German war beeindruckt gewesen. Die heruntergekommenen Räume von Germans Arbeitsgruppe in dem Betonklotz der Universität Ulm hatten zwar viele Fenster, aber sie boten lediglich Ausblick auf Innenhöfe aus weiterem Beton und zugige, veraltete Labors. Interessant daran war höchstens, dass man sehen konnte, ob jemand pipettierte oder sich nachdenklich in der Nase bohrte. In gewisser Hinsicht beneidete German den französischen Kollegen.

„François hat erzählt", fuhr er nach kurzem Nachdenken fort, „sie hätten gestern einen offiziellen Auftrag von oben bekommen, von der Verwaltung von Aquitaine. Sie sollen feststellen, was das für ein Ungeziefer ist und was sie dagegen tun können. Das mit der rasanten Vermehrung scheint zu stimmen. Es muss eine neue Sorte Claviceps sein. Eine Mutante, die viel schneller wächst als die üblichen Stämme. Wir sollen unsere Genproben von Claviceps bei dem neuen Stamm durchtesten. François hat vorgeschlagen, dass wir mit unseren Proben kommen und die Tests dort durchführen."

German drehte sich zu Annes Labortisch um und begann, offensichtlich in Gedanken verloren, die Deckel der gefüllten Petrischalen aufzusetzen. Der Agar in den Platten war fest geworden.

„He, Finger weg, German", warnte Felix. „Das sind Annes Platten. Wenn da jetzt Bakterien drauf sind, bist du dran schuld."

Sein Chef nickte nur mit gerunzelter Stirn. Seit fast zwanzig Jahren arbeitete er mit seinem Haustier, aber dass es auch Weizen heftig attackierte, sah ihm gar nicht ähnlich. Im Schnelldurchlauf rekapitulierte German die schlichten Grundlagen: *Der Pilz verbreitet sich im Frühsommer von Ähre zu Ähre, und zwar durch die Übertragung von Insekten, selten durch Berührung von Blüte zu Blüte. Zum Herbst hin bilden sich in den Ähren die typischen schwarzen Gebilde, die Mutterkörner, die wie große schwarze Roggenkörner aussehen. Diese fallen mit dem vertrocknenden und abknickenden Stängel zu Boden und überwintern. Im nächsten Sommer treiben aus den Mutterkörnern kleine leichte Zellen aus, die Sporen. Nur diese trägt der Wind zu den Gras- und Getreideblüten.*

Wie konnte sich dieser neue Stamm, der auch Weizen befiel, so schnell verbreiten? Und das im Sommer? German verstand es nicht. Obwohl er seit fast zehn Jahren alles verfolgte, was über Claviceps Altes und Neues zu wissen auftauchte. Mit seinen ehemaligen und derzeitigen Mitarbeitern hatte er selbst schon einige wichtige Details über den Pilz erforscht, aber die unverstandenen Probleme wurden nicht weniger, hinter jeder Antwort lauerte eine neue Frage. So hatte er Felix eine Palette offener Muster und unerklärter Verhaltensweisen für seine Doktorarbeit zu dem schädlichen Schleimpilz mitgegeben.

Felix arbeitete jetzt zwei Jahre bei German im Labor und hatte sich in Vermehrung und Sex von Claviceps eingearbeitet. Er sollte herausknobeln, warum eine bestimmte Rasse von Claviceps auf einer Sorte Roggen besser wuchs als auf einer anderen. Und warum ein anderer Stamm von Claviceps sich genau umgekehrt verhielt.

Nebenher versuchte er, die Pilze auf synthetischen Nährmedien zu ziehen. Normalerweise bildete Claviceps die Mutterkörner nur auf den Pflanzen aus. Das erschwerte das Arbeiten, da sie immer wieder ein ganzes Gewächshaus mit Pflanzen belegen mussten, nur um Claviceps bis zu den schwarzen Körnern vermehren zu können.

Das Wechselspiel zwischen den krankmachenden Genen in dem Pilz und den Resistenzgenen in der Pflanze besser zu verstehen, kostete viel Mühe. „In unserem Team arbeiten wir so lange daran, Schritt für Schritt, bis wir die Gene gefunden haben, die die Getreidepflanzen vor diesen Pilzen schützen können", erklärte Felix oft, wenn die Nichtbiologen unter seinen Freunden ihn nach seiner Arbeit fragten.

Allerdings blieb German neben Verwaltung, Organisation, Vorbereitungen und Vorlesungen für die Studenten, den Sitzungen der verschiedenen Universitätsgremien und den Besprechungen und Auswertungen mit Felix und Anne keine Zeit mehr für Versuche. Er hatte lange nicht von den Experimenten lassen können. Frühere Doktoranden hatten ihn deswegen gehänselt, wie sie Anne und Felix bei gelegentlichen nostalgischen Besuchen im Labor erzählten. Sie seien mächtig stolz gewesen, als sie durch die Übung schneller und sauberer experimentierten als ihr Chef. Felix und Anne hatten nicht mehr erlebt, dass German selber am Labortisch stand.

Auch jetzt zog er sich zurück, verschwand in seinem Büro, tauchte jedoch eine halbe Stunde später wieder auf und lehnte sich an die Labortür. Offensichtlich wartete er darauf, dass Anne von ihren Agarplatten und Felix von seinem Labortisch und den Eppendorf-Gefäßen aufsahen. Schließlich streckte er ihnen einige noch feuchte und gewellte Ausdrucke hin: Fotos aus der Mikroskopie in Bordeaux.

Felix betrachtete ihn verwundert, die Pipette in der Hand. Anne stand mit einem Gelkasten am Spülbecken und starrte German mit halb offenem Mund an. So nachdenklich hatten sie ihren Chef selten erlebt.

„Hab noch mal mit François gesprochen. Er war richtig bedrückt. Dabei ist er doch sonst ein fröhlicher Kerl. So kenne ich ihn gar nicht", bemerkte er. „Er nannte den neuen Pilz eine Seuche, verglich ihn mit der Kartoffelfäule. Ihr kennt Phytophtora. Die Kartoffelfäule hat vor hundertfünfzig Jahren die Hungersnot in Irland ausgelöst. Und so was steht uns jetzt womöglich mit Claviceps ins Haus. François scheint eine solche Epidemie auf uns zukommen zu sehen. Wir sollen so bald wie möglich hinkommen und uns diesen Schleimkriecher ansehen."

German machte eine kurze Pause und blickte die beiden Doktoranden direkt an. „Wir suchen doch immer nach veränderten Stämmen. Was meint ihr? Habt ihr Lust auf Bordeaux?", fragte er lächelnd.

„Ich bin dabei", erwiderte Felix sofort. „Bordeaux, klar, kein Thema." Voller Schwung stach er mit der gelben Pipettenspitze in eines der Eppendorf-Gefäße, als wollte er den Gegner aufspießen. „Mit diesem mörderischen Pilz werden wir schon fertig."

Anne kippte den verbrauchten Puffer aus dem Apparat, in dem sie über Nacht das analytische Gel hatte laufen lassen. Sie sagte immer noch nichts, auch nicht, als Felix sie erwartungsvoll ansah.

Also sprach German sie direkt an. „Wie sieht es aus, Anne, einmal Bordeaux und zurück, ein paar Tage lang nachsehen, was da los ist? Wie wär's, bist du dabei?"

Felix deutete durch das Fenster auf den verhangenen Himmel, aus dem bald die nächsten Schauer fallen würden. „Mann, Anne, stell dir nur mal das Wetter in Bordeaux vor. Sonne, warm, blauer Himmel, ein paar weiße Wölkchen. Einfach schönes Wetter und auf jeden Fall tausendmal besser als hier. Los Mädel, komm mit, hier ist es öde im Moment, mies, grau und: zu kühl für die Jahreszeit."

„Aber ich habe gerade erst diese neue Serie mit Inhibitoren angefangen, die kann ich nicht allein lassen", wandte Anne leise ein. „Die muss jeden Tag auf frisches Medium umgesetzt werden. Und außerdem müssen die alten Stämme neu überimpft werden. Und überhaupt kann ich gerade nicht weg." Mit einem

Ruck wandte sie sich ab und stakste mit ihrem Tablett in Richtung Gewächshaus.

German legte horchend den Kopf schräg. „Hab ich sie etwa schniefen hören? Was ist denn mit ihr los? Hat sie Probleme?"

Felix zuckte mit den Achseln. „Sie ist gerade ein bisschen durcheinander. Hat mit ihrem alten und neuen Freund Klaus zu tun, das geht ständig auf und ab. Vielleicht haben sie sich gerade wieder verkracht."

In den letzten Wochen hatte Anne Vertrauen zu Felix gefasst und ihm von ihrem derzeitigen nicht oder doch Ex erzählt. Ihr langjähriger Freund Klaus, mit dem sie seit einem Jahr zusammenlebte, war Musiker, Saxofonist, und hatte offenbar einen völlig anderen Lebensrhythmus als sie, sodass Auseinandersetzungen fast schon vorprogrammiert waren. „Manchmal kann ich sein ständiges Gequatsche über Musik und über die nächsten Gigs schlicht nicht mehr ertragen", hatte Anne geklagt. „Das geht oft bis spät in die Nacht, besonders wenn er seine Kumpels mitbringt. Und ich muss morgens doch früh aufstehen, während er oft bis mittags pennt. Aber mein Job ist ihm anscheinend scheißegal, für meine Arbeit interessiert er sich nicht."

Aufmerksam musterte German seinen Doktoranden. „Na, dann kümmer dich bei Gelegenheit doch mal um Anne", sagte er schließlich. „Ihr kommt doch gut miteinander aus – als Kollegen meine ich, ist kein Hintergedanke dabei."

„Klar."

„Aber erst mal geht's auf nach Bordeaux."

3   Krankenhaus in Bordeaux

Der Krankenwagen rutschte mit heulender Sirene und quietschenden Bremsen vor das Tor der Notaufnahme. Noch bevor der Wagen stand, sprangen die automatischen Türen auf. Die Helfer schoben die Trage mit der zappelnden kleinen Gestalt im Laufschritt in die Notaufnahme. Die junge Ärztin beugte sich über den Jungen, der den Kopf hin und her warf. Mit aller Kraft versuchte er, die Arme und Beine aus den Lederschlingen zu reißen, mit denen er an der Trage festgezurrt war.

„Stellt den Kopf ruhig", wies die Ärztin die beiden Pfleger und die herbeieilende Krankenschwester an, zog eine Kugelschreiberlampe aus der Brusttasche und hielt dem jungen Patienten mit geübtem Griff die Augenlider auf. „Pupillen beidseitig extrem dilatiert, schwacher Pupillenreflex", murmelte sie vor sich hin.

Den Pflegern, die den Jungen bis jetzt festgehalten hatten, gab sie ein Zeichen, den Griff zu lockern. Sofort bäumte sich der kleine Körper auf und verfiel in katatonische Zuckungen. Der Kopf wäre mit voller Wucht gegen die Wand gekracht, hätte einer der Helfer nicht schützend die Hände darum gelegt. „Man muss ihn dauernd festhalten", sagte er. „Im Wagen hat er sich mächtig den Kopf angeschlagen, als ich mich in einer Kurve abstützen und ihn kurz loslassen musste. Können Sie ihm nicht gleich was zur Beruhigung geben? Irgendwann macht das Herz nicht mehr mit."

Die Ärztin nickte und wandte sich an die Krankenschwester. „Machen Sie bitte sofort eine Spritze mit Morphinat fertig."

Nachdem die Schwester eine Glasampulle aus dem Kühlschrank geholt und Nadel und Einwegspritze auf ein kleines Edelstahltablett gelegt hatte, zog die Ärztin die Kanüle auf und klopfte die Gasbläschen hoch. Vorsichtig schob sie die Flüssigkeit in die Nadel und umfasste mit der anderen Hand den Arm des Jungen, in dem die Schwester das Venenblut bereits gestaut hatte. Mit geübtem Ruck injizierte sie das Morphium in die Vene der Armbeuge. „Das müsste gleich wirken. Mehr können wir

vorerst nicht tun. Sieht nach Drogen aus, aber bei einem Elf-
oder Zwölfjährigen wäre das doch etwas früh. Wir müssen erst
wissen, was er genommen hat, bevor wir ihm mehr Beruhigungsmittel geben können. Was ist passiert?" Sie sah die Helfer aus der
Ambulanz fragend an. „Und wo ist der Notarzt?"

„Der musste bei einer Entbindung bleiben; die Frau war nicht
mehr transportfähig, das Kind kam schon", erwiderte der Leb-
haftere. „Der Anruf vom Bauernhof wegen des Jungen hörte
sich erst gar nicht so tragisch an. Der Vater erzählte von Krämpfen und Bauchweh. Wir dachten zuerst an einen Blinddarm. Deshalb wollten wir ihn herbringen." Er warf einen Blick auf die
Armbanduhr. „Der Anruf ist jetzt fast anderthalb Stunden her.
Mit der Ambulanz haben wir eine gute halbe Stunde zum Hof
gebraucht und für die Fahrt zum Krankenhaus ebenso lange.
Die Eltern haben keine Ahnung, was dem Jungen passiert sein
könnte. Drogen kommen, glaube ich, nicht in Frage. Die beiden
wollten hinter uns herfahren. Müssten gleich hier sein."

Die junge Ärztin sah auf den mageren Körper des Jungen hinunter, der jetzt bis auf leichte Zuckungen ruhig dalag. Als der
Kleine die Lippen bewegte, beugte sie sich über ihn und versuchte zu hören, was er sagte, konnte aber nichts verstehen.

Gleich darauf blickte sie sich um: Die Krankenschwester
führte ein Paar herein. Der Mann trug Blue Jeans mit Staubflecken am Knie. Das hellblaue Hemd bildete einen scharfen Kon-
trast zu seiner sonnengebräunten Haut; offenbar arbeitete er viel
im Freien. Wache Augen, die jetzt voller Sorge auf den Jungen
blickten. Die schlanke Frau in beigen Cargohosen und braunem
T-Shirt hielt sich an seinem Ellbogen fest, während sie ihren
Sohn mit Tränen in den Augen musterte.

Hastig klemmte die Ärztin ein gelbes Aufnahmeformular
auf ihr Schreibbrett, trat auf die beiden zu und reichte ihnen
die Hand. „Ich bin Doktor Maière. Sie sind bestimmt die Eltern
dieses Jungen."

Hilfe suchend erwiderten sie den Blick der Ärztin; die Atmosphäre der Notaufnahme schüchterte sie offensichtlich ein.

„Vielleicht erzählen Sie mir zunächst mal, was passiert ist. Fangen wir mit Ihrem Namen und Wohnort an. Danach schildern Sie mir bitte so genau wie möglich, was der Junge in den letzten Stunden unternommen hat."

„Was ist denn los mit ihm?", warf die Mutter erregt ein. „Haben Sie schon etwas feststellen können?"

Dr. Maière schüttelte leicht den Kopf. „Das müssen wir gemeinsam herausfinden. Jetzt habe ich ihm erst mal ein Beruhigungsmittel gegeben."

Der Mann drückte seine Frau an sich. „Dr. Maière kann bestimmt noch nichts sagen. Paul ist doch gerade erst angekommen. Immerhin liegt er jetzt ruhig da." Einen Moment lang betrachtete er seinen tief atmenden Sohn, schüttelte die Schultern, wie um ein Gewicht loszuwerden, und wandte sich schließlich der Ärztin zu. „Er heißt Paul, Paul Delapierre. Wir sind Marthe und Jean Delapierre und wohnen in Mazanne, 18, Rue de la Fontaine. Was passiert ist, wissen wir nicht. Heute Vormittag fing es an. Paul war mit mir auf dem Feld. Wir haben beide auf dem Mäher gesessen und sind die Reihen abgefahren. Paul war eigentlich wie immer. Hat zugeguckt, wie das Getreide im Mähdrescher verschwand und als Häckselgut auf den Hänger fiel." Jean versuchte sich zu konzentrieren und trotz der inneren Erregung so sachlich wie möglich zu berichten. „Wir hatten eine neue Maschine vom Nachbarn ausgeliehen, und Paul wollte genau wissen, wie dieser Mäher funktioniert, wie das Getreide geschnitten wird, wie die Messer sich drehen, was mit den Halmen geschieht und warum wir diesmal die Körner nicht ausdreschen."

„Fährt er regelmäßig mit aufs Feld?"

„Ja, jedes Jahr die ersten Male, dann wird's ihm irgendwann langweilig. Heute, beim ersten Feld in diesem Jahr, wollte er unbedingt dabei sein. Wir waren schon fast fertig mit dem Stück, bei den letzten Reihen, da hat er sich im Sitz zusammengekrümmt und gesagt, ihm sei schlecht."

Die Ärztin sah vom Schreibbrett auf, auf dem sie sich Notizen gemacht hatte. „Was hat er noch gesagt? Hat er erwähnt, wo es ihm wehtut?"

„Nein, er meinte nur, ihm sei komisch. Er hat die Augen zugemacht, aber gleich wieder aufgerissen. Dann fing er an zu zucken. Ich habe die Maschine am Ende der Reihe angehalten, da, wo das Auto stand. Erst hat er bloß ein bisschen gezappelt. Ich hab ihn nach Haus gefahren und aufs Sofa gelegt. Aber dann hat er mit Armen und Beinen um sich geschlagen, deshalb hab ich den Notdienst angerufen."

„Hat er sich irgendwie anders verhalten als sonst? Ich meine, bevor er sagte, ihm sei komisch? Irgendeine Bemerkung?"

Jean runzelte die Stirn. „Unmittelbar vor dem Anfall war er vielleicht ein bisschen ruhiger als sonst. Vorher hatte er dauernd den Kopf durchs Fenster im Führerhaus gestreckt und zugesehen, wie das Getreide in der Maschine verschwand. Allerdings hab ich ihn nicht genau beobachtet; ich musste mich ja auf den Mähdrescher konzentrieren."

„Kann es sein, dass er irgendwas gegessen hat, von dem ihm schlecht geworden ist? Was hatte er zum Frühstück, Frau Delapierre?"

Marthe wischte sich über die Augen. „Wie jeden Morgen hat er Müsli mit warmer Milch gegessen. Und dazu Kakao getrunken. Die Milch war eindeutig nicht schlecht, ich hab selbst etwas davon in meinen Kaffee getan. Ich kann mir nicht vorstellen, dass es die Milch gewesen ist."

Dr. Maière nickte und kritzelte etwas auf ihren Block. „Am Frühstück kann es also nicht gelegen haben. Hat er sonst irgendwas gegessen, vielleicht etwas Süßes?"

„Paul macht sich nicht viel aus Süßigkeiten. Außerdem wollten die beiden zum Mittagessen wieder zurück sein, deshalb haben sie nichts zu essen mitgenommen."

„Dann können wir verdorbene Speisen wahrscheinlich ausschließen. Hat er aus irgendeiner Flasche abgestandenes Wasser getrunken? Oder fällt Ihnen etwas anderes ein, was er zu sich genommen haben könnte?"

„Nein, gar nichts. Im Gegenteil, wir hatten beide Durst, nur leider nichts zu trinken mit. Am Morgen war es noch relativ kühl. Eigentlich haben wir im Sommer immer etwas dabei, meistens kalten Tee, aber im Moment ist es ja noch nicht so heiß. Auf dem Feld wurde es später dann doch warm und auch staubig. Paul hat mich gefragt, ob ich was zu trinken hätte, aber ich musste ihn vertrösten. Schließlich waren wir auch fast fertig."

„Ist Paul allergisch veranlagt? Reagiert er vielleicht auf den Getreidestaub?"

„Nicht dass wir wüssten. Der Schmutz beim Mähen und Dreschen hat ihm noch nie was ausgemacht. Heute gab es nicht so viel Staub wie später im Sommer, wenn der Weizen richtig reif und trocken ist. Dieses Getreide war noch saftig und grün, aber wir mussten es abmähen, weil es krank war. Infiziert mit …"

Als Jean stockte, blickte Dr. Maière von ihrem Schreibblock auf. „Was war mit dem Getreide?"

„Es war infiziert. Mit einem Pilz. Oh, nein! Das ist es. Das Pilzgift. Paul hat sich dauernd aus dem Fenster gelehnt und muss dabei den Staub vom Feld abbekommen haben. Ich saß in der Kabine und hab deshalb nicht viel bemerkt. Bestimmt hat Paul den Pilzstaub eingeatmet, als er mit dem Kopf aus dem Fenster hing." Bestürzt sah Jean seine Frau und die Ärztin an. „Vor ein paar Tagen hat ein Freund von mir, der bei INRA arbeitet, den Pilz identifiziert und mir geraten, das befallene Weizenfeld sofort abzumähen, weil der Pilz halluzinogene Gifte, Alkaloide enthält."

„Was für ein Pilz ist das?", fragte die Ärztin alarmiert.

„Der Pilz heißt Claviceps. Früher sind viele Leute an dem giftigen Mutterkorn gestorben. Claviceps löst das Antoniusfeuer aus – schreckliche Krämpfe, genau wie bei Paul."

4 Blaubeuren, Deutschland

In der „Gans" saß Manfred schon in seiner Stammecke. Sein kantiges Gesicht und das scharf vorstehende Kinn ein Produkt der nahen Albhochfläche, die Arme muskelbepackt von der Zimmermannsarbeit. Den Bauernhof seiner Eltern auf den kargen Kalksteinhügeln hatte er hinter sich gelassen. Manfred erkundete immer mal wieder mit echtem Interesse, womit Felix sein bescheidenes Gehalt verdiente und verblüffte ihn mit präzisen Fragen nach Sinn und Nutzen seiner Arbeit. Der große Hintergrund leuchtete Manfred meist ein. Die Parasiten des Getreides zu bekämpfen, hielt er für ehrenvoll. Unverständlich blieben ihm Logistik und Ergebnisse des täglichen Scharmützels im Labor, wozu Felix gestern dieses und heute jenes Gel hatte laufen lassen.

Dank seiner Kindheit auf dem elterlichen Hof wusste Manfred von Schädlingen, die Felix nur aus Büchern kannte. Felix fühlte sich in seiner Arbeit bestätigt, wenn er hörte, wie Bakterien oder Pilze wie Claviceps ein mühsam bestelltes Feld Getreide oder Kartoffeln infizierten. Und wie leicht so ein Schädling die Anzucht unbrauchbar gemacht und die Ernte vernichtet hätte, wenn sie nicht rechtzeitig mit diesem oder jenem Mittel eingeschritten wären. Mit gleichem Stolz erzählte Manfred derzeit oft von seinem Tagwerk auf dem Dach der örtlichen Friedhofskapelle, wo er einen neuen Dachstuhl baute. Bei diesem Werk standen die Arbeitsfortschritte jeden Abend sichtbar da und waren nicht nur in einem Laborprotokoll vermerkt.

„Wilsch au a Bier?", fragte Manfred munter, sein Geplänkel mit der Kellnerin unterbrechend. Felix setzte sich an den Tisch, wo in der Mitte des hellvioletten Tuchs die unvermeidliche kleine Vase prangte. Immerhin welkten in der „Gans" frische Blumen vor sich hin, keine halbverstaubten Kunstgewerbesträußchen aus verblichenem Plastik oder Papier. Er machte es sich auf dem Stuhl gegenüber von Manfred bequem. Wie immer saß sein Freund auf der Eckbank, wo er das Gastzimmer und die Theke im Blick behalten konnte.

„Heute nicht. Ist zu kalt für Bier, lieber einen Rotwein, Lisa. Wenn noch einer da ist, von dem Bordeaux bitte."

Lisa nickte. „Heute gibt es frische Zunge", bot sie an, „die magst du doch. Wie wär's damit?"

„Super, hört sich gut an."

Neben Rinderzunge war Siedfleisch, das in anderen schwäbischen Dörfern schlicht Ochsenfleisch hieß, sein Lieblingsessen. Erst nach zwei Jahren in Schwaben war Felix, der in Rheinhessen aufgewachsen war, klar geworden, dass es sich stets um dasselbe Gericht handelte, das in Scheiben geschnitten zart und weich auf der Zunge zerging. Für dieses Fleisch mit oder ohne Meerrettich ließ er jeden Zwiebelrostbraten in seinem Fett schwimmen.

„Morgen fahre ich nach Bordeaux, da muss ich mich schon mal auf den Wein einstimmen."

Kaum hatte Lisa ihm sein Glas Rotwein gebracht, schnupperte er daran und nahm einen großen Schluck. „Nicht schlecht", bemerkte er. „So ein Bordeaux ist doch was anderes als dieses dünne Bier."

„Doa koaschd abba viel määr von dringge", erwiderte Manfred, dessen Glas schon fast leer war. „Noch eins, Lisa", rief er der jungen Frau hinterher, die gerade in der Küche verschwinden wollte. „Und den Zwiebelrostbraten, so wie immer." Er lehnte sich zurück und musterte Felix. „Was wilscht no du oigendlich in Bordoo?", fragte er. „Da hat's koi Bier, bloß dia Traubesäftle. Un a koi oständiges Brot, noa die bröslige Weißbrotstängla doa. Sag bloß et, dass du doa schaffe dädscht. Des glaub i dir sowieso et."

Felix erzählte ihm von dem Claviceps in Bordeaux, der sich aggressiv verbreitet hatte und Weizen so anfiel wie sonst nur den Roggen. Manfred kannte den Pilz. Er hatte früher seinem Vater vor der Ernte helfen müssen, die Mutterkörner im Roggen zu zählen. Die schwarzen Körner durften einen gewissen Anteil nicht überschreiten, wenn man die Roggenernte an die Mühlen verkaufen wollte.

„Der neue Pilz scheint sich über den Wind zu verbreiten, lange bevor die Mutterkörner entstehen." Felix schob sein Weinglas beiseite, nahm eine weiße Papierserviette, malte Manfred den Wachstumszyklus von Claviceps auf und skizzierte, wo die Pilzfäden durch den Fruchtknoten wachsen und wie sie an den Enden besondere Zellen bilden. „Die aus den Blüten herausstehenden Enden der Fäden teilen sich und schnüren kleine Zellen ab, die nur noch locker mit den eigentlichen Pilzfäden verbunden sind", sagte er, „Gleichzeitig scheiden die Pilzfäden eine süße Flüssigkeit aus, den Honigtau. Dieser Honigtau lockt Insekten an. Beim Auflecken brechen sie die obersten Zellen vom Pilz ab, die dann an den Insekten kleben bleiben. Wenn die jetzt zur nächsten Blüte abschwirren, nehmen sie die Pilzzellen mit und stecken diese Blüte an. Dabei kommt der Claviceps aber nur langsam vorwärts. Auf Roggen fliegen nämlich nur wenige Insekten. Roggen wird wie fast alle Gräser nicht durch Insekten, sondern durch Wind bestäubt. Der treibt die Pollen über das Feld, bis alle Blüten befruchtet sind." Felix nahm einen doppelten Schluck Wein.

„Klar, weiß doch jeder. Da braucht es keine Bienen, macht alles der Wind." Ausnahmsweise wechselte Manfred ins Hochdeutsche, damit Felix kein Wort verpasste. Denn zugleich widmete er sich dem Zwiebelrostbraten, den Lisa zusammen mit der Rinderzunge auf den Tisch gestellt hatte. „Über so einem Getreideacker sind unglaubliche Mengen an Pollen unterwegs. Wenn nach ein paar feuchten und kühlen Tagen die Sonne durchkommt, trocknen die Blüten aus. Ein leichter Wind, und über dem Feld nebelt eine Wolke aus gelben Pollen. Das hast sogar du schon gesehen, wenn wohl auch nur aus dem Auto."

„Erst mal guten Appetit!" Felix schnitt ein Stück Zunge ab und schob es sich genüsslich in den Mund.

Manfred hob die Augenbrauen. „Jeztatle goat ihm glei oina ab. Zunge auf Zunge, woisch, des bringt's ihm glei. Wilsch noch e bar Schbätzle?"

Felix grinste. „Nee, danke. Hab ja Kartoffeln." Bald darauf legte er die Gabel weg und griff wieder nach dem Stift. „Weil aber der Roggen von Wind befruchtet wird, brauchen die Blüten keine Insekten anzulocken. Deshalb sind die Getreideblumen unscheinbar und geben keinen Nektar."

Manfred wedelte mit dem Messer. „Anders als Raps, der Unmengen Süßes für die Bienen produziert. Wenn die Sonne auf die gelben Blüten scheint, riechst du den Nektar schon von Weitem."

Felix nickte. „Raps zieht jede Menge Bienen und Hummeln an. Auf dem Roggenfeld sind dagegen nur wenige Krabbeltiere unterwegs, da gibt es nichts zu holen. Und weil am Roggen so wenige Insekten sind, verbreitet sich der Claviceps im Sommer nur langsam. Das macht er hauptsächlich über die im Herbst für die Überwinterung gebildeten Mutterkörner. Diese schwarzen Körner keimen im Frühjahr aus, und nur diese Keime infizieren Blüten über den Wind. Deshalb müssen zuerst viele davon auf einem Feld verbreitet sein, bevor so viele Mutterkörner reif werden können, dass die Ernte für den Menschen giftig wird."

„Ha joa", sagte Manfred mit dem Bierglas in der Hand. „Woisch, des isch no au wieda waar. I henn des au imma dängt." Erneut wechselte er ins Hochdeutsche. „Darum auch der Fruchtwechsel. Wir haben nach einer frühen Ernte oft Luzerne als Zwischenfrucht gepflanzt, das bringt dem Boden den Stickstoff wieder. Und wir hatten auf unserem Roggen nie Probleme mit Mutterkörnern. Klar sind immer einzelne schwarze Körner auf den Feldern, aber bei der Ernte war so wenig von dem Giftzeug drin, dass die Kontrolleure nie gemeckert haben. Was ist jetzt das Problem in Bordeaux?"

Felix ließ dem letzten Stück Zunge noch eine hellgelbe Salzkartoffel folgen, bevor er antwortete. „Zwei Probleme. Vielleicht ist es aber auch nur eines – ich hab´s nicht richtig mitgekriegt. Ich weiß nur, was mein Chef mir erzählt hat, und der hat auch bloß telefoniert. Deshalb müssen wir ja morgen selbst hin und uns ansehen, was los ist. Also, zum einen wächst der neue Claviceps rasend schnell, und zum anderen wird er durch Wind übertragen. Gleichzeitig mit dem Pollen wird auch der Pilz von Blüte zu Blüte geweht und das ganze Feld nicht nur befruchtet, sondern auch noch ruckzuck mit Claviceps infiziert. He, warte mal, vielleicht ist da ja was dran."

„Wo dran?"

„Na ja, wenn der Pilz zusammen mit dem Pollen von Blüte zu Blüte geweht wird, heftet er sich vielleicht an den Pollen. Obwohl …", überlegte Felix laut, „obwohl die Konidienzellen eigentlich nicht kleben dürften, wenn sie so leicht und locker sind, dass der Wind sie wegtragen kann. Ist wohl doch keine gute Idee. Muss ich noch mal drüber nachdenken. Auf jeden Fall kannst du dir vorstellen, wie dein Feld aussieht, wenn die Pilzzellen überall herumfliegen."

„Scheiße ja, dann kann man die Ernte vergessen. Also, sieh zu, dass du den Giftpilz in Bordeaux unter Kontrolle kriegst. Zeig den Traubenbauern, wo's lang geht."

Bald darauf zahlten sie, denn beide mussten früh am nächsten Morgen raus. Mit einem schmerzhaften Schulterschlag verabschiedete sich Manfred von Felix.

„Fall mir nur nicht vom Dach der Friedhofskapelle", gab ihm Felix mit auf den Weg. „Ist zwar praktisch, wenn zur Wiedereinweihung gleich ein Kunde zur Hand ist. Aber vielleicht kommt der neue Kindergarten ja doch noch, und dann braucht auch der ein Dach."

„Und fall du mir nur nicht in den Honigtau der süßen Französinnen. Dass du mir nicht in Bordeaux kleben bleibst!"

5 Créon bei Bordeaux, Frankreich

Eric war nicht mehr gut zu Fuß. Seit seiner Pensionierung vor drei Jahren war das Ziehen in seinen Beinen jeden Winter schlimmer geworden. Dabei war er früher gern gelaufen. Jahrelang hatte er sich nach dem täglichen Dienst in der Abrechnungsstelle des Syndicate Agricole, der Bauerngenossenschaft, nur rasch umgezogen und war raus gefahren, ein Stück aufs Land, und dort gelaufen. Jetzt, seit er Zeit hatte, wollte es nicht mehr so richtig klappen. Dafür kam seine Frau Thérèse mit, wenn er in die Landschaft fuhr. Seit sie wusste, dass er kaum mehr als hundert Meter vom Auto wegging, waren die Wanderungen zu Picknickausflügen geworden, die sie gemeinsam genossen.

Thérèse hatte den Korb mit Salat, Gänsesülze, Salami, Baguettes und Käse neben den Campingtisch auf den Boden gestellt, Eric die Flasche entkorkt. Sie redeten wenig, blickten den gelegentlich auftauchenden Autos nach, kommentierten hin und wieder Fahrweise oder Autofarbe. Der kleine Rastplatz im Grünen war einer ihrer Lieblingsorte. Ringsherum Felder, auf der Straße genügend Autos, um für Unterhaltung zu sorgen, aber nicht so viele Lastwagen, dass ihnen der Fahrtwind ständig die Servietten vom Tisch fegte.

Das Rauschen des Verkehrs störte sie nicht. In ihrem Häuschen am Rand von Créon war es nach dem Auszug ihres Sohnes still geworden, außerdem hörten sie beide sowieso nicht mehr gut.

Eric beobachtete, wie die Spatzen sich um die Stückchen balgten, die er von dem knusprigen Brot abbröselte. Er warf die Bröckchen näher und näher an den Tisch, bis die ersten braunen Vögel dicht neben seinen Beinen zu den Krümeln hüpften. Die warme Sonne tat seinem Rücken gut, wärmte die steif werdenden Knochen und Muskeln. Thérèse hatte ihren Klappstuhl schräg gestellt und den Sonnenhut tiefer gezogen. Langsam vertrieben die warmen Strahlen des Frühsommers die feuchte Kälte des

Winters. In ein paar Wochen, wenn Boden und Luft die gespeicherte Sonnenhitze abgaben, würden sie den Schatten suchen.

Am späten Vormittag begann ein Mähdrescher das schier endlose Weizenfeld am Rande des Rastplatzes zu mähen. An jedem der riesigen Eisengestelle, die die summenden Kabel der Überlandleitung in der Luft hielten, musste die Maschine abbremsen, um die Masten rangieren und eine gesonderte Runde fahren. Erst diese Unterbrechungen im gleichmäßigen Motorengeräusch machten Eric auf den Drescher aufmerksam. Er stieß Thérèse an. „Ist doch eigentlich noch viel zu früh zum Mähen, die Pflanzen sind ja noch grün!"

Ächzend stand er von seinem zu tiefen Campingstuhl auf, rieb sich den steifen Rücken und dehnte sich vorsichtig. Er schlurfte zum Rand des Feldes, riss eine der Weizenähren ab und hob sie an die dicke Brille. Danach drückte er auf die Ähre und quetschte einige Körner am unteren Rand des Fruchtstandes. Schließlich richtete er sich wieder auf, ließ den Blick über den Acker zur Erntemaschine schweifen, machte einen Schritt zur Seite, zupfte eine zweite Ähre ab und betrachtete sie.

Langsam drehte er sich um und schleppte sich zurück zum Tisch. Vorsichtig ließ er sich auf den Stuhl hinunter, das Gewicht mit den Ellbogen abstützend. Die beiden Ähren legte er neben seinen milchigweißen Glasteller, von dem schimpfend einer der frechen Spatzen abhob. Stirnrunzelnd zerpflückte er den unteren Teil einer Weizenähre.

Thérèse sah ihn fragend an.

„Das Getreide ist noch längst nicht reif", erklärte er bedächtig, während er eines der weichen Körner zwischen den Fingern zerdrückte.

Mittlerweile hatte der Mähdrescher die Stromleitung hinter sich gelassen und fuhr eine lange glatte Reihe parallel zur Straße ab. Eine Staubwolke flatterte als wehender Wimpel hinter der Maschine her.

„Vielleicht ist das Feld krank", bemerkte Thérèse.

Eric rieb den feinen grau-weißen Belag von den Körnern, schnupperte an seinen Fingerkuppen und nickte ratlos mit dem Kopf. „Könnte ein Pilz sein. Eine Infektion, die die Bauern ab-mähen, damit nicht noch mehr Felder befallen werden."

„Schade um die Ernte. Schlimm für die Bauern." Thérèse seufzte.

Nach der nächsten Kehre kam der Mähdrescher wieder eine Spur näher an ihnen vorbei. Durch die dichter werdende Staubwolke sah Eric, wie gehäckseltes Grün auf den hinter der Erntemaschine fahrenden Hänger ausgestoßen wurde. Vom hinteren Teil des Feldes fuhr ein zweiter Traktor mit leer hol-pernden Anhängern heran. Wo sonst ausgedroschene Körner in die Hänger stoben, flog hier ein Strom von Grün aus dem Mähdrescher. Ein Regen von Pflanzenteilen ergoss sich in die Transportwagen.

So sah es aus, wenn Silofutter von einem Feld geerntet wur-de, Futtermais oder Alfalfa. Ob dieser Weizen als Silage enden würde? War sicher nicht gut genug für die Bäcker. Eric brach ein Stück Baguette ab und befeuchtete vorsichtig kauend die harte Kruste, während er den Weg der Maschine über das Feld ver-folgte. Thérèse hatte die Augen geschlossen und genoss die wär-mende Sonne.

Mit jeder Reihe arbeitete sich die Erntemaschine näher he-ran, nahm der Lärm zu. Ein leichter Wind war aufgekommen, ein Hauch, der über das Feld zu ihnen wehte und den Geruch frisch geschnittenen Grüns herantrug. Eric mochte den Duft frisch geschnittener Pflanzen, diese undefinierbare Mischung aus feuchter Frische und Chlorophyll. Jede Pflanzenart hatte ihren eigenen Geruch, manche dufteten nach ätherischen Ölen. Aber am liebsten waren ihm Pflanzen wie Gras, Klee oder Spinat mit ihrem reinen Geruch nach Natur.

Während Eric tief durchatmete, sah er kurz zu Thérèse hin-über und schloss dann ebenfalls die Augen, gab sich dem Duft und der Wärme hin.

Er musste wohl eingenickt sein, denn als er wieder aufblickte, war die Erntemaschine nirgends mehr zu sehen und das Feld abgemäht. Wahrscheinlich hatte Thérèse ihn geweckt, als sie begonnen hatte, die Teller zu stapeln und zu verpacken. Eric korkte die Flasche fest zu, legte sie in den Korb und klappte seinen Campingstuhl zusammen, während Thérèse die Tischplatte abwischte und die Krumen auf den Boden fegte. Um die würden sich die Spatzen kümmern.

Als alles sicher verstaut war – Thérèse und er waren gut aufeinander eingespielt –, rutschte Eric hinter das Steuer, mühte sich kurz mit dem Sicherheitsgurt ab, ließ den Motor an und bog gemächlich auf die freie Landstraße. Jetzt, gegen Mittag, waren deutlich weniger Autos unterwegs: Die Leute saßen bei Tisch.

In gemütlichem Tempo glitten sie die Straße entlang und ließen sich von einem schnellen Renault überholen. Nach der ersten weiten Kurve führte die Straße nach Süden, sodass ihnen die Sonne direkt ins Gesicht schien. Sie konnten kaum das kleine Flusstal vor sich erkennen, in dem sich ein Bach zur Garonne schlängelte. Eric kniff die Augen zusammen, machte aber keine Anstalten, die Sonnenblende herunterzuklappen.

Kurz entschlossen griff Thérèse zur Fahrerseite hinüber und bog die Klappe hinunter. Eric fuhr sich über die Augen, sagte aber nichts, sondern starrte nur vor sich hin. Jetzt stutzte Thérèse. „Ist irgendwas, Eric? Ist dir nicht gut?"

Plötzlich beschleunigte der Wagen. Als sie durch die Windschutzscheibe blickte, machte ihr Herz einen Sprung: Die nächste scharfe Kurve raste auf sie zu. „Fuß vom Gas!", brüllte sie, doch Eric reagierte nicht, hielt sich nur krampfhaft am Lenkrad fest. An dieser Stelle machte die Landstraße eine Kehre und führte zu der Brücke über den Fluss, während geradeaus ein Schotterweg dem Bachlauf durch den Wald folgte. Der Wagen geriet ins Schlingern. An der Kurve vorbei rasten sie auf den Waldweg zu und auf dessen gebrochener Oberfläche mit ungebremsten Tempo weiter.

Eric war im Sitz zusammengesunken und hatte die Augen weit aufgerissen, erkannte aber offenbar nichts um sich herum. Langsam glitten seine Hände vom Lenkrad, während Thérèse entsetzt aufschrie und versuchte, ins Steuer zu greifen. Aber trotz aller verzweifelten Versuche kam sie von ihrer Seite aus nicht ans Bremspedal heran.

Vor sich sah sie die Böschung, darunter den Bach. Der Wagen machte einen Satz nach vorn. Plötzlich hingen die Vorderräder in der Leere und wurden vom Gewicht des Motors nach unten gezogen. Thérèse spürte noch den Druck auf ihren Körper, als sie kopfüber in den Gurten hing. In der nächsten Sekunde überschlug sich der Wagen und prallte mit dem Dach zuerst im Bachbett auf.

6 Bordeaux, Frankreich

In Bordeaux war bereits Sommer, kein Vergleich zu dem, was derzeit in Deutschland dafür ausgegeben wurde. Kleine weiße Schönwetterwolken schwebten mit fliegenden Schatten über den Feldern und Hügeln. Goldene Getreidewogen fluteten über gerundete Hügel, in den Tälern aufgehalten vom Tiefgrün kleiner Sommerwäldchen. Dazwischen setzten die fahl roten Rundziegeldächer erdfarbener Natursteinbehausungen hier und da Farbtupfer. Die Straße zog sich wie eine Wellenlinie durch das fruchtbare Land, führte mitten hinein in die freundlichen pastoralen Szenerien, die Urlauber aus den regnerischen Teilen Europas so schätzten. Felix fielen dabei die Impressionisten ein, die – wie Alfred Sisley – das besondere Spiel des Lichts in dieser Landschaft in ihren Bildern eingefangen hatten.

Von den flachen Gehöften ringsum unterschied sich das Domizil des INRA nur durch die Anzahl seiner Gebäude. François führte sie gleich zu den Labors. Das Besprechungszimmer bot Aussicht auf einen kleinen, fast zugewachsenen Teich.

Während François seine schriftlichen Unterlagen und Fotos holen ging, trat Felix zu den Holzständern, auf denen die letzten Ausgaben diverser Fachzeitschriften auslagen. Die wichtigen Journale, die in keinem Labor fehlen durften, wie *Nature, Science, EMBO Journal* und *Plant Cell*, hatten sie auch in Ulm abonniert. Neugierig machte ihn ein unscheinbares graues Heft, das mehrere Hundert Seiten umfasste. „Mann, die haben hier sogar *Molecular and Cellular Biology*", sagte er ehrfürchtig. „Die hat unsere Bibliothek im vorletzten Jahr abbestellt, war denen zu teuer." Er wuchtete das dicke Heft zurück auf den Ständer und griff nach einem hellgrünen Heftchen. „*Méthodes de Cultivation du Blé*", las er vor, „Kultivierungsmethoden für Weizen. Praktische Anleitungen haben sie hier also auch. Na, müssen sie wohl, ist schließlich 'ne landwirtschaftliche Forschungseinrichtung."

François kam zurück und warf einen Papierstapel auf den Tisch. „Also, wie wär's, wenn ich euch erstmal einen kleinen Überblick gebe? Die schlechte Nachricht zuerst: Der neue Claviceps verbreitet sich rapide. Zur Zeit ist ein Gebiet von etwa zweihundert Kilometern Durchmesser befallen, von hier bis ungefähr Limoges im Nordosten. Der Pilz scheint etwa vierzig bis fünfzig Kilometer pro Woche zu wandern. Es wurden aber auch einzelne infizierte Felder an anderen Orten gemeldet. Ich hoffe nur, dass der eine oder andere Fehlalarm darunter ist. Angefangen hat die Seuche, soweit wir von den Bauern wissen, irgendwo in der Nähe von Libourne, Perigeux oder Bergerac an der Isle der Dordogne, um die hundert Kilometer stromaufwärts. Der Neubefall der Felder läuft nach Osten und Nordosten hin deutlich schneller als nach Süden. Das liegt am Westwind – der treibt den Pilz in dieser Richtung weiter."

„Oh je, das ist ja noch schneller, als wir dachten." German überschlug die Entfernungen. „Was schätzt du, wie weit kommt der Pilz dieses Jahr? Es bleiben noch etwa sechs bis acht Wochen bis zur Ernte, zumindest in Deutschland. Hier werden es wohl nur noch vier bis fünf Wochen sein. Das ergäbe bei fünfzig Kilometern pro Woche in diesem Jahr einen Vormarsch von mindestens dreihundert Kilometern. Also könnte Claviceps bis an die Grenze von Frankreich vordringen, vielleicht auch weiter. Im Nordosten sind es dann immer noch zwei bis drei Wochen bis zur Ernte. Gerade genug, um über die Vogesen und das Elsass nach Deutschland zu wandern. Dann könnte er sich für den Winter einbuddeln und im nächsten Jahr in ganz Mitteleuropa zuschlagen."

„Nur kann man das nicht so einfach hochrechnen", wandte François ein. „Die Pilzfäden können ja auch an einem Koffer, Auto oder Flugzeug hängen bleiben und schon morgen in Frankfurt, Kopenhagen oder Brüssel ankommen."

„Stimmt, haben wir ja bei BSE und MKS gesehen. Auch Desinfektionen können das nicht verhindern."

„Zumindest hat jetzt das Landwirtschaftsministerium in Aquitanien Notiz von dem Pilz genommen. Die Versicherungen haben das Ministerium benachrichtigt, weil bei ihnen so viele Meldungen über Ernteausfälle eingehen. Sie wollen Regierungsgelder abschöpfen."

German zuckte mit den Achseln. „Mag sein, dass der Druck von dieser Seite irgendwas bewirkt. Wenn es um Geld geht, wacht die Verwaltung eher auf. Auf uns arme Rufer in der Wissenschaft hört doch keiner, war bei BSE genauso. Die Politiker haben alles so lange geleugnet, bis die Bauern Zeter und Mordio geschrien haben."

„Oui, c'est vrai. Hoffen wir nur, dass die Beamten demnächst flexibler reagieren. Der erste Anruf aus dem Ministerium kam vor vier Tagen. Die wollten erst mal einen ausführlichen Bericht über die Lage, schriftlich natürlich."

„Und? Habt ihr den Bericht geschrieben?"

„Keine zwei Tage später hatten sie unseren Bericht auf dem Tisch. Fragt sich nur, auf welchem, und wer das liest. Falls überhaupt jemand."

German lächelte sarkastisch. „Wetten, dass in den offiziellen Mitteilungen an Bauern und Presse das Ministerium alles unter Kontrolle hat? Und dass keine Gefahr für die Bevölkerung besteht?"

François nahm einen trockenen Keks aus der Schale auf dem Tisch und schob sie German und Felix hinüber. „Aber zurück zu unserem eigentlichen Gegner – Claviceps. Ich sage euch, die Biester sind nicht kleinzukriegen. Wir haben eine Serie von Versuchen gemacht, die unsere Befürchtungen für's Erste nur bestätigt haben. Im Gewächshaus infiziert dieser Claviceps ungeheuer rasant Weizen und andere Getreidearten."

„Wie steht's mit den anderen Gewächshäusern?", fragte German. „Habt ihr den Stamm unter Kontrolle halten können?"

„Zum Glück haben wir unsere Versuche von Anfang an nur in besonders gesicherten Gewächshäusern durchgeführt.

Die ungeschützten Anzuchtanlagen scheinen noch nicht befallen zu sein. Aber natürlich sind die normalen Gewächshäuser nicht darauf ausgelegt, Pilzsporen fernzuhalten. Die üblichen Insekten werden zwar herausgefiltert, aber wie in allen Gewächshäusern treten auch bei uns immer wieder Schübe von Mehltau oder anderen Pilzen auf. Auch die weißen Fliegen treffen regelmäßig ein."

Auf einem Blatt skizzierte François den Vermehrungszyklus von Claviceps, von der ersten Zelle, die auf einer Ähre landet, bis zum Mutterkorn – ähnlich, wie Felix ihn für Manfred aufgezeichnet hatte. „Wir sollten uns noch einmal klarmachen, in welcher Hinsicht sich dieser neue Pilz anders verhält als der normale Stamm. Da müssen wir ansetzen." Mit großen Kreisen markierte er die Punkte, an denen der Zyklus des aggressiven Claviceps von dem des normalen Stamms abwich. „Dieser neue Claviceps breitet sich ohne jede Pause durch nichtgeschlechtliche Fortpflanzung weiter aus. Er befällt die benachbarten Blüten in der Ähre und bildet viel mehr Fäden als der übliche Stamm. Erst deutlich später schlägt er den Überwinterungszyklus mit der Bildung von schwarzen Mutterkörnern ein. Während die normalen Stämme nach dem Durchwachsen einer Blüte umschalten und ein einziges Mutterkorn bilden, fängt der neue Stamm erst damit an, wenn die ganze Ähre leergesogen ist. Und dann entstehen viele schwarze Körner auf einer einzigen Ähre. Wir haben ein paar Versuche gemacht: Selbst wenn wir den neuen Stamm mit einem alten Stamm infizieren, bremst ihn das nicht aus."

Er dachte kurz nach. „Es gibt noch eine weitere Besonderheit: Normalerweise sind die Pilzfäden mit Honigtau verklebt. Für die Insekten. Beim neuen Stamm fehlt der Honigtau. Deswegen geben die Fäden ungehindert Unmengen lose Zellen ab, so viele, dass man sie als feinen weiß-grauen Staub auf einem schwarzen Karton sehen kann. Deshalb bin ich so pessimistisch, was die Reinhaltung der anderen Gewächshäuser betrifft. Es kann nicht mehr lange dauern, bis einer von uns ein Stäubchen an einem Ärmel oder Haar mitschleppt und dadurch ein Gewächshaus nach dem anderen infiziert."

„Wirklich schade, dass ihr keinen Erfolg mit der Ko-Kultivierung hattet – ich meine eure Kreuzungsversuche mit dem normalen Claviceps", warf German ein. „Das hätte uns vielleicht einen Ansatzpunkt geliefert. Jedenfalls war es eine gute Idee."

„Dachte ich ursprünglich auch. Aber der neue Claviceps lässt sich nicht abstellen. Der teilt sich mit rasender Geschwindigkeit, solange es nur irgendetwas Verwertbares gibt. Die Fäden wachsen, verzweigen sich und überwuchern die jungen Ähren, bis an jeder Blüte ein Mutterkorn auswächst."

„Wahnsinn", staunte German. „Das wären insgesamt ja zwanzig bis dreißig Mutterkörner pro Ähre. Unglaublich!"

François nickte. „Durch die vielen Mutterkörner wird die Ähre so schwer, dass sie abknickt. Das war dann mal ein Weizenpflänzchen. Und schon geht's weiter: Das Korn fällt auf den Boden und ist dann bereit zur Überwinterung. Und beim Umpflügen werden die Mutterkörner erst richtig verstreut. Das heißt: Der gesamte Boden wird verseucht, wenn der kranke Weizen nicht lange vorher abgeerntet wird. Wir müssen jedes Feld mit frischen Infektionen abmähen, bevor sich die Mutterkörner zeigen. Zwar kann man den Pilz mit bloßem Auge erkennen, aber die Bauern wollen es am Anfang nie wahrhaben. Ist ja verständlich. Sie zögern so lange, bis sie einen Befehl von oben bekommen. Und eine Garantie für den Ernteausfall."

François suchte ein paar Fotos aus dem Stapel heraus, schob sie über den Tisch und legte sie nebeneinander vor German und Felix aus. „Hier sind mikroskopische Aufnahmen, die jeweils im Abstand von einem Tag die gleiche Weizenähre zeigen. Nur drei Tage nach der Infektion wachsen die Pilzfäden schon wieder heraus und es brechen neue infektiöse Zellen ab. Das geht zehnmal schneller als bei normalen Claviceps-Stämmen."

German und Felix beugten sich über die Bilder, auf denen sie die hellen Pilzfäden schwach vor dem dunkleren Hintergrund der Weizenblüten ausmachen konnten.

„Wir entwickeln gerade die nächste Generation Fotos", sagte eine raue Stimme in ihrem Rücken. „Mit bunten Fluoreszenzmarkierungen für die Pilzfäden. Das macht es leichter, die Pilzzellen von den Pflanzenzellen zu unterscheiden."

„Das ist Pierre, unser Spezialist für das Lichtmikroskop. Er hat die Bilder gemacht", erklärte François.

Pierre verzog das verwitterte Gesicht zu einem Lächeln und schüttelte German und Felix die Hand, ohne die glimmende Filterlose aus dem Mund zu nehmen. Erst als er sich über die Bilder beugte und ein langes Stück Asche auf den Tisch fiel, hielt er die Kippe kurz unter einen Wasserhahn und warf das feuchte Ende in den Mülleimer.

„Na denn, herzlich willkommen bei uns", sagte er im Gehen. „Euer letztes Paper fand ich übrigens klasse. Freut mich, euch persönlich kennenzulernen." Er winkte ihnen lässig zu und hinterließ eine Wolke Gauloises-Gestank.

„Habt ihr auch schon elektronenmikroskopische Aufnahmen gemacht?", erkundigte sich Felix. „Und falls ja, kann man darauf die Zellstrukturen des Pilzes besser erkennen?"

„Wir sind gerade dabei. Nicole Duvalle hat Einbettungen und Schnitte vorgenommen. Sie sitzt, glaube ich, gerade am Elektronenmikroskop und macht Aufnahmen. Warte mal, Richard kann dich zum EMI bringen, dann kannst du selbst sehen, wie weit sie ist."

François rief in den Flur hinein nach Richard, stellte ihn als einen der Doktoranden vor und bat ihn, Felix zum EMI zu führen.

„Willkommen im Land der Pilzmonster", bemerkte Richard grinsend, während er in seinen ausgelatschten Sandalen voraus zur Kellertreppe schlappte. Wie in den meisten Forschungseinrichtungen war das Elektronenmikroskop im Untergeschoss untergebracht. Nachdem sie einen Vorraum mit Tageslichtfenstern passiert hatten – hier wurden in Kunstharz eingebettete Teile von Blüten und Pilzen in Scheiben von wenigen Hundertstel Millimeter Dicke geschnitten – klopfte Richard kräftig an eine graue Tür. „Nicole!" Als sich nichts rührte, drückte er die Klinke herunter und winkte Felix zu, sich mit ihm in einen winzigen Raum zu quetschen: eine Sicherheitsschleuse wie bei italienischen Banken, nur undurchsichtig und noch enger. Als Richard die äußere Schleusentür schloss, wurde es stockfinster. So laut er konnte, hämmerte Richard gegen die Innentür – wobei er Felix mit dem Ellbogen versehentlich in die Rippen stieß – und brüllte nach Nicole.

„Wieso gehen wir nicht einfach hinein?", fragte Felix.

„In dem kleinen Raum ist es völlig dunkel. Wenn man ohne Vorwarnung eintritt, kann man jeden, der dort arbeitet, zu Tode erschrecken. Bleib da drinnen erst mal ein Weilchen stehen und rühr dich nicht von der Stelle, bis du irgendwas erkennen kannst."

Felix war froh, dass er mit dem Englisch von Richard klarkam – ob das auch für die Person galt, konnte er noch nicht sagen. Die französischen Kollegen, die er hier bis jetzt kennengelernt hatte, sprachen Englisch zwar mit starkem Akzent, aber fließend und weit besser als er.

Auf das laut gerufene „Oui?" von innen öffnete Richard die innere Schleusentür und schob Felix hindurch. „Nicole? Hier ist einer der Deutschen. Er will sich deine neuesten Bilder ansehen." Unverzüglich schloss Richard die Tür hinter sich und ließ Felix orientierungslos im Dunkel stehen.

„Nicht bewegen und nichts anfassen!", befahl ihm die weibliche Stimme aus dem Irgendwo. Nach und nach konnte er den Schimmer eines Displays ausmachen. „Darf ich zum Bildschirm gehen?", fragte er.

„Stay where you are! Hier steht alles Mögliche herum."

„Okay, okay." Felix blieb brav stehen, während er zusah, wie der Schatten im fahlen Licht des Bildschirms allmählich Gestalt annahm. „Ich bin Felix aus Ulm", stellte er sich vor.

„In Ordnung, komm langsam näher."

Er rückte so weit vor, dass er die Umrisse auf dem Bildschirm identifizieren konnte: vergrößerte Zellstrukturen.

„Ich heiße Nicole", erklärte die weibliche Gestalt beiläufig, während sie die Darstellung auf dem Monitor verschob. „Das hier sind Zellen von dem mutierten Claviceps. Die hier sehen so aus, wie wir sie seit Jahren kennen. Aber ich versuche gerade, eine Zelle zu finden, die sich erst entwickelt. Warte mal, hier rechts. Da!" Sie bewegte die Computermaus, klickte auf eine Taste, drehte an einigen Knöpfen und deutete auf ein haariges Gebilde, das der Form nach an eine Hantel erinnerte. „Siehst du hier rechts am Rand die einzelnen Zellen, die locker am Ganzen hängen? Das sind die freiwerdenden Zellen an einer befallenen Ähre. Wenn der Honigtau fehlt, hat sich vielleicht auch das Innere der Zellen verändert." Sie zögerte kurz. „Okay, das hier nehmen wir noch auf, sieht nicht schlecht aus. Die Fotos drucken wir oben aus."

Nicole drehte das Bild weiter. Leise vor sich hinmurmelnd, suchte sie weitere Pilzzellen ab, während Felix sich im Dunkeln orientierte. Der Raum war klimatisiert, aber von den summenden Maschinen erdrückend aufgeheizt. Felix sehnte sich nach Licht und frischer Luft. „Wie viel Zeit verbringst du eigentlich hier unten?", fragte er.

„Gar nicht so viel, das hier ist nur mein Nebenjob", erwiderte sie, ohne den Blick vom Bildschirm zu wenden. „He, da haben wir ja endlich eine! Das ist eine wachsende Zelle, die gerade raus will. Die vergrößere ich sofort und mache ein paar schöne Porträts von ihr", erklärte sie enthusiastisch. Offenbar fiel ihr erst jetzt auf, dass Felix ihre Begeisterung keineswegs teilte. „Was ist los?", fragte sie. „Ist es dir zu finster hier unten? Leidest du unter Klaustrophobie? Kann ich gut verstehen, am Anfang hält man es hier unten nicht lange aus."

„Na ja, am liebsten möchte ich so schnell wie möglich wieder nach oben."

„Ich hoffe, nicht meinetwegen."

Klang das nun beleidigt oder kokett? „Nein, ohne dich wäre ich doch schon längst weg hier", erwiderte er in einem Ton, den er für charmant hielt. „Mich nervt nur, dass es hier so eng und dunkel ist. Daran könnte ich mich nie gewöhnen."

„Keine Panik, halt noch ein paar Minuten durch. Ich mache schnell die paar Aufnahmen, dann verlassen wir die Unterwelt."

Als Nicole nach einer kleinen Ewigkeit endlich fertig war, schob sie Felix vor sich her in die Schleuse und schließlich in den Vorraum, wo ihn blendende Helligkeit empfing. Er blinzelte heftig, ehe er sich zu Nicole umwandte. Neugierig musterte er sie: Dunkle Wimpern, die wegen der grellen Sonne flatterten. Große goldbraune Augen in einem schmalen Gesicht. Langes kastanienbraunes Haar, hinten zusammengebunden, in dem rötliche Lichter spielten. Eine zierliche Gestalt in braunen Cord-Jeans und weißem T-Shirt. Nicole reichte ihm gerade bis zur Schulter.

„Schön, dich nicht nur als Schatten zu sehen", bemerkte sie, kniff die Augen zusammen und inspizierte jetzt ihrerseits ihr Gegenüber. Von den Jeans und dem karierten Hemd wanderte ihr Blick zu den hellen blauen Augen und dem schwarzen Wuschelkopf. „Und ich hätte wetten können, du bist blond."

Felix wusste nicht, ob er das als Kritik oder Kompliment nehmen sollte.

Mit einem Griff löste sie das Gummiband aus dem Pferdeschwanz und schüttelte das Haar, sodass es ihr über den Rücken fiel. Danach stützte sie die Hände in die Hüften und rollte mit den Schultern, bis sie knackten. „Puh, endlich wieder strecken und frei bewegen." Als sich ihre Blicke trafen, lächelte sie. „Geht's dir wieder besser? Dann könnten wir gleich in den Computerraum gehen und uns die Farbausdrucke anschauen."

„Klar, war da unten nur ungewohnt für mich, tut mir leid."

„Kein Problem." Nicole ging ihm voran.

„Was ist eigentlich deine Hauptarbeit, wenn die Elektronenmikroskopie nur ein Nebenjob ist?", fragte er.

„Ich bin jetzt etwas über ein Jahr am INRA. Ich soll hier Inhaltsstoffe von Claviceps analysieren und herausfinden, wann der Pilz welche Alkaloide produziert. Dazu soll ich die daran beteiligten Enzyme isolieren und deren Gene identifizieren. Und untersuchen, wie sie im Pilz reguliert werden. Kleinigkeit, das ist auch schon alles."

Nicole lachte ironisch. „Na ja, ich will nicht meckern. Hört sich zwar nach wahnsinnig viel an, was ich da beackern soll, aber François findet es am besten, erst mal mit vielen Dingen anzufangen und sich später auf das Interessanteste zu konzentrieren. Oder auf das, was im Labor am besten läuft. Ist ja auch ganz einleuchtend, nur ging es bisher nicht so richtig vorwärts. Ich bin ganz froh, dass dieser neue Stamm in mein Thema passt. Jetzt wird's wirklich spannend für mich, obwohl das angesichts der Lage der Bauern sicher zynisch klingt. Ist aber überhaupt nicht so gemeint. Ich hoffe, wir können bald was gegen diese Verwüstungen der Felder unternehmen."

„Ja, deswegen sind wir ja auch hier. Hoffen wir, dass bei der Zusammenarbeit was Nützliches rauskommt."

Lebhaft gestikulierend stieg Nicole vor ihm die Treppe ins Erdgeschoss hinauf. „Ein paar der Zuckermoleküle im Honigtau konnte ich schon identifizieren, aber es scheint noch mehr Süßigkeiten darin zu geben. Wahrscheinlich sind einige langkettige Zucker drin, die ihn so klebrig machen. Das braucht der Claviceps, damit die Pilzzellen an den Insekten hängen bleiben. Die Analyse des Honigtaus ist nicht einfach, das kannst du mir glauben. Die Pilzzellen produzieren so wenig, dass ich tagelang die jungen Teile unter dem Stereomikroskop abpflücken muss. Und das reicht dann gerade mal für einen Testlauf."

Im Computerraum holte Nicole einen Stapel von Farbausdrucken aus der Ausgabe und blätterte sie durch. „Auf dem ist nichts drauf, komisch." Enttäuscht warf sie das Blatt in den Papierkorb. „Aber das hier ist in Ordnung. Und das da auch." Sie reichte Felix eines der Fotos und deutete auf die rötlichen Umrisse einer

Zelle. „Siehst du hier die Pilzfäden am Rand der Pflanzenzelle? Komm, lass uns in den Besprechungsraum gehen, ich brauche sowieso was zum Aufwachen. Da können wir uns die Bilder in Ruhe ansehen."

Im Besprechungszimmer hatten German und François inzwischen eine Landkarte vor sich ausgebreitet. Sie zeigte den Süden Frankreichs mit Bordeaux links am Rand, Marseille rechts unten und dem Elsass am rechten oberen Rand. Die Region rund um Bordeaux war mit schwarzem Filzstift schraffiert.

„Sind das die befallenen Gebiete?", fragte Felix und nahm dankbar die Kaffeetasse entgegen, die Nicole ihm in die Hand drückte. „Sieht ja finster aus."

„Die Fläche ist ganz schön groß", sagte Nicole beeindruckt. „Hast du das angemalt, François? Und wo sind wir? Ja, das INRA müsste hier liegen, genau am Rand der schwarzen Zone. Da wird der Claviceps bald auch hier draußen auftauchen."

„Gestern und heute gab es keinen großen Vormarsch", erklärte François. „Neu befallene Felder liegen nur ein paar Kilometer östlich der Front von letzter Woche." Nachdenklich klopfte er mit dem Stift auf die Karte. „Der Claviceps scheint in gewissen Rhythmen weiterzuziehen. Im Abstand von einer Woche, manchmal erst nach zehn Tagen, kommen Meldungen über neue Infektionen vierzig oder fünfzig Kilometer östlich herein. Jetzt war eine Woche Pause, der nächste Schub müsste bald kommen. Diese Woche Zeitverzögerung scheint mit dem Wachstumszyklus des Claviceps zusammenzuhängen. Der Vormarsch in Wellen hat bestimmt etwas damit zu tun, dass nach der ersten massiven Infektion die nächste Generation von lockeren Pilzzellen auf dem ganzen Acker gleichzeitig reift. Bei der ersten kräftigen Brise werden dann auf einen Schlag Unmengen von Zellen hochgewirbelt und zum nächsten Feld geblasen."

Er deutete auf die Ausdrucke. „Lasst mal die Fotos sehen, was gibt es Neues? Ach ja, ich muss euch einander noch vorstellen. Das ist German Nördlich aus Ulm", sagte er zu Nicole und wandte sich German zu. „Nicole Duvalle ist Doktorandin hier am INRA. Sie untersucht die Zusammensetzung des Nektars, den Claviceps absondert. Insofern ist sie mitten im Geschehen, auch wenn der neue Stamm nichts mehr produziert. Nebenbei macht sie bei uns die besten EMI-Aufnahmen."

Felix vermerkte erfreut, dass François das besitzergreifende Fürwort bei „Doktorandin" weggelassen hatte. Viele Professoren in Deutschland benutzten es bewusst, um die Verhältnisse und Hierarchien zu verdeutlichen. Der Ausdruck „mein Doktorand", den er als herablassend empfand, war immer noch beliebt unter den Akademikern.

François freute sich über die Klarheit und Schärfe der neuen Aufnahmen, die auch German überraschten. Beide lobten Nicole. „Die Details müssen wir später mit dem normalen Claviceps vergleichen." Auffordernd sah François zu Nicole herüber.

„Die Fotos suche ich morgen früh gleich heraus, jetzt muss ich das EMI für die Nacht einmotten, dauert schätzungsweise eine Stunde", erwiderte sie.

François blickte auf die Uhr und faltete die Karte zusammen. „In der Zwischenzeit zeige ich German und Felix ihre Zimmer im Gästehaus. Ihr könnt euch dort kurz frisch machen, wenn ihr möchtet. Und danach gehen wir alle zusammen essen."

7   L' Épi d'or, bei Bordeaux

Zum Abendessen fuhr François seine deutschen Gäste zusammen mit Nicole und Pierre ins nächste Dorf, Richtung Caudéran. Der Inhaber des Landgasthofs mit dem schönen Namen *L' Épi d'or – Goldene Ähre* begrüßte François wie einen alten Freund.

„Wir gehen sehr oft hierher, weil das Restaurant so nahe beim Institut liegt", erklärte François German und Felix. „Wahrscheinlich sind wir seine besten Kunden. Essen und Wein sind gar nicht schlecht. Es gibt sogar weiße Tischdecken. Deutlich besser als die Dorfkneipe, die man hier erwarten würde."

Sie folgten dem Wirt durch das Restaurant auf die Terrasse. Im Schatten von hochgezogenen Glyzinien warteten drei Tische auf Kundschaft.

„Wirklich sehr malerisch", Felix blieb in der Terrassentür stehen, „fast wie auf einem alten Gemälde."

Zwischen den blauen Blütendolden der Glyzinie hingen grüne Reben über den Tisch am Ende der Terrasse, zu dem der wohlgenährte Gastwirt sie mit einer ausladenden Handbewegung einlud. Die Luft war lauwarm, aber am rötlich gefärbten Himmel kündigte sich bereits der Sonnenuntergang an. Der Blick reichte über die anscheinend noch gesunden Felder bis zu den nächsten Dörfern, und für eine Weile rückte der Pilz in den Hintergrund.

„Interessierst du dich für Kunst?", fragte Nicole, die neben Felix getreten war.

„Nur für bestimmte Epochen. Vor allem für den Impressionismus."

„Das sind mir auch die Liebsten", bemerkte Nicole. „Die mochten diese Landschaft."

Felix, der neben Nicole am Tisch Platz nahm und unbedingt mehr über sie erfahren wollte, war froh, dass François, Pierre und German sofort eifrig in ihr eigenes Gespräch vertieft waren. Sie redeten über gemeinsame Erlebnisse auf Tagungen in aller Welt und lachten viel.

Genau wie Felix langte Nicole mit herzhaftem Appetit zu, ließ sich das zarte Lammfleisch auf der Zunge zergehen und wickelte die schmalen grünen Bohnen aus dem Speck. „Agneau de Pauillac", erklärte sie. „Pauillac ist berühmt für seine Lämmer. Liegt gar nicht weit von hier."

„Auf dein Wohl und auf unser Projekt!" Felix hob sein Glas mit dem dunkelrot schimmernden Bordeaux, stieß mit ihr an und sah ihr dabei in die Augen. „Was hast du eigentlich vor der Arbeit am INRA gemacht?"

„Vorher hab ich an der Universität von Bordeaux studiert und an Inhaltsstoffen von einheimischen Pflanzen gearbeitet. Hab einzelne Substanzen herausgeholt, gereinigt und den Pharmazeuten gegeben, die sie auf Wirkungen und Anwendungen untersuchen sollten. Und was ist mit dir?"

„Ich hab zuerst an der Universität Freiburg Biologie studiert – das war weit genug von zu Hause weg; ich wollte endlich auf eigenen Füßen stehen. Außerdem ist Freiburg eine angenehme Stadt, eine typische deutsche Studentenstadt."

„Und wieso bist du dann in Ulm gelandet?"

Er grinste leicht verlegen. „Wie das so geht – der Liebe wegen. Kurz vor dem Vordiplom hab ich meine Freundin Kathrin kennengelernt, sie studierte in Ulm Chemie. Also bin ich nach dem Vordiplom nach Ulm gewechselt. Unsere Beziehung ging danach zwar bald auseinander, aber bereut hab ich den Umzug trotzdem nicht. Inzwischen ist Kathrin mit einem Chemiker verheiratet und hat eine Tochter."

„Und dann bist du die ganze Zeit in Ulm geblieben?"

„Ja, nach den Prüfungen und einem Großpraktikum bei German hat er mir angeboten, als studentische Hilfskraft im Labor mitzuarbeiten. Ich hab dort Nährmedien angesetzt, Plasmide präpariert und alles, was anfiel, erledigt, um ein bisschen Geld zu verdienen."

„Und wie bist du auf den Claviceps gekommen?"

„German hat mir das Thema für die Doktorarbeit vorgeschlagen. Ich fand es schön kompliziert mit all diesen verschiedenen Organismen, die daran beteiligt sind, und trotzdem so klar: Die Pilze sind die Schädlinge, die befallenen Pflanzen die Opfer. Selbst meine Eltern, die von Biologie nichts verstehen, haben die Geschichte vom guten Roggen und den giftigen Bösewichten sofort kapiert."

„Ja, meine Eltern auch, aber die kennen solche Probleme auch vom Weinbau. Sie sind Winzer und müssen sich oft mit Schädlingen an den Pflanzen herumschlagen. Mein jüngerer Bruder ist auf der Landwirtschaftsschule und wird später wohl mal den Betrieb übernehmen."

„Wird euer Wein auch exportiert? Kann ich den in Deutschland kaufen?"

Nicole lachte. „Nein, dazu ist unser Weingut viel zu klein. Wir liefern unsere Trauben an die Genossenschaft ab. Aber schlecht ist er nicht! Zu Hause haben wir immer nur unseren eigenen Wein getrunken."

„Du kannst mich ja mal in Ulm besuchen und dann eine Flasche mitbringen", schlug Felix vor, von dem kühnen Vorstoß selbst überrascht.

„Wir werden sehen", sagte Nicole einfach und lenkte auf ein anderes Thema um. Bis zum Dessert – Mousse au Chocolat – unterhielt sie Felix mit Anekdoten über ihren peniblen und oft schlecht gelaunten früheren Chef an der Universität von Bordeaux. Im Gegenzug erzählte er ihr von seltsamen Erfahrungen auf internationalen Kongressen. Nicole hatte bisher noch nie an Veranstaltungen im Ausland teilgenommen.

„Selbst zu hochoffiziellen Konferenzen schlappen amerikanische Top-Koryphäen in alten Turnschuhen und ausgewaschenen T-Shirts aufs Podium, musst du wissen", sagte er. „Manchmal sogar mit Baseballkappe. Die stecken ihre Sorgfalt ausschließlich in die Arbeit und in die Präsentation. Manchmal streiten sie sich dann mit japanischen Anzugträgern, deutschen Doktoranden in Holzfällerhemden und englischen Punks herum. Am meisten hat mich mal ein junger Typ mit Irokesenschnitt und rasselnden Ketten beeindruckt, der präzise erklärte, wie erhöhter Saccharosegehalt Probleme für den Wasserdruck in Kartoffelzellen macht. Mir gefällt es, dass in unserem Forschungsbereich die Kleiderordnung nicht wichtig für den Status ist. Professoren in Bankeranzügen und Krawatten sind auch in Deutschland eine aussterbende Spezies."

„Anzug und Krawatte kann ich mir bei dir auch gar nicht so recht vorstellen", lachte Nicole.

Wieder einmal war er sich nicht ganz sicher, wie er das auffassen sollte.

„Ja, irgendwie erinnerst du mich äußerlich ein bisschen an diesen deutschen Schriftsteller und Philosophen, wie hieß er doch gleich? Ah ja, Richard Brecht oder Precht, den hab ich in unserem Fernsehen mal in einer Talkshow zum Thema Ethik und Gentechnik gesehen. Der trägt offenbar auch am liebsten Jeans und Hemd."

Er beschloss, ihre Bemerkung als Kompliment zu nehmen.

Bald darauf brachen sie auf. François lieferte als Erstes die deutschen Besucher am Gästehaus des INRA ab, ehe er die anderen nach Hause brachte. „Schnell schlafen, morgen ist Großkampftag!", rief er zum Abschied. Doch als Felix ins Bett fiel, fühlte er sich trotz der Müdigkeit völlig aufgedreht.

8   INRA, Bordeaux

Die nächsten beiden Tage half Felix Nicole dabei, im Gewächshaus junge Pilzfäden des neuen Claviceps in sterilen Petrischalen zu sammeln. Es brauchte mehrere Stunden ständiger Kontrolle und wiederholten Fragens, bis er wie Nicole auf einen Blick die Stadien an ihrer Größe und dem weißlichen Schimmer erkennen konnte. Zum Vergleich untersuchten sie normalen Claviceps unter dem Stereomikroskop, dem Binokular. Nicole zeigte ihm, wie die Oberfläche der normalen Pilzfäden wegen der Honigtauflüssigkeit glänzend und leicht silbrig schimmerte, während der mutierte Claviceps stumpf weiß erschien. Mit bloßem Auge ließ sich dieser Unterschied zwischen dem neuen und dem alten Claviceps nicht leicht ausmachen.

Immer wieder ließ er sich von ihr am Binokular erklären, wie die Zellen auszusehen hatten. Dazu mussten sie an den Okularen Plätze tauschen, ohne die Proben zu verschieben. Wenn ihre langen Haare seinen Arm streiften oder ihre Fingerspitzen die seinen berührten, musste er sich sehr anstrengen, sich ihre Erläuterungen zu merken. Wahrscheinlich dauerte es deshalb so lange, bis er die einzelnen Entwicklungsstadien des Pilzes identifizieren konnte. Er hatte es allerdings auch gar nicht eilig damit, selbstständig zu arbeiten und am anderen Ende des Gewächshauses die Ähren auseinanderzupulen.

Als am zweiten Abend das Essen im Besprechungsraum serviert wurde, blickte Felix skeptisch auf das Baguette und das Holzbrett mit verschiedenen Sorten von Schimmelkäse. Ausgerechnet Schimmelkäse! Aber es schmeckte ihm. Kauend folgte er Nicole ins Labor zu den abgelegten Pilzfäden. Nicole verwies Felix auf einen Hocker und begann mit Pufferlösungen und stinkenden Lösungsmitteln zu hantieren. Woher nahm sie all die Energie? Er war vom langen Arbeitstag geschafft, gähnte immer häufiger und sagte immer weniger. Er wäre sicher eingeschlafen, nur war dieser Hocker verdammt unbequem. Er war heilfroh, als Nicole

„Fertig!" rief. Sie verschloss die Reaktionsgefäße mit Membranen und stellte sie in die Vakuumanlage. Nach zehn Stunden Eindampfen würde die Flüssigkeit auf wenige Mikroliter konzentriert sein. Mit einem Ruck zog Nicole die Plastikhandschuhe aus und warf sie in den Mülleimer. „Das war's für heute."

Bald darauf taumelte Felix ins Gästehaus und fiel in traumlosen Schlaf.

Am nächsten Morgen begann Nicole, die Zucker im Chromatografen zu analysieren. Das Profil der Kohlenhydrate sollte zeigen, ob der neue Claviceps wirklich überhaupt keine oder vielleicht nur weniger Tauflüssigkeit produzierte. Oder ob er womöglich eine bisher unbekannte Lösung mit anderer Zusammensetzung ausschied. Am Nachmittag hatte sie die Ergebnisse rechtzeitig zur Lagebesprechung ausgewertet. Für Felix und German war es der letzte Tag in Bordeaux.

„Der neue Claviceps produziert tatsächlich keinen Honigtau, nicht eine Spur von Zuckern", berichtete Nicole, als German, François, Pierre, Richard und andere Mitarbeiter des INRA sich im Kaffeeraum versammelt hatten.

Die halbe Besatzung des INRA schien inzwischen den neuen Claviceps zu bearbeiten. François erklärte, das Institut sei jetzt auch aus Paris mit der Untersuchung dieses Stammes und der Identifizierung eines Gegenmittels beauftragt worden. „Das hat für uns höchste Priorität", betonte er. „Inzwischen wachen sogar die Ministerien ganz oben auf. Anscheinend hat das Department de l'Agronomie d'Aquitaine die bisherigen Ernteverluste hochgerechnet. Dabei kommt allein in unserer Region ein Verlust von mehr als drei Milliarden Euro zusammen. Das ist ungefähr so viel wie die gesamte Knete, die von der EU nach Frankreich fließt. Jetzt geht diesen Beamten offenbar ein Licht auf. Endlich nehmen sie auch unsere Berichte und Rechnungen ernst und diskutieren unsere Befürchtung, dass Claviceps noch diesen Sommer bis ins Elsass und nach Norden über das Zentralmassiv bis nach Orléans, vielleicht sogar bis Paris marschieren wird. Übrigens habe ich um zusätzliches Geld für die Arbeit gebeten. Ihr glaubt es nicht, es wurde anstandslos bewilligt! Wenn die Bürokraten so schnell was herausrücken, muss die Scheiße wirklich am Dampfen sein!"

François nickte German triumphierend zu. Felix sah seinem Chef an, dass er beeindruckt war. „Nicht schlecht", sagte er, „da hattest du den richtigen Riecher. Hast den richtigen Verwaltungstypen zur richtigen Zeit erwischt. Erstaunlich, dass es solche Leute überhaupt noch gibt. Das ist das erste Mal, dass ich eine so schnelle und freie Mittelvergabe erlebe." German runzelte die Stirn. „Das ist so unnatürlich für die Bürokratie, dass es schon alarmierend ist. Wissen die in Paris vielleicht mehr als wir hier? Wird da irgendwas geheim gehalten? Die Nachrichten über Claviceps laufen doch bestimmt schon eine ganze Weile in Paris ein, die können nicht der Grund für die plötzliche Vernunft sein."

„Keine Ahnung", erwiderte François, „das weiß man nie. Schätze, es sind die Nachrichten aus den Krankenhäusern. Gestern wurden in Lyon die ersten Fälle von Ergotismus, den Vergiftungen mit Claviceps, diagnostiziert. Anscheinend haben einige Bauern die Warnungen der Genossenschaften nicht beachtet und ohne Atemfilter infizierte Felder abgeerntet. Wenigstens achten die Ärzte inzwischen auf einschlägige Symptome. Gliederschmerzen und mangelnde Durchblutung kann viel bedeuten. Aber wenn erst einmal Lähmungen auftauchen, ist es fast zu spät."

„Wie viele Vergiftete gibt es denn in Bordeaux?", erkundigte sich Pierre und zog heftig an seiner Gauloises. „In der Presse stand heute früh was von neun Fällen." Er griff nach der Zeitung, die auf dem Tisch lag. „Hier. Hatte ich richtig im Kopf, neun Fälle sind's. Unser Claude, Claude Legrande, kennt den Vater von dem Jungen hier auf dem Foto übrigens gut, hat mit ihm zusammen Landwirtschaft studiert. Claude glaubt, dass der Kleine einer der ersten Fälle ist, bei denen die Vergiftung eindeutig identifiziert wurde. Er hat anscheinend den Kopf aus dem

Fenster des Mähdreschers gehalten, als sie ein infiziertes Feld abgeerntet haben. Hat dabei zu viele Ergotamine abbekommen,
obwohl der Claviceps noch keine Mutterkörner gebildet hatte.
Aber für einen kleinen Jungen reicht schon das Gift aus den Zellfäden. Das Clavicepsbild hier hat übrigens Nicole geschossen."

François zerrte die Landkarte von Südfrankreich unter der
Zeitung hervor und breitete sie auf dem Tisch aus. „Die Jungs
aus dem Ministerium haben mir beiläufig zu verstehen gegeben, dass wir möglichst wenig Aufheben von Claviceps machen
sollen. Und alle Pressemitteilungen mit ihnen absprechen. Und
noch mehr Blabla, ihr kennt ja die Typen, der Ton ist überall der
gleiche." Er klopfte auf die Karte. „Okay, zurück zum Problem.
Also, hier, ein Stück vor Lyon verläuft derzeit die Grenze der
Meldungen. Der Strich davor ist die Linie von gestern. In den
letzten vierundzwanzig Stunden ist also dieser Bereich von etwa
vierzig Kilometern hinzugekommen. Der Claviceps bewegt sich
wieder schneller als in den letzten Tagen. Gestern waren die zehn
Tage um, die Claviceps Pause macht. Damit hat die nächste Runde angefangen."

Nicole wedelte mit der Zeitung herum, die sie Pierre aus der
Hand genommen hatte. „Eigentlich sollten die mir auch ein Honorar für das Bild zahlen, für unsere Partykasse natürlich. Hier
steht, in Lyon sind drei Ergotaminvergiftungen frisch eingeliefert
worden. Das ist jenseits der Front, die du abgesteckt hast, François. Es handelt sich um einen der Erntehelfer, die ein befallenes
Feld bei Changeux abgemäht haben, und um ein Rentnerpaar,
das neben einem infizierten Feld bei Créon ein Picknick gemacht
hat. Auf dem Rückweg haben sie die Kontrolle über ihren Wagen verloren und sind damit in einen Bach gestürzt. Beide sind
lebensgefährlich verletzt."

Pierre stach mit der glimmenden Zigarette in die Luft, um seinen Worten Nachdruck zu verleihen. „Und das heißt, dass beim
neuen Claviceps auch die Pilzfäden das Gift produzieren, sonst
hätte es den kleinen Jungen nicht erwischt. Das Feld war noch

nicht reif, als der Kleine umfiel. Da waren kaum Mutterkörner drauf. Er muss das Zeug mit den Pilzfäden eingeatmet haben. Und die Rentner auch."

„Da ist was dran", nickte François. „Auch in den Pilzfäden scheint eine Menge Gift zu stecken. Aber in den Mutterkörnern bestimmt noch mehr. Dann reicht ein kleiner Sommersturm, wenn nur ein paar infizierte Felder zu lange stehen bleiben. Wenn der in der Nähe einer Stadt über ein Feld voller reifer Mutterkörner fegt, ist die Katastrophe perfekt."

François lehnte sich zurück und musterte seine Mitarbeiter. „Wir müssen unser Vorgehen genau planen. Also, ich schlage vor, dass wir im INRA die Inhaltsstoffe des mutierten Claviceps biochemisch analysieren. Wie viel Gift ist in den Pilzfäden? Wir sehen auch nach, ob neben dem Honigtau noch andere Stoffe fehlen. Und auf jeden Fall müssen wir herausfinden, *warum* der Pilz keine Honigtauzucker mehr produziert."

German nickte. „Hört sich plausibel an. Wir nehmen Ableger von dem neuen Stamm mit nach Ulm und sehen, ob wir die unterbrochenen Gensteuerungen und Schalter identifizieren können. Holen wir Kawaguchi und Yamamoto in Kyoto mit ins Boot? Die können die Proteine der Zellteilung untersuchen, damit wir auch von dieser Seite Informationen bekommen."

François griff den Faden auf. „Unbedingt. Und Bill Winston und seine Leute in Stanford sollen die Oberflächenproteine des neuen Stamms mit denen des normalen Claviceps vergleichen. Bill stehen jede Menge Antikörper gegen Membranproteine zur Verfügung. German, ich weiß, dass du Bill nicht leiden kannst, aber wir können auf ihn nicht verzichten!"

German zuckte mit den Schultern und nickte schließlich. Mit Bill Winston hatte er bei einem Projekt unmittelbar konkurriert, aber das war nicht alles. Er fand ihn auch unerträglich arrogant. Doch das war jetzt nicht wichtig.

Pierre nahm die Zigarette aus dem Mundwinkel, was seine Anspannung verriet. „Da gibt es nur ein kleines Problem. Wir müssen den Claviceps nach Japan und in die USA kriegen. Auf keinen Fall sollten wir ihn mit der Post verschicken – stellt euch vor, da sickert was raus! Dann haben wir die Infektion mit einem Schlag um viele tausend Kilometer weiter transportiert."

François schüttelte den Kopf. „Was heißt heraussickern? Wenn wir den Stamm in einem versiegelten Plastikröhrchen schicken, kann nichts passieren. Selbst wenn die Verpackung aufreißt, kann nichts entweichen, wenn wir ihn in ein paar Lagen Folie wickeln."

„Trotzdem", gab Pierre zurück, „bei der Post weißt du nie, was mit einem Paket passiert, und mit einem Kurierdienst ist es auch nicht sicherer. Sobald du das Paket aus den Augen verlierst, kannst du nur noch hoffen. Oder beten, falls du daran glaubst."

François hob beschwichtigend die Hände. „Also gut, wir schicken die Zellen nicht per Post, sondern packen sie nur gut ein. Und dann fliegt einer von uns damit nach Kyoto und ein anderer nach Stanford. So haben wir den Pilz ständig unter Aufsicht. Und wir können den Amis und Japanern auf diese Weise auch gleich persönlich klarmachen, wie dringend die Sache ist. Für Japan und Kalifornien ist Frankreich weit weg."

German lächelte. „Du musst ihnen nur erzählen, dass es keinen Wein mehr aus Bordeaux gibt, wenn sie uns nicht helfen. Das wird sie aufwecken."

„Mal den Teufel nicht an die Wand", François hob beschwörend die Hände und blickte einen nach dem anderen an. „Also, wer fliegt nach Japan und wer nach Stanford?"

German sah Felix an. „Wie wäre es, wenn du nach Kyoto fährst? Du hast Kawaguchi und Yamamoto auf der Wiener Konferenz im letzten Herbst ja kennengelernt. Die nächsten Pflanzen kann Anne für dich infizieren."

„Abgemacht", sagte François, „Felix fliegt nach Japan, und du, Pierre, gehst nach Stanford."

Pierre winkte ab. „Auf keinen Fall. Da darf man nirgendwo rauchen, und ich kann nicht den ganzen Tag vor der Tür verbringen. Außerdem", er überlegte einen Moment, „außerdem muss ich mit Antoine hier Präparationen machen. Die können nicht warten. Wie wär's mit Nicole?"

François grinste. „Das sehe ich natürlich ein, Pierre. Das Nichtraucherland wäre für dich schlimmer als die Hölle. Wenn du in Stanford den ganzen Tag vor der Tür in der Sonne qualmst, kriegst du nur 'nen fetten Sonnenbrand. Nicole, wie wär's? Abflug morgen?"

Nicole hatte bis jetzt geschwiegen. Sie hatte bisher noch keine Reise nach Übersee unternommen, an keinem Kongress außerhalb Frankreichs teilgenommen, kannte nur wenige ausländische Kolleginnen oder Kollegen. Felix sah ihr die Verlegenheit an. Dennoch sagte sie mit sicherer Stimme zu. Als sie zu ihm herüberblickte, löste das ein Chaos von Gefühlen in ihm aus: Mitgefühl, Hochachtung und ein leises Bedauern darüber, dass ihre Wege sich jetzt trennen würden. Zumindest für eine gewisse Zeit.

9 Kyoto, Japan

Kenzo Yamamoto schlappte in das Sekretariat, das nebenbei als Besprechungsraum diente. Mit einem langen Tisch, Stühlen, Kühlschrank, Spüle, Schrank, Zeitschriftenregal und Aktenordnern war es genauso vollgestopft wie die Labors. Er nahm seine Tasse vom Trockentuch auf der Spüle, goss sich Tee aus einer Kanne ein, ging zum Tisch hinüber und schob mehrere Papiere in Richtung Hitoshi, der mit dem Kopf auf den verschränkten Armen am Tisch schlief. Die Tasse in der einen Hand, blätterte er mit der anderen in der neuesten Ausgabe von *Nature*. Er überflog gerade die Titel der Artikel und Kommentare, als sein Chef Takeshi Kawaguchi aus dem angrenzenden Büro schlurfte, ebenfalls auf der Suche nach Tee.

Der fast siebzigjährige Kawaguchi-sensei warf einen kritischen Blick auf den schlafenden Doktoranden. „Oh nein, wie lange wart ihr gestern Abend Bier trinken? Hitoshi verträgt doch nie so viel, wie er trinkt. Könnt ihr nicht besser auf ihn aufpassen? Ihr solltet ihm nur am Freitagabend Biererlaubnis geben. Da kann er am nächsten Tag keinen Schaden anrichten."

Er schob den Stuhl mitsamt Hitoshi näher an den Tisch und rutschte an ihm vorbei. Hitoshi stöhnte leise, gab aber sonst keinerlei Lebenszeichen von sich. Die Sekretärin sprang auf, goss eine Schale mit dünnem grünem Tee ein und reichte sie ihrem Chef ehrfurchtsvoll mit beiden Händen. Kawaguchi schlürfte den ersten Zug.

„Ah, das tut gut. Yamamoto-san, François Bertrand aus Bordeaux schreibt von einem neuen Claviceps-Stamm. Er fragt, ob wir mit ihm, German Nördlich und Bill Winston an diesem neuen Claviceps zusammenarbeiten können. Er schlägt vor, dass wir mit unseren Antikörpern nach Veränderungen in diesem Claviceps suchen." Nachdem er laut schlürfend einen großen Schluck Tee genommen hatte, setzte er nach: „Sie schicken einen Doktoranden von German mit dem Pilz her. Wie sieht es aus, Yamamoto-san, können Sie sich um die Versuche und den Deutschen kümmern? Sie sprechen doch gut Englisch und kennen sich am besten mit den Proben aus."

Kenzo war klar, dass es keine Frage, sondern ein Auftrag war. Allerdings übernahm er ihn gern. Ein Ausländer würde ein bisschen Abwechslung bringen, und er konnte dabei sein Englisch auffrischen. „Selbstverständlich mache ich das, Kawaguchisensei. Wissen Sie schon Genaueres?", fragte er mit leichtem Lächeln. Wie er seinen Chef kannte, hatte er nicht nur längst zugesagt, sondern schon Einzelheiten ausgemacht.

„Ich habe geantwortet, dass Sie den Deutschen morgen früh vom Flughafen Kansai abholen." Mit seinen kurzen Fingern schob Kawaguchi die dünne Brille höher auf die Nase und klebte die wenigen grauen Haare über den runden Schädel nach hinten.

„Wusste ich doch, dass schon wieder alles geregelt ist, bis ich erfahre, was ich in den nächsten Tagen zu tun habe", stöhnte Kenzo gekonnt beleidigt. „Als ob der Mensch kein Privatleben hat."

Im Labor von Takeshi Kawaguchi herrschte ein für Japan ungewöhnlich lockeres Arbeitsklima, eine Erbschaft der zehn Jahre, die er als Professor in Gainesville, Florida verbracht hatte. Langsam schlich sich aber auch hier das an japanischen Universitäten immer noch verbreitete hierarchische Verhalten ein. Es war schwer, sich dagegen zu wehren. Die Bürokratie der Universität, die Sekretärinnen und die nachwachsenden Studenten waren im System erzogen und brachten ihre Vorstellungen von Ordnung mit.

Kenzo kannte den äußerlich lockeren Umgang in nordamerikanischen Labors von seinen zwei Jahren als Postdoc am MIT in Boston. In den ersten Monaten hatte ihn das verunsichert, vor allem die Anrede. Er konnte den berühmten Kopf des Labors nicht einfach mit Jerry ansprechen, das gehörte sich seiner Meinung nach nicht. Außerdem sah er bei dem Namen Jerry jedes

Mal die Maus aus dem Comic „Tom und Jerry" vor sich. Dass eine – wenn auch versteckte – Hierarchie vorhanden war, merkte Kenzo erst bei den gemeinsamen Barbecues der Laborleute. Während sie gemeinsam Hot Dogs, Hamburger und Submarines verspeisten, lernte er die feinen Unterschiede. Selbst wenn Jerrys Kinn von Ketchup verschmiert war, wurde er in anderem Ton angesprochen und sehr viel respektvoller behandelt als irgendein Postdoc rechts und links von ihm. Diese Entdeckung hatte Kenzo erleichtert.

Kenzo war als eine Art Assistenzprofessor zurück nach Kyoto gekommen, wo die Erinnerungen an die USA und die dortigen Freiheiten der Postdoc-Forschung schnell verblassten. Hier war er der Mann für alles. Er diskutierte mit den Studenten ihre täglichen Erlebnisse, Ergebnisse und die nächsten Experimente, hielt das Computernetzwerk am Laufen, entwarf Anträge für Forschungsmittel und formulierte Veröffentlichungen. Zu seinen Pflichten gehörte es sogar, die Bestellungen für Salze, Zucker und radioaktive Markersubstanzen zu kontrollieren und zu unterschreiben. Nebenher musste er darauf achten, sich einen Namen zu machen und nicht nur Handlanger seines Professors zu sein. Das typische Los eines Professorenanwärters.

Solange er sich um den Besuch aus Deutschland zu kümmern hatte, konnte er einen guten Teil dieser lästigen Jobs dem Nächsten in der Hierarchie zuschanzen. Jetzt sollte sein Vertreter entscheiden, wie viele Schwämme für die Spülbecken gekauft werden sollten und ob für das Reinigen der Gelplatten weiche oder harte Bürsten besser geeignet waren. Abgesehen davon, dass seine eigene Forschung vorübergehend liegen blieb, brachte ein Gast aus dem Ausland nur Gutes. Für Besuche, besonders für internationale, gab es auch ein Spesenbudget.

Kenzo war um fünf Uhr aufgestanden und entsprechend müde, als er am Flughafen ankam. Da hatte auch das Nickerchen im Zug nicht viel geholfen. Aus der Zollkontrolle quoll eine Karawane von bleichen, übernächtigten Europäern und munter in die Heimat blickenden Japanern. Er hielt das Pappschild mit „Felix" hoch und überlegte, wer in Frage käme. Als hinter ihm jemand seinen Namen rief, fuhr er zusammen. Erschrocken blickte er in das leicht erhitzte Gesicht eines Europäers, der ihn anlächelte.

„Kenzo Yamamoto?"

„Hai", antwortete er automatisch. Dabei hatte er sich fest vorgenommen, gleich mit einem flüssigen Willkommenssatz Eindruck zu machen. „Felix?", versicherte er sich, „willkommen in Japan."

Der vom Flug übernächtigte Deutsche und der unausgeschlafene Japaner mit den dicken Brillengläsern grinsten einander an. Höflich nahm Kenzo seinem Gast die pralle Reisetasche ab.

„Gut aufpassen, auf keinen Fall werfen", warnte ihn Felix. „Da sind die Pilze, DNAs und Proteine drin."

„Kein Problem. Also los, auf nach Kyoto, ins Labor."

Felix folgte Kenzo in Richtung der Eisenbahnpiktogramme. Vom unterirdischen Bahnhof des Flughafens Kansai fuhr die Bahn direkt auf eine hohe Brücke. Jenseits des Meeresstreifens sah Felix in der Ferne die Küste.

Anderthalb Stunden lang sausten Betonkästen an ihnen vorbei, die durch lange Seile miteinander verbunden waren. Es dauerte eine Weile, bis Felix aufging, dass es Stromkabel waren. Wie in den Vereinigten Staaten waren sie überirdisch von Mast zu Haus und von Haus zu Haus verlegt. An den dicht bebauten Straßen wirkten sie wie ein Dschungel aus schwarzen Lianen. Die meisten Gebäude waren zwei- oder dreistöckige schmale Häuser in schmuddeligem Grau. Farbakzente setzten hier nur bunte Fahnen mit für Felix unverständlichen Symbolen und die leuchtenden Reklametafeln an den Mauern, über die ständig wechselnde grüne, rote oder blaue Schriftzeichen flimmerten.

Im Labor wurde Felix mit grünem Tee begrüßt und unverzüglich dem Chef und den Mitarbeitern vorgestellt. Die japanischen Namen prasselten so schnell auf ihn ein, dass er sie kaum registrieren konnte. Nach einer Minute konnte er nicht mehr sagen, wer aus dem Raum gegangen und wer hereingekommen war. Fujiwara, Mijamara, Fujisama oder Hagasawa? Alle sprachen fließend Englisch, die Verständigung war jedenfalls kein Problem.

Schließlich zog Felix vorsichtig ein mit Papier und Knallblasenfolie umwickeltes Paket aus der Reisetasche. Kenzo nahm die unter Stretchmembranen versiegelten Plastikpetrischalen mit den Pilzkulturen in Empfang und betrachtete die grauen Fäden. „Nicht einmal umgekippt unterwegs", bemerkte er zufrieden. „Trotzdem sollten wir die Zellen mit frischem Futter versorgen. Hasegawa-san, bitte überimpfe die Kulturen auf neue Agarplatten", bat er einen der Doktoranden – Felix zuliebe auf Englisch.

Felix zerrte ein weiteres sorgfältig verpacktes Päckchen heraus. Mehrere versiegelte durchsichtige Folienbeutel mit je drei oder vier kleinen grauen Eppendorf-Gefäßen kamen zum Vorschein. „Das sind DNA-Proben, die bereits gereinigt sind." Felix reichte Kenzo die Tüten. „Und da sind mit flüssigem Stickstoff schockgefrorene und gefriergetrocknete Zellen. Und hier sind Proteine aus dem Pilz, isoliert und vorgereinigt, jeweils zweihundert Mikrogramm."

Kenzo gab die Beutel an den nächststehenden Studenten weiter und beauftragte ihn damit, die Proben kühl zu stellen. „Alles klar", sagte er gleich darauf. „Wir werden die Proteine aus dem neuen Claviceps mit den Antikörpern gegen Proteine testen, die wir aus der Zellteilung beim alten Claviceps gewonnen haben."

„Prima. Mit den Proteinen könnt ihr hier viel besser umgehen als wir, und ihr verfügt über die nötigen Antikörperproben. Sicher hat François schon geschrieben, dass sich dieser neue Claviceps unglaublich schnell vermehrt. Die Steuerung der Zellteilung muss defekt sein", antwortete Felix.

„Kein Problem", meinte Kenzo. „Wir wollen den neuen Claviceps übrigens auch auf ein paar Reispflanzen im Gewächshaus testen. Der alte Claviceps hat sich auf Reis kaum vermehrt."

Felix nickte. „Gute Idee. Dieser Claviceps ist anders. Probiert es mit dem Reis, aber seid vorsichtig. Andererseits ist es vielleicht egal, ob wir im Labor vorsichtig sind. Viel größer ist die Gefahr, dass Touristen oder Geschäftsreisende den Pilz einschleppen. Da reichen ein paar Zellen am Mantel, Hemd oder Koffer. Ihr wisst ja, wie oft das schon passiert ist. BSE kam auch nach Japan."

Plötzlich musste er so tief gähnen, dass ihm das Wasser in die Augen trat. Jetzt, da er die Proben losgeworden war und sie in sicheren, kompetenten Händen wusste, holte ihn der lange Flug ein.

„Oh je", sagte Kenzo mitfühlend, „wir bringen dich wohl besser ins Gästehaus. Da kannst du erst mal Schlaf nachholen."

Felix war mehr als einverstanden, er konnte die Augen kaum noch offen halten.

„Morgen früh hole ich dich wieder ab", versprach Kenzo an der Tür des sechs Quadratmeter winzigen, überaus funktional eingerichteten Zimmers im Gästehaus Shiran Keikkan der Universität Kyoto. „Bleib besser noch ein bisschen auf, dann wird es mit dem Jetlag einfacher."

Felix nickte, obwohl er es nicht vorhatte. Er wollte jetzt nur noch aus den klebrigen Reiseklamotten heraus, duschen und schlafen.

Am nächsten Morgen machte am Besprechungstisch eine Zeitung die Runde. Mit verschlafenen Augen beugten sich die Studenten darüber und wiesen einander, plötzlich hellwach, aufgeregt auf Einzelheiten hin.

„Ah, so des ka. Ah so. So des", hörte Felix erstaunt murmeln. Kenzo nahm einem Doktoranden die Zeitung aus der Hand und tippte auf einen Artikel. Neben den senkrecht angeordneten Zeichen war eine kleine Landkarte von Europa abgedruckt. „Ein Bericht über die Getreidepest in Europa. Euer Claviceps hat es in die *Asahi Shimbun* geschafft, die größte Zeitung von Japan."

„Und was steht drin?"

„Die Überschrift lautet etwa so: ´Eine geheimnisvolle Krankheit vernichtet die Ernte in Südfrankreich`. Sie schreiben, das gesamte Getreide im Süden sei verseucht und müsse vernichtet werden. Die gute, anscheinend genauso wichtige Nachricht, ist die, dass der Weinanbau davon nicht betroffen ist. Das zitieren sie aus einem Interview mit einem Vertreter des Landwirtschaftsministeriums von, wie heißt das, Akutitanita in Bordeaux."

„Aquitania, Aquitaine", übersetzte Felix.

„Wie auch immer", fuhr Kenzo fort, „das Problem sei eingegrenzt, der Weizen werde aus Sicherheitsgründen bei hoher Temperatur verbrannt. Damit würden die Krankheitserreger vernichtet und die Seuche gestoppt." Er blickte von der Zeitung auf. „Das könnte aus unserem Ministerium stammen. Politikerphrasen. Möglichst wenig Aufsehen, möglichst wenig Probleme und abwarten, bis sich die Aufmerksamkeit auf einen Mord richtet. Nur keine Aufregung um unangenehme Sachen. Die Karte zeigt die befallenen Gebiete in Frankreich, siehst du den schraffierten Bereich?"

„Wow, ganz schön groß, das scheint die Hälfte von Südfrankreich zu sein. Das wäre deutlich mehr, als François mir zuletzt gezeigt hat. Wenn sogar Offizielle zugeben, dass die Ernte verloren ist, dann muss es ernst sein. Die ganze Weizenernte zu vernichten, das ist schon stark. Und wenn sie sagen, es sei nur zur Sicherheit, dann ist es in Wirklichkeit absolut nötig."

„Das ist hier das Gleiche", bemerkte Kenzo. „Der Müll wird in eine dunkle Ecke gefegt, wo ihn keiner sieht. In allen Sprachen hört es sich gleich an: Es besteht keinerlei Gefahr für die Bevölkerung. Denen, die ins Krankenhaus eingeliefert werden müssen, geht es offiziell gleich wieder besser – bis sie auf dem Friedhof landen."

Inzwischen war auch der Boss Takeshi Kawaguchi eingetroffen. Als er die Zeitungsmeldung überflogen hatte, mischte er sich in das Gespräch ein. „Scheint wirklich ernst zu sein. Was wisst ihr über die Vermehrung dieser neuen Variante?", fragte er Felix. „Was habt ihr bis jetzt herausgefunden?"

Damit war die Besprechung eröffnet, die Zeitung wurde weggelegt. Felix versuchte, seinen Respekt vor den bekannten japanischen Forschern nicht in Nervosität umkippen zu lassen. Regelmäßig erschienen Papers aus dem Kawaguchi-Labor in Top-Journalen wie dem amerikanischen *Proceedings of the National Academy of Sciences* und dem in Heidelberg herausgegebenen *EMBO Journal*. Sie waren ein Muss auf seiner Lektüreliste. Kawaguchi und seine Leute hatten mit pfiffigen Ideen einschlägige Fortschritte erreicht, die zu Klassikern auf dem Gebiet des Claviceps geworden waren. Die ehrfürchtige Distanz der japanischen Studenten zu ihrem Chef machte es Felix nicht leichter. Doch Kawaguchi sah ihn freundlich und offen durch seine Brillengläser an, und Felix entkrampfte sich, zumal er in der englischen Sprache den Respekt vor der Koryphäe Kawaguchi nicht durch ein förmliches „Sie" ausdrücken musste.

Er nahm einen Schluck von dem japanischen Kaffee und leckte sich angenehm überrascht die Lippen: Der schmeckte kräftig wie europäischer Kaffee, deutlich besser als die dünnen amerikanischen Extrakte. Der als Tee ausgegebene hellgrüne Heuaufguss war sicher gesünder, aber morgens kein Ersatz für ihn.

Felix erläuterte zunächst die Arbeitsteilung, die François vorgeschlagen hatte. „Da die Verbreitung der Pilzzellen durch den Wind mit dem fehlenden Honigtau zusammenhängt, soll das Team von François Bertrand in Bordeaux herausbekommen, warum dieser Claviceps-Stamm keinen klebrigen Tau mehr abgibt. Dass der Pilz auf unterschiedlichen Pflanzen so aggressiv wächst, liegt vielleicht an veränderten Oberflächenproteinen. Die sollen Bill Winston und seine Leute untersuchen. Wir in Ulm testen die Gene, die wir haben, und führen die notwendigen Transformationen durch. Ihr hier in Kyoto kennt die an der Zellteilung beteiligten Proteine und Gene am besten."

Felix wandte sich direkt an die Studenten und Doktoranden: „Ihr müsst herausfinden, was bei der Zellteilung defekt ist."

Professor Kawaguchi nickte nachdenklich. „Wie sieht denn das Innere der Zellen aus? François hat mir in seiner letzten E-Mail versprochen, dass du elektronenmikroskopische Aufnahmen mitbringst. Kann man darauf Veränderungen der Zellstrukturen erkennen? Können die uns einen Hinweis darauf geben, was bei der Zellteilung jetzt anders als beim alten Claviceps abläuft?"

Felix holte einen großen braunen Umschlag aus seiner Reisetasche, blätterte einen Stapel von Nicoles Fotos auf den Tisch und legte zusammengehörende Bilder nebeneinander, je eines von dem normalen Claviceps und eines mit der entsprechenden Ansicht von dem neuen Stamm.

„Hier und hier", er deutete auf die wesentlichen Regionen, „sind Unterschiede bemerkbar. Bei den alten Zellen ist die Oberfläche glatt, bei den neuen rau und zerfurcht. Die geriffelte Außenseite ist vielleicht ein Grund dafür, dass die Zellen bei der Übertragung durch den Wind an neuen Ähren haften bleiben. Und beim aggressiven Claviceps teilen sich viel mehr Zellen als beim normalen Pilz. Welche Proteine bei dem neuen Stamm anders sind als bei dem alten, könnt nur ihr mit euren Antikörpern untersuchen."

Kawaguchi und Kenzo hielten die Fotos eines nach dem anderen schräg in das einfallende Licht, um die Unterschiede deutlicher erkennen zu können. Kawaguchi sah Kenzo an: „Wer soll die Experimente mit den Antikörpern machen? Hitoshi?"

Ein Doktorand mit Bürstenhaarschnitt und auffällig abstehenden Ohren nickte enthusiastisch, offenbar Hitoshi.

„Hitoshi wäre der Richtige", bestätigte Kenzo. „Er hat neulich erst die ganze Palette von Antikörpern durchgetestet."

Kawaguchi sah auf die Armbanduhr und hob bedauernd die Augenbrauen. „Danke, Felix. Jetzt muss ich leider los zu einer Fakultätsbesprechung." Er schloss den obersten Hemdknopf, schob die Krawatte hoch und wirkte gleich viel förmlicher.

Nachdem Kawaguchi gegangen war, wollte Hitoshi sofort an die Arbeit gehen, doch Kenzo bremste ihn und zerrte ihn auf den Stuhl zurück, um die Experimente zu besprechen. Hitoshi nickte eifrig zu allem, was Kenzo sagte, und zog dann los.

Kenzo nahm Felix mit ins Labor und setzte ihn vor einen Computer, an dem er den Mailserver in Ulm nach Post abfragen konnte. Felix musste aus Versehen eine falsche Taste gedrückt haben, denn plötzlich erschienen nur noch japanische Schriftzeichen, und er musste Kenzo zu Hilfe holen. Besonders aufregende Nachrichten waren nicht eingegangen. Anne wünschte ihm alles Gute und viel Erfolg in Japan und versicherte ihm, sie werde sich um die Infektion seiner Pflanzen kümmern. Nichts von German, er war offenbar rund um die Uhr mit der Koordination der nächsten Schritte beschäftigt.

Am frühen Nachmittag, als Hitoshi und einige andere Studenten die Proteine aus den mitgebrachten Claviceps-Zellen isoliert und auf Eis gepackt hatten, meinte Kenzo: „Wenn du schon in Kyoto bist, musst du mindestens einen Tempel und einen Schrein besichtigen. Immerhin stehen in dieser Stadt vierzehnhundert buddhistische Tempel und siebenhundert Shinto-Schreine herum. Manche Ausländer verbringen Wochen mit der Besichtigung."

Er fasste Felix am Arm und fragte eine der Doktorandinnen: „Hast du Lust, unserem deutschen Gast mit mir zusammen ein bisschen was von der Stadt zu zeigen? Du bist doch hier geboren und kennst dich überall gut aus. Danach essen wir schnell noch was und sind in drei, vier Stunden wieder zurück. Gute Gelegenheit, dein Englisch aufzufrischen."

Zu dritt brachen sie vom Campusgelände auf. An der Bushaltestelle blickte Felix neugierig auf die Säule, auf der die Buslinien untereinander aufgelistet waren. Leider konnte er bis auf die Nummern der Busse nichts lesen, da die Fahrtziele nur in Japanisch angegeben waren. Als auf der Säule ein gelbes Bussymbol mit der Nummer 203 plötzlich von rechts außen in die Mitte sprang, zuckte er zusammen.

Kenzo lachte. „Das zeigt dir an, wie weit der nächste Bus noch von der Haltestelle entfernt ist. Der 203 müsste gleich hier sein. Siehst du, jetzt ist das Zeichen ganz nach links gesprungen."

Felix war vom japanischen Verkehrssystem leicht irritiert. Vor zwei Minuten wäre er fast in einen Kleinlaster gerannt, weil er vergessen hatte, dass in Japan Linksverkehr herrschte.

Die Säule bimmelte: Eine weibliche Stimme vom Tonband machte irgendeine Ansage. „Der Bus wird gleich eintreffen", übersetzte Kenzo. Die Doktorandin zog Felix am Ärmel, lächelte ihn an und deutete auf den heranfahrenden Bus. „Du musst hinten einsteigen. Wenn du angekommen bist, steigst du vorn aus und bezahlst im Vorbeigehen bei dem Fahrer. In der Stadt kostet es überall gleich viel, egal wie weit du fährst", erklärte sie ihm in flüssigem Englisch. Felix traute sich nicht, sie nach ihrem Namen zu fragen. Sicher hatte sie sich ihm vorgestellt, aber er brachte die Namen der weiblichen und männlichen Doktoranden immer noch durcheinander.

Zwei Stationen später stiegen sie an der Kreuzung der belebten Geschäftsstraßen Imadegawa-dori und Shirakawa-dori aus. An einem schmalen Kanal gingen sie unter Kirschbäumen die Imadegawa-dori entlang, die in diesem Abschnitt für den Autoverkehr gesperrt war. Es waren Scharen von Touristen unterwegs, darunter viele japanische Gruppen, die diszipliniert dem hochgereckten Wimpel einer uniformierten Führerin folgten.

„Hier beginnt der berühmte Philosophenweg, der bis zum Nanzen-ju Tempel dem Kanal folgt. Wie wär's bei dieser Schwüle mit einem Eis?" Kenzo deutete auf ein Softeis-Zeichen hinter der ersten Bogenbrücke.

Als die Doktorandin ihm wenig später ein grünes Softeis reichte, beäugte Felix es zunächst misstrauisch.

„Mit japanischem Teegeschmack, musst du unbedingt probieren!", sagte sie lachend.

Tatsächlich schmeckte ihm das Eis besser als die fast geschmacksfreien weißen Schaumkronen, die sonst als Softeis verkauft wurden.

Sie schlenderten die ansteigende Straße zwischen den Andenkenläden hinauf. Felix sah T-Shirts mit Schriftzeichen und japanischen Mangas, hölzerne Masken und Teeschalen in allen Größen und Farben. Kenzo blieb an einem Imbissstand stehen: „Noch eine Spezialität, die es bei euch in Ulm bestimmt nicht gibt." Er kaufte für jeden ein drei Zentimeter langes Würstchen. „Das sind traditionelle Süßigkeiten aus Bohnenmus."

Als Felix in die weiche Masse biss, bekam er die Zähne nur mit Mühe wieder auseinander. Allerdings schmeckte die Füllung zum Glück nicht so süß wie erwartet.

„Zucker war in Japan früher unbekannt", erklärte Kenzo. „Erst die Europäer haben im Norden Ende des Neunzehnten Jahrhunderts die Zuckerrübe eingeführt. Und im Süden das Zuckerrohr."

Vor den Andenkenläden hingen zahllose Glöckchen, die bei jedem Windhauch bimmelten. Erstaunt blickte Felix auf die an den Klöppeln baumelnden Zettel, die mit unterschiedlichen Zeichen beschriftet waren. „Was steht da drauf?"

„Diese beiden verheißen viel Glück und ein langes Leben, und das hier wünscht Schutz für das Haus", erwiderte Kenzo. „Jedes Mal, wenn der Wind die Klöppel bewegt, gibt er die Bitten an gute Geister weiter."

„Möchtest du eins kaufen?", fragte die Doktorandin und sah ihn auffordernd an. Mit ihrer Freundlichkeit, dem offenen Blick und der zierlichen Figur erinnerte sie ihn ein wenig an Nicole. Er fragte sich, wie sie leben mochte. Wohnte sie noch im Studentenheim? Hatte sie einen festen Freund? *Schluss damit!*, befahl er sich, wandte sich mit einem Ruck von ihr ab und erwarb leicht schuldbewusst das Glöckchen mit den guten Wünschen für ein langes glückliches Leben – als Mitbringsel für Nicole.

Am Ende der Läden lag das Tor zum Tempeleingang. Den Weg begleitete ein mannshoher Bambuszaun, hinter dem fünf Meter hohe Bambuswedel grünten. An der nächsten Biegung tauchte ein quadratisches, zweistöckiges Gebäude auf. Weißes Papier verklebte die glockenförmigen Fenster, das gut zu dem verwitterten Holz und den dunklen Ziegeln auf dem überhängenden Dach passte. Links lag ein weiteres Gebäude, einstöckig, in das man durch die geöffneten Schiebetüren hineinblicken konnte. Es war völlig leer, soweit Felix erkennen konnte.

„Das hier war früher eigentlich kein Tempel, sondern ein Sommerhaus", klärte Kenzo ihn auf. „Irgendein Kaiser oder reicher Samurai hat sich dieses Häuschen samt Garten und Teehaus vor ein paar hundert Jahren als Erholungsresidenz bauen lassen. Einer seiner Nachkommen hat es später Buddhisten geschenkt. Die haben dann zwischen dem eigentlichen Teehaus", er wies auf das zweistöckige Gebäude, „und den Nebenbauten diesen Zen-Garten angelegt. Der Kieshaufen symbolisiert Fuji-san, den heiligen Berg Fuji. Jeden Morgen harken die Mönche den Kies, bis die Linien richtig liegen."

„Dieser Garten wäre ideal zum Entspannen, wenn ringsum nicht so viele Touristen wären. Fehlen nur noch ein paar bequeme Stühle, ein Tisch und darauf ein kühles Bier", bemerkte Felix ohne jede Pietät. Kenzo bedachte den Kulturbanausen zwar mit einem seltsamen Blick, nahm ihn als höflicher Gastgeber jedoch sofort beim Wort. „Du bekommst dein Bier bald. Aber auf jeden Fall solltest du dir vorher noch einen Schrein ansehen. Keine Angst, wir fahren mit dem Taxi hin."

„Du musst dir die Hände reinigen, bevor du den Schrein betrittst", sagte Kenzo, als sie beim Heian Schrein angekommen waren. „Dieser Shinto-Schrein ist übrigens noch gar nicht so alt: Er stammt aus dem Jahre 1895 und ist den Kaisern Japans gewidmet, die als Letzte in Kyoto residierten. Deshalb ist das Gebäude dem Kaiserlichen Palast nachempfunden."

Mit einer Bambuskelle goss er Felix kühles Wasser aus einem Wasser speienden Drachen über die Finger und winkte ihn danach durch ein großes, orangefarbenes Tor. Mehrere Gebäude, deren geschwungene, mit grünlasierten Ziegeln gedeckte Dächer mit weißen und orangefarbenen Wänden kontrastierten, umrahmten einen großen Platz. Den Durchgang ins Innere des Hauptgebäudes versperrte ein Zaun aus Bambusstäben, über dem ein dickes, mit weißen Papierfahnen beknotetes Seil baumelte. Dahinter stand hochkant ein Rahmen aus Rundhölzern, vor dem ein großes Kissen lag. Ansonsten war der mit Tatamimatten ausgelegte Raum leer.

„Noriko, ab jetzt übernimmst du", sagte Kenzo. „Du kennst dich hier besser aus."

„Der Heian Schrein ist eine heilige Stätte, an der sich gute Geister und Dämonen treffen", erklärte die Doktorandin, deren Namen Felix endlich erfahren hatte. „Im Shintoismus gibt es viele Orte, heilige Bäume oder Quellen für den Kontakt mit den Geistern. Der Heian Schrein ist einer der bedeutendsten, weil hier die Urnen einiger Kaiser aufbewahrt werden. Überall müssen die Menschen den guten Göttern helfen, die Dämonen zu vertreiben. So wie wir ihnen jetzt dabei helfen, den wilden Claviceps zu besiegen."

Vor einem mit Sand gefüllten Becken schwelten Räucherstäbchen. „Der Rauch hilft, Krankheiten zu heilen", fuhr Noriko fort. „Du wedelst ihn auf die Stelle, an der du Schmerzen hast. Besonders wirksam sind bei manchen Leiden heilige Tierfiguren. Bei Kopf- oder Leibschmerzen fasst du die Tiere an und streichst dann mit der Hand über den Ort des Schmerzes. Früher war ich oft mit meiner Großmutter hier, weil sie unter Rheuma litt."

„Und? Hat es ihr was genützt?"

„Zumindest ging es ihr danach immer für kurze Zeit besser", erwiderte Noriko ernsthaft. „Kann natürlich auch ein Placebo-Effekt gewesen sein, ich weiß."

„In Europa gibt es ähnliche heilige Stätten. Wallfahrtsorte. Die Pilger, die dahin ziehen, glauben, dass das Wasser aus einer heiligen Quelle diesen oder jenen Schmerz heilen kann. Ganze Busladungen fahren nach Frankreich oder Spanien, um dort an einer Quelle oder von einem heiligen Knochen Hilfe gegen ihre Krankheiten zu erflehen. Ist schon seltsam, wie sich religiöse Rituale gleichen." Felix verkniff es sich, das Thema zu vertiefen. Schließlich wusste er nicht, was Noriko von dem hielt, was er selbst als abstrusen Aberglauben ansah. „Zeit für ein Bier?", fragte er. „Von den Räucherstäbchen ist mein Kopf schon ganz vernebelt."

Bald darauf hockten sie auf Tatamimatten vor niedrigen Tischchen. Felix war froh, dass das Restaurant trotz der traditionellen Einrichtung klimatisiert war, denn draußen hatte die Schwüle noch zugenommen. Unverzüglich bestellte Kenzo für Noriko Wasser – sie sagte, Bier vertrage sie nicht – und für Felix und sich das in Tokyo gebraute Asahi-Bier, an das er gewöhnt war. Bei der Gelegenheit erwähnte er auch, dass er in Tokyo aufgewachsen war. „Aber hier in Kyoto bin ich an der Uni angekommen", erklärte er.

Sobald Felix das kleine Glas, das hier zum Flaschenbier gereicht wurde, halb leer getrunken hatte, schenkte Kenzo ihm als aufmerksamer Gastgeber nach und orderte sofort die nächste Flasche. Als sich das mehrmals wiederholte, bemühte sich Felix, so langsam wie möglich zu trinken, um einen klaren Kopf zu behalten. Schließlich wollten sie später ja noch im Labor vorbeischauen. Auf Kenzo schien das Bier kaum Wirkung zu haben.

Die Schwierigkeiten beim Aufstehen schob er auf die eingeschlafenen Füße. Doch als Noriko ihn besorgt am Arm fasste, ließ er es dankbar geschehen.

Im Institut wartete Hitoshi bereits auf sie. „Alle Zellteilungsproteine sind im neuen Claviceps aktiviert", erklärte er stolz und deutete auf die feuchten, in Plastikfolie eingelegten, weißen

Membranen. Sofort schob er eine weitere Folie über den Tisch. „Wir haben die Zellextrakte mit Antikörpern gegen vier Proteine aus der Zellflüssigkeit getestet, von denen drei nur bei der Bildung der Mutterkörner auftauchen. Die fädigen Claviceps-Zellen stellen nur eines dieser Proteine her. Und das da sind die Extrakte aus dem neuen Claviceps. Da sind alle vier Proteine deutlich markiert zu sehen."

„Gut gemacht, Hitoshi", sagte Kenzo und erklärte Felix, was sie bislang über die Proteine der Zellteilung wussten. „Zwei von diesen Proteinen kennen wir noch nicht. Das dritte ist ein DNA-bindendes Protein, und das vierte hat Ähnlichkeit mit einem Rezeptor. In normalen Zellen schwimmt dieser Rezeptor nur im Zytoplasma, aber bei der Bildung der Mutterkörner taucht er im Zellkern auf. Wir vermuten, dass sich dieses Protein mit einem chemischen Signalmolekül verbindet. Dadurch ändert es seine Struktur und wandert in den Kern. Im neuen Claviceps hält sich dieses Protein anscheinend auch bei den Zellfäden hauptsächlich im Zellkern auf."

Kenzo dachte kurz nach. „Jetzt müssen wir der Frage nachgehen, was diese Proteine mit der Bildung von Mutterkörnern und mit der Synthese von Honigtau zu tun haben."

Kenzo wechselte vom Englischen ins Japanische und besprach sich lange mit den Doktoranden. Felix lauschte den fremden Lauten, bis die Nachwirkungen des Jetlags und des Asahi-Biers seinen Kopf so schwer machten, dass er auf die Tischplatte sank. Kenzo lächelte nachsichtig, als er leise Schnarchtöne vernahm.

10 Bordeaux, Frankreich

„Dr. Maière bitte zur Notaufnahme. Dr. Maière bitte dringend in die Notaufnahme." Die verzerrte Stimme drang direkt aus dem Lautsprecher über ihrem Kopf, als sie sich die Hände im Waschbecken des Krankenzimmers wusch. Sie riss zwei Papierhandtücher aus dem Blechkasten und trocknete sich schnell ab. Marlène Maière warf einen letzten Blick auf den Jungen im Krankenbett. Er klagte zwar über Bauchschmerzen und hatte gelegentlich noch wirre Träume, aus denen er schreiend hochfuhr, aber die schubartigen Wachträume hatten aufgehört.

Jetzt sah er ihr mit wachem Blick in die Augen. „Du musst los, Frau Doktor, sie haben dich gerufen."

„Ja, Paul. Ich soll in die Notaufnahme kommen."

„Erzählst du mir nachher, was los war?"

„Klar, mach ich. Großes Ehrenwort."

„Wirklich? Aber nicht so, wie vorgestern, nein, gestern", der Junge legte die Stirn in Falten. Er dachte angestrengt nach.

„Wie neulich", entschied er sich schließlich. „Da hast du mir die Geschichte von dem Unfall mit dem Papagei viel zu kurz erzählt. Und wo der Papagei das Mädchen ins Ohr gebissen hat, hast du mir noch immer nicht gezeigt."

„Ich werde dir später alles ganz genau erzählen. Okay? Jetzt mach's gut, Paul."

In der Notaufnahme herrschte Chaos. Männer in den orangefarbenen Anzügen des Rettungsdienstes standen in einem Kreis herum, ohne sich von der Stelle zu rühren. Ambulanzschwestern spähten ihnen über die Schultern. Es sah aus, als ob sie in der Mitte des Kreises eine Schlägerei beobachteten, in die keiner einzugreifen wagte. Dr. Maière drängte sich zusammen mit einer älteren Krankenschwester vor, schob einen der Männer zur Seite und sah ein umgefallenes Bett. Die Räder lagen auf der Seite, die Kissen waren heruntergefallen. Aus einem Knäuel von Laken ragten Füße und Hände heraus, die heftig zuckten. Plötzlich bäumte sich das Bündel auf, stöhnte laut und zerrte mit aller Kraft an den Laken, sodass Jeans und ein einfarbiges Baumwollhemd sichtbar wurden. Wie erstarrt sah der Kreis zu, wie der Mann auf den Boden rutschte und sich dort unter Krämpfen wand. Der Körper zitterte von der Anspannung aller Muskeln. Kreislauf und Herz konnten das nicht lange durchhalten, der Mann war in Lebensgefahr. Die Ärztin riss sich aus der Trance.

„Haltet ihn fest", befahl sie knapp. „Schwester Claire, machen Sie eine mittlere Dosis Morphium fertig. Der Mann muss sofort entspannt werden."

Während zwei Pfleger vom Rettungsdienst nach Armen und Beinen des Mannes griffen und ein Dritter den Brustkorb niederdrückte, holte Claire das Beruhigungsmittel aus dem Arzneischrank, zog die Ampulle auf und hielt sie der Ärztin hin. Ohne den Blick von dem Kranken zu wenden, nahm Dr. Maière die aufgezogene Spritze entgegen und beugte sich über den Körper, der sich im Griff der Pfleger heftig wand. Während sie den linken Arm umfasste, knöpfte sie die Manschette des Hemdes auf und rollte den Ärmel hoch.

Marlène Maière wollte gerade die Schutzkappe von der Nadel ziehen, als der Mann sich aufbäumte. Die Krankenpfleger hatten der Schwester und der Ärztin zugesehen und einen Moment nicht auf den Kranken geachtet. Die Kraft des Krampfes riss seine Arme nach oben. Dr. Maière sah, wie sich im Oberarm Muskeln vorwölbten. Der linke Fuß streckte einen der Pfleger mit einem Schlag in dessen Gesicht zu Boden. Der Getroffene heulte erschrocken auf. Mit den Armen fegte der Kranke den anderen Pfleger zur Seite, sodass er mit dem Rücken gegen das umgefallene Bett krachte und Dr. Maière mit sich riss. Verblüfft blieb die Ärztin mit hochgereckter Spritze auf dem Boden sitzen.

Der Körper des Mannes war so verdreht, dass nur noch Schultern und Hacken den Boden berührten. Gleich darauf wich die Spannung wie in Zeitlupe; Rücken, Arme und Beine sanken zu

Boden. Die Pfleger und Schwestern sahen schweigend zu. Sie wussten, was geschehen war. Das Herz hatte die übermenschliche Anstrengung nicht mehr mitgemacht, die Kammermuskeln hatten dem ungeheuren Druck des Krampfes nachgegeben. Jetzt sank der Blutdruck ab und die Muskeln erschlafften. Ihnen fehlte der Sauerstoff.

Dr. Maière war klar, dass sie nichts mehr tun konnte. Das Herz wieder anzustoßen wäre vergeblich gewesen. Sie musterte die Züge des wettergegerbten Gesichtes, das sich nach und nach entspannte. Trotz der vielen Falten rings um die Augen konnte der Mann kaum älter als Mitte dreißig sein. Sicher einer der Bauern aus der Umgebung von Bordeaux, ein Mann, der ständig im Freien gearbeitet hatte.

Schlagartig konnte Dr. Maière die Symptome zuordnen: Es waren die gleichen wie bei Paul, den sie eben besucht hatte. „Ergotaminvergiftung", murmelte sie.

Pressespiegel des Landwirtschaftsministeriums
von Aquitanien

Neue Todesfälle durch Pilzgifte in Südfrankreich

BORDEAUX. Gestern wurde in Bordeaux eine weitere tödliche Vergiftung mit dem Getreidepilz Claviceps gemeldet. Ein Bauer aus dem Südwesten von Aquitanien starb nach dem Abmähen eines infizierten Feldes. Vermutlich hatte er eine Überdosis Pilzstaub eingeatmet. Kurz nach der Ankunft im Krankenhaus von Bordeaux versagte das Herz des Mannes. Damit stieg die Zahl der an Pilzgift tödlich Erkrankten auf zehn. Die Betroffenen sind ausschließlich Bauern und Landarbeiter, die in engen Kontakt mit dem Pilz kamen. Der Schädling Claviceps breitet sich derzeit auf den Feldern in Südfrankreich aus und hat bereits einen Großteil der Getreideernte in der Gegend vernichtet.

(Aus: DIE WELT)

Kommentar der Abteilung Öffentlichkeitsarbeit:

In den überregionalen deutschen Tageszeitungen tauchen jetzt häufiger Meldungen über die Verbreitung von Claviceps in Südfrankreich auf, allerdings meistens in der Rubrik „Vermischtes". Noch hat der Pilz dort keine Schlagzeilen gemacht. Unsere Zurückhaltung gegenüber den Medien zeigt Wirkung. Die Meldungen behandeln in der Regel menschliche Einzelschicksale.

11 Stanford, USA

Bill Winston untersuchte die in Zelloberflächen sitzenden Eiweiße. Seit zehn Jahren forschte er an dem Thema: Wie erkennen Krankheitserreger und ihre Wirte einander? Wie merkt der Pilz, dass eine Pflanze als Opfer und Futter geeignet ist? Damit verknüpft war die Gegenfrage: Wie und wann erkennt eine Pflanze den Pilz als Schädling?

Dabei ging er von klassischen Beobachtungen aus: Die meisten Pilze keimen nur aus, wenn sie auf einer Pflanze landen, die für sie essbar ist. Auf anderen Pflanzen bleiben sie liegen und warten auf Wind, Regen oder Insekten. Sie lassen sich so lange weitertragen, bis sie auf der richtigen Pflanze landen.

Bei der Erkennung spielen die Proteine auf der Zelloberfläche eine entscheidende Rolle. Vertauschte Bill bestimmte Moleküle an der Oberfläche einer pilzresistenten Pflanze, wuchsen die vorher gleichgültigen Pilze plötzlich los. Im Gegenzug sitzen auf der Oberfläche der Pilze Proteine, die eine essbare Pflanzenzelle wahrnehmen. Eine von Bills bekanntesten Arbeiten war die Markierung und Identifizierung dieser Rezeptormoleküle durch radioaktive und fluoreszierende Eiweiße aus Pflanzen.

Bill hatte vor einem Jahr eine Stelle im Department of Biology erhalten. Er stand aber immer noch unter dem Druck, die finanzielle Förderung seiner Projekte durch Bettelanträge sicherzustellen. In seiner Gruppe arbeiteten vier Postdocs: zwei, die Bill aus Forschungsmitteln der National Institutes of Health finanzierte, und zwei, die sich mit eigenen Stipendien bei ihm beworben hatten. Kuni Fujiwara hatte in Kyoto seine Doktorarbeit gemacht, im Labor von Takeshi Kawaguchi. Er wurde von der JSPS bezahlt, der Japanese Society for the Promotion of Science. Der andere Postdoc stammte aus Zürich und war über ein Stipendium des Schweizer Nationalfonds finanziert.

Immer noch profitierten die Amerikaner von den nationalen Minderwertigkeitskomplexen in Europa und Asien. Dort wurde ein US-Aufenthalt als unerlässlich für die Karriere eines Wissenschaftlers erachtet. Bei Bill bewarben sich aber auch Amerikaner. Mit nur 37 Jahren hatte er bereits einen Ruf und Paper in Top-Journalen wie *Science* und den *Proceedings of the National Academy of Sciences* untergebracht.

Sein vollgestopftes winziges Büro lag in einer Ecke des Department of Biology im ersten Stock eines Betonwürfels, der an den alten roten Backsteinbau geklebt worden war. Aus seinem Fenster blickte er auf eine Baumgruppe, hinter der der Hoover Tower, der Uhrenturm, herüberlugte. Nach dem Telefongespräch mit François hatte Bill die Füße auf der offenstehenden untersten Schublade seines Schreibtisches überkreuzt und sich im Plastiklederstuhl bis an den Anschlag zurückgelehnt.

Wer von seinen Leuten könnte an dem neuen Claviceps arbeiten? Vielleicht sollte er Marc fragen, den Schweizer. Marc war schon zwei Jahre da und kannte sich mit den Oberflächenproteinen aus. Und Tracy. Tracy war Doktorandin und verglich die bei Claviceps ausgeprägten Oberflächenproteine mit denen anderer Schädlinge.

Bill ließ seine Füße von der Lade rutschen und ging ins Labor nebenan. Marc und Tracy arbeiteten hier zusammen mit einem Undergraduate, einer weiteren Doktorandin und einer technischen Assistentin. Ihre Schreibplätze an den Fensterbänken waren permanent mit Jalousien verdunkelt, damit die Schrift auf den Monitoren gegen die kalifornische Sonne zu sehen war.

Bill erzählte ihnen von dem neuen Claviceps: „Eine wichtige Frage ist, warum dieser Claviceps keinen Unterschied mehr zwischen verschiedenen Pflanzen macht. Erkennt er überhaupt noch eine Pflanze? Oder wächst er einfach drauf los? Wir müssen die Proteine in der äußeren Zellwand beim alten und neuen Claviceps miteinander vergleichen. Falls sie sich beim neuen verändert haben, könnte das einer der Gründe dafür sein, dass der

Pilz nicht mehr auf spezifische Wirte wie Roggen angewiesen ist."

Tracy sah zweifelnd zu Marc, dann zu Bill hinüber. „Das wird nicht einfach sein, fürchte ich. Der normale Claviceps wächst ziemlich langsam. Es dauert, bis wir genügend Zellen für eine Proteinpräparation herangezogen haben. Allerdings haben wir Proteine im Gefrierschrank und auch fertige Bilder von 2D-Gelen. Die könnten wir für den Vergleich nehmen. Aber es ist nicht mehr viel da."

Bill nickte. „Immerhin etwas. Wir sollten auch verschiedene Stadien der Infektion miteinander vergleichen. Es muss schon zu einem sehr frühen Zeitpunkt eine molekulare Erkennung zwischen Pilz und Pflanze stattfinden." Bill grinste seine beiden Mitarbeiter an. „Kann gar nicht anders sein, auch wenn euch meine Lieblingshypothese auf den Geist geht. Nur sind die Proteinmengen so winzig, dass wir sie bis jetzt nicht nachweisen konnten. Vielleicht produziert der neue Claviceps mehr von diesen Proteinen. Dann kämen wir endlich an die frühen Moleküle ran."

Er holte tief Luft. „Okay, in der folgenden Wachstumsphase muss dann noch etwas anderes außer Kontrolle geraten sein, denn der neue Claviceps wächst wie verrückt. Fragt sich nur, ob da eine genetische Veränderung auf verschiedenen Ebenen wirkt oder ob es mehrere Mutationen gab."

Bill hatte seine Stirn in Denkerfalten gelegt und kratzte sich durch das Flanellhemd nachdenklich am gut entwickelten Bierbauch.

Tracy nutzte die Pause. „Was die frühe Erkennung der Pflanze betrifft", warf sie ein, „könnten wir doch testen, was die mutierten Pilzzellen schneller keimen lässt: die Zugabe eines Pflanzenextraktes aus Roggen oder die aus Weizen. Vielleicht gibt es bei diesem Stamm doch noch einen Unterschied dabei. Der könnte uns dann neue Oberflächenproteine anzeigen, die bei dem normalen Pilz nicht zu erkennen sind."

„Gute Idee", stimmte Bill zu. „Das sollten wir auf jeden Fall überprüfen."

Der Claviceps kam am nächsten Tag mit Nicole in San Francisco an. François hatte Nicoles Reise mit allen Mitteln beschleunigt. Der Verwaltung des INRA hatte er in der Rekordzeit von zwei Stunden klargemacht, dass jemand aus dem Labor die Proben sofort in die USA schaffen musste. Den Pilz, sagte er, dürfe man nicht einem Kurierdienst anvertrauen, der sich der Tragweite einer versehentlichen Freisetzung nicht bewusst sei. Er war sich nicht sicher, ob er sie überzeugt hatte oder sie ihn bloß loswerden wollten, aber schließlich bewilligten sie die Gelder.

Da Bill Vorlesung halten musste, nahmen Marc und Tracy ihre französische Kollegin am Flughafen in Empfang. Auf der Rückfahrt zum Institut hielten sie sich mit Fragen zurück, obwohl sie auf Einzelheiten zum Stand der Analysen in Bordeaux brannten. Bill würde Nicoles Bericht sowieso unverzüglich aus erster Hand hören wollen.

Auf der vierspurigen 101 glitten sie nach Süden. Das Küstengebirge am unsichtbaren Pazifik zog auf der rechten Seite vorbei, in den Tälern wechselten staubig-grüne Bäume mit verdorrten Gräsern. In einem umzäunten Wasserreservoir spiegelte sich die in den Smog der Stadt eintauchende rostrote Abendsonne. Von der Ausfahrt Menlo Park, Palo Alto und Stanford University führte ein kurviger Kilometer Landstraße vorbei an einem Golfplatz, Besuchereinfahrten für die Klinik und diversen Parkplätzen. Die geschwungene Universitätsstraße brachte sie zum Institut für Biologie. Tracy stellte ihren Wagen in einer für solche Small Cars vorgesehenen Parkbucht ab, und Marc hievte Nicoles Reisetasche vorsichtig aus dem Kofferraum.

Nicole übergab ihnen den Pilzstamm, die Proteinpräparationen und ihre Protokolle aus Bordeaux, in denen die Schritte zur Anzucht des neuen Claviceps festgehalten waren. Tracy überflog die Instruktionen. „Ihr rührt das Nährmedium für die Agarplatten mit der gleichen Zusammensetzung an wie wir. Ah, hier, außer dem Vitamin B-Zusatz, den haben wir nicht drin. Hilft das bei der Anzucht?" Als Nicole nickte, fuhr sie fort: „Sollten wir mal probieren. Bisher haben sich die Hyphen bei uns nur sehr zäh vermehrt."

Marc bot Kaffee an, den Nicole aber zugunsten eines Zuckerwassers aus dem Automaten ablehnte. Sie war eindrücklich gewarnt worden vor dem, was in den USA als Kaffee ausgegeben wurde. Außerdem stand ihre innere Uhr auf weit nach Mitternacht.

Als Bill angehastet kam, berichtete Nicole. Immer häufiger musste sie ihren Bericht wegen tiefen Gähnens unterbrechen. Schließlich hatte Bill Mitleid und fuhr sie zu seinem Haus in Menlo Park, einer Siedlung neben dem Campus. Seine Frau freute sich über den Besuch, sie hatte schon eines der Kinderzimmer hergerichtet. Die beiden munteren Kinder, die vierjährige Julie und der siebenjährige Timmy, konnten nur kurz Hallo sagen und mussten sich gleich wieder auf wichtigere Dinge konzentrieren. Nicole streckte sich dankbar in dem frisch bezogenen Bett aus.

Um vier Uhr morgens wachte sie zum ersten Mal auf, nickte jedoch nach einem kurzen Blick auf den Wecker wieder ein. Am Frühstückstisch musterten Julie und Timmy Nicole verstohlen, während sie ihre Schale Cornflakes löffelten. Für Nicole war das Frühstück mit einer Tasse Tee erledigt.

Bill lud Nicole und die Kinder ins Auto. Vor Schule und Kindergarten sprangen die Kleinen heraus, und Bill und Nicole fuhren zum Campus weiter, wo Marc und Tracy im Seminarraum schon ungeduldig auf sie warteten.

„Der neue Stamm ist echt unglaublich, der reinste Wahnsinn", sagte Marc statt einer Begrüßung und klopfte aufgeregt auf eine Petrischale. „Ich weiß, die gehört nicht in diesen Raum, aber das müsst ihr euch ansehen."

Er drückte Bill die flache, durchsichtige Plastikschale mit winzigen Filzstiftmarkierungen und unleserlichen Krakeln auf dem Deckel in die Hand. „Seit gestern Abend hat der neue Claviceps in nur zwölf Stunden die ganze Platte überwuchert. Irre. Normaler Claviceps braucht für dieses Wachstum ungefähr eine Woche."

„Der macht uns mit Sicherheit kein Problem mit der Zellmenge", warf Tracy ein. „Liefert uns bestimmt bald genug davon für die Proteinanalysen." Sie streckte die Platte hoch, hielt den Deckel mit dem Zeigefinger fest und drehte sie so, dass das Licht vom Fenster schräg herauf fiel. Auf diese Weise hoben sich die Pilzfäden deutlicher vom Hintergrund des hellbraunen Agarmediums ab. Sie reichte Bill die Petrischale.

„Unglaublich", bemerkte er.

Nicole wusste, wie schnell der neue Claviceps-Stamm wachsen konnte. Trotzdem freute sie der Enthusiasmus der Amerikaner. „Da habt ihr den lebenden Beweis, dass mit dem was nicht stimmt."

Bill schüttelte staunend den Kopf. „Ganz schön aggressiver Bursche. Jetzt begreife ich, wie gefährlich er ist. Wir müssen den Stamm unter absoluter Kontrolle halten und dürfen ihn nur in den Sicherheitslabors anziehen. Nicht auszudenken, was dieser Pilz auf den Feldern im Mittelwesten anrichten könnte. Der würde wie der schwarze Tod hindurchfegen." Mit sichtlichem Respekt gab er Marc die Petrischale zurück.

„Wir werden sofort mehr Platten animpfen, damit sollten wir morgen schon genügend Material für eine Proteinisolierung haben." Tracy nahm ein Blatt mit Notizen vom Tisch. „Für ein vernünftiges Experiment brauchen wir etwa zehn Gramm Zellen. Das wären zehn Platten."

Sie ließ das Papier sinken und blickte Nicole fragend an. „Was auf dieser Platte über Nacht gewachsen ist, müsste zum Animpfen von mindestens zwanzig neuen Kulturen reichen, was meinst du?" Sie warf einen Blick zur Wanduhr hinüber, auf der sich ein Zeiger in Form eines Cable Car über die Skyline von San Francisco schob. „Das sollten wir in einer Stunde locker schaffen. Und danach bereiten wir die Isolierung vor."

„Du kannst viel mehr als zwanzig Schalen ansetzen", erwiderte Nicole. „Dieser Claviceps wächst immer. Im Unterschied zu normalen Claviceps-Stämmen braucht er keine Mindestmenge von Zellen."

Tracy nahm Nicole mit ins Labor und zeigte ihr die Maschinen, Kühltruhen und Glasschränke. Nicole fühlte sich wie zu Hause. Sie war überrascht, wie sich molekularbiologische Labors ähnelten. Die Fotometer kamen aus Japan, die PCR-Maschinen und Apparaturen für die Elektrophorese aus den USA. Die Zentrifugen waren Produkte einer Firma in Palo Alto, dem Örtchen direkt neben der Universität Stanford. Die Wasserbäder stammten aus Deutschland, die Blotgeräte von europäischen, zum Teil französischen Herstellern. Die feinen Analysewaagen hatten zwar amerikanische Stromstecker, waren jedoch aus der Schweiz importiert.

Zum Mittagessen zogen sie zu einer Hamburger-Bier-Kneipe gleich hinter der Stadtgrenze von Palo Alto. Das wässrige Bier wurde in Krügen serviert, Nicoles Cola in einem Glas. Die Luft war angenehm lau, gerade richtig, um draußen zu sitzen. Typisch kalifornisches Wetter, blauer Himmel, keine Wolke. Marc quetschte sich neben Nicole auf die Bank und rückte so nahe an sie heran, dass Tracy leicht die Augenbrauen hob. Während sich Marc seinem Bier widmete, rutschte Nicole unauffällig ein Stückchen weiter.

„Auf die Proteine des neuen Claviceps." Marc hob sein Glas und lächelte Nicole zu. „Auf die erste Präparation und darauf, dass wir was Brauchbares entdecken."

Nicole war skeptisch. „Der neue Claviceps wächst zwar schnell, ist aber auch nicht einfacher zu analysieren als der alte. Sicher, der neue Stamm liefert uns mehr Zellen und mehr Proteine als der alte, das ist schon ein Vorteil."

Marc rückte erneut so nah an Nicole heran, dass er fast ihren Ellbogen berührte – den sie schnell wegzog. Zum Glück lenkte ihn der Aufruf der Nummer siebzehn ab: Ihre Sandwiches waren fertig. Tracy warf Nicole einen verschwörerischen Blick zu. „Auf, Marc", sagte sie. „Der Gentleman holt die Speisen für die Ladies, also los."

Marc schob sich aus der Bank, nicht ohne seine Hand auf Nicoles Arm zu legen, und trabte zur Theke. Tracy sah ihm nach, „Eigentlich ist er gar nicht so übel", bemerkte sie. „Auch wenn er einen fast so beeindruckenden Bierbauch wie Bill entwickelt." Beide mussten kichern. „Nervig ist nur, dass er sich für unwiderstehlich hält, sofern es Frauen betrifft. Lässt keine Gelegenheit zum Gockeln aus."

Tracy hatte Nicole *Pastrami on Rye* empfohlen, was immer das sein mochte. Jedenfalls war es kein Roggenbrot, das Marc mitbrachte. Vorsichtig tippte Nicole mit einem Finger darauf. Der versank und ließ eine Delle zurück.

Als Marc scheinbar kollegial einen Arm um Nicoles Schultern legen wollte, um ihr die Geheimnisse der amerikanischen Küche zu offenbaren, fragte Tracy ihn trocken nach seinen Erfolgen bei den Krankenschwestern, mit denen er in der Cafeteria der Klinik manchmal zu Mittag aß. Danach verzichtete er auf weitere Annäherungsversuche.

Am Nachmittag rührten sie die Lösungen für den nächsten Tag an. Nicole war froh, als sie endlich mit Bill heimfahren konnte. In den letzten Stunden war es ihr immer schwerer gefallen, wach zu bleiben und keine Fehler zu machen. Zuerst musste sie sich aber von Bills Kindern noch ein Steak im Garten grillen lassen und sie loben.

Pünktlich um vier Uhr morgens war sie wieder wach. Diesmal fand sie nicht mehr zurück in den Schlaf. Die Zeitverschiebung machte ihr zu schaffen: In Bordeaux wäre sie jetzt längst im Labor. Sie nahm Bills neuesten Artikel, den er ihr gestern als Manuskript gegeben hatte, und begann darin zu lesen. Sie musste dann wohl doch eingenickt sein, denn als es vorsichtig an ihre Zimmertür klopfte, schreckte sie hoch. Bevor sie antworten konnte, lugte der Kopf der vierjährigen Julie durch den Türspalt. Die kleine Gestalt im rosa Nachthemd schob sich herein.

Julie hatte sich gestern Abend über Nicoles Akzent gewundert und ihren Vater gefragt, warum Nicole so komisch spreche. Sie hatte schnell Freundschaft mit Nicole geschlossen und ihr die Soßen für das Grillfleisch erklärt. Es hatte nicht lange gedauert, und Julie war auf Nicoles Schoß geklettert, hatte sich dort eingerollt und sie flüsternd über das Essen in Frankreich und die Kinder dort ausgefragt.

Zutraulich kroch Julie neben Nicole unter die Decke und sah sie mit hellwachen Augen an. „Ich muss mich gleich anziehen und frühstücken. Am liebsten esse ich Cornflakes, die mag ich lieber als die Sachen, die Timmy will. Der isst sogar Corn Pops. Die sind klebrig und viel zu süß. Zucker ist schlecht für die Zähne, weißt du. Willst du mal meine Zähne sehen?" Sie zeigte Nicole ihr Gebiss und lachte zufrieden, als Nicole es gebührend bewunderte.

„Was magst du am liebsten zum Frühstück?", fragte sie und spielte mit Nicoles langen Haaren.

Als ihre Mutter rief, sprang Julie mit einem Satz aus dem Bett. Auch Nicole stand auf und ging duschen. Nach dem schnellen Frühstück hüpften die Kinder zu Nicole und Bill in den Wagen. Wie am Vortag ließen sie die beiden an Kindergarten und Schule heraus und fuhren auf das Gelände der Stanford University. Durch die Palmenallee hinter der Haupteinfahrt schlängelten sie sich an den scheinbar planlos verteilten Gebäuden aus Ziegelsteinen, Glas und Beton vorbei und hielten auf dem noch leeren Parkplatz des Department of Biology. Das rote Backsteingebäude beherbergte nur noch Bibliothek und Verwaltung. Labors und Praktikumsräume waren in die Anbauten ausgewandert.

Tracy war schon im Labor. Sie hatte mit der Claviceps-Ernte begonnen und stieg gerade aus dem Kühlraum. „Sind herrlich viele Zellen gewachsen, müssten locker für die Präp reichen", begrüßte sie Nicole und Bill mit wedelnden Plastikhandschuhen.

Es wurde später Nachmittag, bis Tracy im Kühlraum die FPLC-Maschine, die zur Isolierung von Proteinen aus komplexen Strukturen diente, abstellte und die fertigen Kurven ausdruckte. Nicole war von den nagelneuen Maschinen beeindruckt und freute sich, dass die Kollegin ihr alles erklärte. Nachdem Tracy die früheren Analyseergebnisse, die den „alten" Claviceps betrafen, zusammengesucht hatte, gingen sie gemeinsam in Bills Büro.

Bill drückte die Speichertaste an seinem Computer und stapelte die auf dem Besprechungstisch herumliegenden Papiere zu einem unordentlichen Haufen. Auf dem freien Stück Tisch legten Tracy und Bill bunte Datenkurven nebeneinander und verglichen sie miteinander. Ein Protein fehlte in dem neuen Pilz aus Bordeaux. Dafür tauchten dort, wo im alten Claviceps-Stamm nur winzige Hügel zu erkennen gewesen waren, zwei hohe Gipfel auf.

„Die Hügel beziehungsweise Peaks sind die beiden Kaliumtransporter. Wir haben sie schon im letzten Jahr untersucht", bemerkte Tracy.

„Wahrscheinlich ja", bestätigte Bill. „Aber vielleicht versteckt sich noch etwas anderes dahinter. Marc soll versuchen, Sequenzdaten davon zu bekommen." Er grinste die beiden an. „Super für eine erste Präparation. Beim Claviceps aus Bordeaux sind in der Zellmembran also tatsächlich einige Proteine verändert. Mal sehen, ob sie Ursache oder Folge sind. Guter Anfang."

In der Tür drehte sich Tracy noch einmal um. „Ach ja, Bill, ich mail dir gleich die Files der Kurven rüber. Dann kannst du am Bildschirm die beiden Kurven übereinander legen und direkt miteinander vergleichen."

Nicole fiel auf, wie vorsichtig Tracy mit ihrem Chef umging, dem man, wie Felix ihr erzählt hatte, Eitelkeit und Arroganz nachsagte. Da hatte sie es in Bordeaux leichter: Sie konnte direkt mit dem Boss reden und musste ihre Vorschläge nicht auf Umwegen an den Mann bringen. Sie musste sogar ganz direkt mit ihm reden und ihn immer wieder an ihre Ideen erinnern, denn François war ein bisschen vergesslich. Aber er war ein guter Chef, da gab es ganz andere, wie sie aus ihrer Zeit an der Universität von Bordeaux wusste.

Am Abend wollte Julie unbedingt das Gleiche essen wie „the French girl". Nicole schnitt ihr einen Hot Dog klein und musste über den mit Ketchup verschmierten Mund der Kleinen lachen. Als Nicole sich freiwillig bereit erklärte, ihr die Gutenachtgeschichte vorzulesen, strahlte Julie. Sie kroch in ihr Bett, steckte den Daumen in den Mund und hörte zu. Pu der Bär lieferte auch Nicole die letzte Bettschwere.

Die Nacht durch jagten 120 Volt die Proteine auf die Wanderschaft durch die Polyacrylamidmatrix, die kleinsten voneweg, die größeren immer weiter zurückbleibend. Am Morgen färbten Nicole und Tracy das Gel mit Silbersalzen an. Marc trudelte ein und verschwand nach einem Schmelzblick auf Nicole im Keller. Er wollte die Proteindaten anschauen, die er in der Nacht zur Identifizierung an die weltweite Datenbank geschickt hatte. Wenig später trottete er mit einem Papierstapel in der Hand in den Seminarraum, nahm eine Coladose aus dem Kühlschrank und blätterte die ausgedruckten Datenblätter durch.

Es war naturwissenschaftlich nicht erklärlich. Dennoch breitete sich eine Spannung aus, Ergebnisse lagen in der Luft. Innerhalb weniger Minuten versammelte sich die gesamte Labormannschaft im Seminarraum. Bill eilte herein, griff sich eine Dose Sprite, vermerkte sie ordentlich auf der Strichliste und beugte sich über den Tisch zu Marc. Obwohl er nicht aufblickte, wusste Marc, dass man auf ihn wartete. Beim Überfliegen der letzten Seite dramatisierte er sein kehlig rollendes schweizerisches R: „Well, all rrright. Here we got something rrreally interrresting."

Er nahm einen Schluck Cola und genoss die erwartungsvolle Spannung. Triumphierend grinsend sah er reihum. Nicole blätterte in ihrem Protokollheft.

„Come on, what is it?", fragte Bill und griff nach den Ausdrucken, die Marc auf den Tisch geworfen hatte. „Mach es nicht so spannend, Mister!"

Marc zog den Papierstoß zu sich herüber und tippte mit seinem Stift auf einzelne umrahmte Zahlen in den endlosen Tabellen. „Hier haben wir die beiden Transporter aus der Membran. Diese Kaliumtransporter, die wir im letzten Jahr mühselig präpariert hatten, sind in Nicoles Stamm in Unmengen vorhanden. Und hier", er klopfte laut auf zwei Zahlen, die er mit roten Ausrufezeichen markiert hatte, „hier haben wir zwei neue Proteine. Die Ähnlichkeitsmatrix hat sie den Rezeptorfamilien zugeordnet, die bei Tieren Hormone erkennen. Das wäre was Neues in Pilzen. Diese Proteine gehören aber eigentlich nicht in die Membran, sondern in den Zellkern. Da werden sie durch andere Proteine aktiviert und schalten Gene an oder ab. In der Membran haben sie nichts zu suchen. Wirklich seltsam."

Marc runzelte die Stirn. „Könnte auch eine Fehlleitung sein, vielleicht gehört dieses Protein normalerweise irgendwo anders hin", murmelte er vor sich hin. „Ich muss mal testen, welches Ziel der Computer für die Zelle angibt."

„Wie sieht es im Vergleich dazu beim Hefepilz aus?", fragte Bill. „Vielleicht tritt dort etwas Ähnliches auf, das uns Hinweise geben kann? Immerhin bildet er ja Sporen und vermehrt sich durch Sprossen."

„Hefe habe ich noch nicht gegengecheckt. Das Genom ist in der EMBL-Datenbank gespeichert, und die habe ich noch nicht durchgeschaut. Werd ich gleich machen."

Marc stand auf. Er vergaß seine Coladose auf dem Tisch, drückte Bill den Stapel Ausdrucke in die Hand und ging zu seinem Schreibplatz im Labor hinüber.

Bill und Tracy griffen nach einzelnen Blättern. Nicole zog das Papier mit den Daten der Transporter zu sich herüber. „Ob die vermehrten Transporter beim neuen Claviceps mit der veränderten Wirtswahl zu tun haben?", überlegte sie laut.

„Schwer vorstellbar." Tracy setzte die Tasse ab. „Soweit wir diese Transporter kennen, sind sie für die Anpassung des Claviceps an Salzkonzentrationen in der Umwelt wichtig."

In diesem Moment hörten sie einen Schrei aus dem Labor.

„Bingo!" Marc polterte herein und schwenkte triumphierend ein Blatt Papier hin und her. Er schnappte sich seine Coladose und prostete demonstrativ in die Runde. „Zellteilungsprotein CDC92. Hier der Vergleich mit Hefe."

„Und was bewirkt CDC92 in der Hefe?"

„Na ja", Marc kratzte sich am Kopf, „das ist allerdings unklar. CDC92 ist für die Zellteilung notwendig, das ist sicher, denn wenn man das Gen zerstört, funktioniert die Teilung nicht mehr. Aber was das Protein genau macht, weiß keiner."

Marc ging zum Farblaserdrucker in der Ecke des Seminarraums hinüber, der sich mit leisem Surren aufgewärmt hatte und jetzt Blatt um Blatt ins Ausgabefach spuckte. Marc reichte Bill die fertig ausgedruckten Seiten aus der Datenbank des EMBL.

„Sieh du mal nach, was da drin steht. Auf jeden Fall war der Tipp mit der Hefe goldrichtig."

Die beiden Publikationen über das Protein CDC92 in der Hefe enthielten aber nicht viel Neues.

„Hier behaupten sie, dass sich CDC92 genau wie andere Zellteilungsproteine im Innern der Zelle befindet", sagte Bill nach kurzem Überfliegen des Ausdrucks. „In dem Claviceps aus Bordeaux habt ihr es aber in der Membranfraktion aufgespürt. Dort, wo dieses Protein angeblich nichts zu suchen hat."

Marc zuckte mit den Schultern, „Stimmt. An der Außenseite der Zelle sollten Zellteilungsproteine eigentlich nicht vorkommen."

In der Konferenz am Nachmittag fasste Bill ihre Ergebnisse zusammen und formulierte die anstehenden Aufgaben. „Nicole wird in Bordeaux versuchen, mit der Polymerase-Kettenreaktion aus dem neuen Claviceps einen Klon zum Protein CDC92 zu fischen. Wir hier werden uns CDC92-Mutanten der Hefe schicken lassen. Und auch den Knockout, mit dem das Gen gezielt abgeschaltet wird. Sobald Nicole den CDC92-Klon hat, können wir ihn in die Hefemutanten einschleusen. Das wird uns zeigen, ob das Clavicepsgen ähnlich funktioniert wie das Hefegen. Wenn dieses CDC92-Gen tatsächlich für die Aggressivität des Pilzes verantwortlich ist, müsste es sich im normalen Claviceps deutlich von dem im veränderten Claviceps unterscheiden."

Er dachte einen Augenblick nach. „In Ulm sollten sie probieren, einen normalen Claviceps mit diesem Gen zu transformieren. Dann sehen wir, ob das Gen ihn so aggressiv macht wie den Stamm aus Bordeaux. Das ist der Test, ob dieses Gen für die veränderten Eigenschaften verantwortlich ist. Wir hier führen den Versuch parallel durch. Also los, Leute, auf uns wartet Arbeit!"

12 Bordeaux, Frankreich

Marthe Delapierre hatte mit dem Mittagessen auf ihren Mann gewartet. Endlich war Jean von einer Besprechung der Bauernvereinigung in Bordeaux zurückgekommen.

„Ich bin froh, dass es Paul wieder gut geht", sagte sie, als er in die Küche kam. Sie lehnte sich an ihren Mann, der sich im Spülbecken die Hände wusch. „Die Woche ohne Paul war so einsam. Glaubst du, dass er wieder ganz gesund wird? Hoffentlich bleibt nichts von dem Gift zurück. Dr. Maière sagte zwar, das sei nicht zu befürchten, aber man weiß das nie so genau, oder?"

Jean nahm seine Frau in die Arme und drückte sie sanft an sich. Mit der rechten Hand strich er ihr über das Haar, die linke legte er auf ihre Hüfte. „Mach dir keine Sorgen, Marthe", flüsterte er ihr zärtlich ins Ohr. „Paul wird ganz sicher wieder richtig gesund. Er ist noch ein bisschen schwach, aber das wird sich legen. Er ist schon wieder viel munterer. Nur noch ein paar Tage, und er ist wieder ganz der Alte."

„Bist du sicher?" Dankbar sah sie ihrem Mann in die Augen. „Ich glaube es ja auch. Was haben die denn auf der Besprechung zur Lage der Dinge gesagt?"

In diesem Moment kam Paul hereingestürmt. „Hallo Papa! Endlich gibt's Essen. Ich hab schon tierischen Hunger. Mama hat aber gesagt, wir sollen auf dich warten."

Paul rutschte auf seinen Platz. Jean trug die Terrine mit der Suppe zum Tisch, während Marthe das herausgelaufene Fett mit dem Löffel über den Kalbsbraten und die grünen Bohnen goss und den Backofen wieder zuklappte.

„Also, was gab's Neues auf der Besprechung?", fragte sie Jean, während sie sich an den Tisch setzte und ihren Teller hochhielt, den er mit Champignoncremesuppe füllte.

„Außer unserem alten Freund Claude war auch noch ein anderer Experte vom INRA da, der Leiter der Abteilung Pflanzenschädlinge, François Bertrand. Ein ganz vernünftiger Mann. Claude arbeitet in dem Labor neben ihm. Diesen François kenne ich, glaube ich, von irgendwoher. Wahrscheinlich von der Vortragsreihe über neue Entwicklungen im Pflanzenschutz."

Jean wandte sich seinem Sohn zu. „Schling die Suppe nicht so, es gibt noch mehr."

Er tauschte ein Lächeln mit seiner Frau aus. „Siehst du, es geht ihm schon wieder gut. Der gesunde Appetit der Jugend. Also, François Bertrand hat gesagt, sie wüssten schon einiges darüber, was diesen Pilz so aggressiv macht. Er wird vom Wind übertragen, weil er keinen Honigtau mehr produziert. Und er wächst auf Weizen und allen möglichen Gräsern genauso gut wie der normale Pilz auf Roggen. Na ja, das hätte ich denen auch sagen können, dazu muss man kein Wissenschaftler sein. Ich muss mir ja nur unsere Weizenfelder ansehen."

„Aber die können dort doch alle möglichen Chemikalien ausprobieren. Sie werden bestimmt bald ein Gegenmittel finden", nahm Marthe die Wissenschaftler in Schutz.

„Klar, irgendwann kommen sie dahinter. Forschung ist wohl die einzige Möglichkeit, mit diesem Pilz fertigzuwerden. Hoffentlich bald."

Marthe trug die leere Terrine in die Küche, griff nach zwei Topflappen und stellte die heiße Tonschale mit dem Fleisch auf den Tisch.

„Wie sieht es auf den Feldern der anderen Bauern aus? In der Zeitung steht, dass sie erste Infektionen kurz vor Lyon entdeckt haben. Das ist ganz schön weit weg. Was sagen denn die Bergerons, die Touraints und die Foucaults? Die haben doch auch infizierte Felder."

„Ja, alle waren da. Sie sind genauso ratlos. Nur Pierre Cotraine hat gefehlt. Dabei hat Catherine mir gestern noch erzählt, er werde auf jeden Fall da sein. Pierre wollte heute ganz früh noch ein infiziertes Feld mähen, solange es noch feucht vom Tau ist und die Pilzzellen nicht herumfliegen. Wahrscheinlich hat das länger gedauert, als er dachte. Ich rufe Pierre nachher an."

Jean lehnte sich mit dem Weinglas in der Hand zurück und nahm einen Schluck von dem leichten Roten, den einer seiner Nachbarn anbaute und für den Heimbedarf und Freunde kelterte.

Als das Telefon schrillte, sprang Paul mit einem Satz vom Tisch auf und nahm ab. Marthe lächelte Jean zu, als sich ihr Sohn mit wichtiger Stimme meldete. „Paul Delapierre." Gleich darauf brachte er Jean den Apparat an den Tisch.

„Hallo Catherine! Wir haben gerade über euch gesprochen. Ich hab mich gefragt, wo Pierre ist. Er wollte doch auch nach Bordeaux ... Nein, er war nicht dabei ... Wollte bis dahin doch längst mit dem Feld fertig sein ... Ja, das ist komisch ... Nein, brauchst du nicht, Catherine ... Nein, mach dir keine Sorgen, ich fahr gleich mal rüber ... Ja, ich weiß, auf welches Feld er wollte ... Ja, ich rufe dich dann zurück." Jean legte auf.

„Was ist passiert? Du machst so ein ernstes Gesicht?"

„Pierre ist heute früh tatsächlich rausgefahren. Marcel wollte ihm helfen, das Feld abzumähen. Seitdem hat Catherine keinen der beiden mehr gesehen und nichts mehr von ihnen gehört. Auf seinem Handy antwortet er nicht, sagt sie. Ich hab ihr versprochen, rüberzufahren und nachzusehen. Das Feld liegt nicht weit von uns. Hoffentlich ist ihm nichts passiert. Aber dann hätte sich einer der beiden bestimmt über Handy gemeldet."

Jean stand auf, strich seinem Sohn übers Haar und warf Marthe einen Luftkuss zu. „Ich fahr mal rüber. Bin gleich wieder da."

Obwohl die sommerliche Sonne den Boden mittlerweile schnell austrocknete, hielt sich die Feuchtigkeit unter Bäumen und in den Niederungen noch und machte den Feldweg rutschig. Vorsichtig steuerte Jean den Geländewagen durch eine Senke, in der ein seichter Bach die Fahrspur kreuzte. Bald würde er kein Wasser mehr führen. Dieses Tal war die Grenze zwischen seinem

Land und dem Hof von Pierre Cotraine. Als er die Anhöhe erreichte, sah er vor sich das Feld, zu dem Pierre und Marcel heute früh hinausgefahren waren.

Als Erstes fiel ihm auf, dass der Mähdrescher noch am Feldrand stand, als Zweites, dass ein Drittel des Weizens ungeschnitten war. Das Getreide sah schlimm aus: dunkelgrau. Dabei war jetzt die Zeit, in der die Körner zu hellem Gelb hätten reifen sollen.

Niemand war zu sehen, kein Laut zu hören. Beim Anblick des stummen Metallkolosses fuhr Jean ein Schauer über den Rücken.

Wahrscheinlich nur ein Maschinenschaden, verdrängte Jean eine böse Ahnung. *Sicher sind Pierre und Marcel unterwegs, um ein Ersatzteil zu besorgen oder einen Mechaniker zu holen.*

Am Rand des abgemähten Teils hielt er den Landrover an, stellte den Motor ab und sprang heraus. Prüfend hob er ein paar der heruntergefallenen Ähren auf. Überall hatte sich aus den Pilzfäden ein bedrohlich wirkendes dunkles Geflecht gebildet. Sklerotien. Kleiner als diejenigen, die er früher gelegentlich auf einzelnen Roggenähren gefunden hatte. Aber dafür unendlich viel mehr. Die Ähren bestanden nur noch aus harten schwarzen Pilzkörpern.

Angewidert warf er die Ähre auf den Boden. Unter seinen Schuhen knirschten die schwarzen Fruchtkörper. Jeder Schritt zermahlte sie zu feinem Staub. Er schaute zu dem Mähdrescher hinauf. Pierre Cotraine benutzte eines der kleineren, älteren Modelle. Trotzdem war das Führerhaus nur über eine Leiter zu erreichen.

Die Seitenfenster waren offen.

„Pierre! Marcel!"

Keine Reaktion. Niemand war zu sehen. In der Kabine oben rührte sich nichts. Jean fasste einen der Haltegriffe, trat auf das unterste Trittbrett und begann, zur Führerkabine hinaufzuklettern. Beinahe wäre er wegen des grauen Staubs schon von der ersten Stufe abgerutscht. Sogar der Griff war eingestaubt. Auf der Seite, auf der das Gebläse den Mähstaub heraus blies, hing eine trockene Schicht grauschwarzen Mehls. Unter seiner Hand löste sie sich und sank in einer dichten Wolke langsam zu Boden.

Vorsichtig stieg er weiter, bis er die Kanzel erreicht hatte. Er klopfte gegen die Fahrertür, rief noch einmal. Keine Antwort. Schließlich war er in Höhe des Führerhauses und blickte durch das offene Seitenfenster hinein. „Pierre! Was ist los? Sag doch was!"

Pierre hockte regungslos auf dem Fahrersitz. Sein Oberkörper war über dem großen Steuerrad zusammengesunken. Den Kopf hatte er dem Beifahrersitz zugewandt, er schien zu Marcel hinüberzublicken. Der saß aufrecht da, gestützt vom Sitzrücken und von den Armlehnen gehalten. Marcel starrte ins Leere. Aus Augen, die nichts mehr sahen.

13   Ulm, Deutschland

Die Telefonate, E-Mails und Faxe aus dem INRA brachten nur schlechte Meldungen. Alle Versuche, mit Zellteilungsgiften das Wachstum des neuen Claviceps zu bremsen, blieben erfolglos. Auch andere Substanzen machten dem mutierten Pilz nichts aus. Lediglich die stärksten Gifte brachten ihn um. Diese waren aber gleich so giftig, dass sie nicht nur den Claviceps, sondern auch Tiere, Menschen, Pflanzen und Bakterien töteten, und kamen für einen Einsatz nicht in Frage.

Im Flughafen Stuttgart-Echterdingen kam Felix ohne Probleme durch den Zoll. Die Proben hatte er mit Trockeneis bei −78 °C in einer Kühlbox aus Styropor eingefroren und in seiner Reisetasche vergraben.

German wartete hinter der Zollabfertigung. Die Ehre galt allerdings eher den Antikörpern als Felix. Auf der Autobahn fuhren sie Richtung Alb. Hier gab es keine großen Getreidefelder und keine Sorge um Claviceps. Gelegentlich ein schmaler Streifen mit fünf Metern Roggen, Gerste oder Weizen zwischen den Wiesen und Obstbäumen. Sogar Hafer bauten die schwäbischen Heimbauern auf ihren traktorbreiten „Gütles"-Streifen an.

An der auf einem Bergkegel schimmernden Burg Teck vorbei, die Abendsonne im Rücken, näherten sie sich den Abhängen der Alb. Viel Verkehr, wie immer, aber wenigstens kein Stau an dem Aufstieg zur Höhe. Rechts schlich ein Zug stinkender Lastwagen, die beiden linken Spuren waren offen.

Das gleichmäßige Summen der Reifen und das Vibrieren des Motors lullten Felix ein. Als German ihn ansprach, schreckte er auf.

„Und? Was sagen die Kollegen in Kyoto? Irgendwas spezifisch im neuen Claviceps?"

Der elfstündige Flug und der verlängerte Tag hingen Felix in den Knochen. Am liebsten hätte er seinen Chef mit allgemeinen

Sprüchen abgewimmelt und ein bisschen gedöst, aber er musste German wohl das Wichtigste berichten.

„Die ersten Tests mit den Antikörpern haben ein paar quantitative Unterschiede zwischen den Proteinen gezeigt, die sowohl in normalen Stämmen als auch in dem Claviceps aus Bordeaux vorhanden sind. Aber in Kyoto haben sie auch ein Protein entdeckt, das nur in dem neuen Stamm vorkommt. Sie haben mir ein paar Antikörper mitgegeben."

„Nehme ich nachher mit. Ich muss sowieso noch kurz ins Labor, da kann ich sie in die Truhe stellen." German überholte im Tunnel kurz vor der Hochfläche noch eine Reihe von Lastwagen, die sich hinter einem Schleicher den Hang hinaufquälten. Felix riss sich aus der Lethargie.

„Zu den quantitativen Unterschieden: Zwei Zellteilungsproteine kommen bei dem französischen Claviceps stärker heraus als bei normalen Stämmen. Und das Protein, das nur in dem neuen Stamm auftaucht, mischt nach Meinung von Kenzo bei der Umschaltung vom Fadenwachstum auf das Mutterkorn mit. Vielleicht knipst es bei diesem Wechsel auch die Synthese von Honigtau aus. Zu diesem Protein haben sie in Kyoto zwar einen Antikörper, aber noch keine Sequenz, kein Gen. Das wollen sie jetzt mit dem mutierten Claviceps suchen."

Erneut musste Felix gähnen. „Die Gene für die anderen Zellteilungsproteine", fuhr er fort, „sind beim neuen Claviceps alle stärker aktiviert als beim alten, aber das müssen sie ja auch, wenn die Zellteilung schneller abläuft. Kawaguchi und Kenzo Yamamoto meinen, dass ein übergeordneter Defekt die Teilung angestoßen und von der Ausbildung der Mutterkörner abgekoppelt hat."

Felix hatte zunehmend Mühe, sich zu konzentrieren.

Vor seinem Haus zerrte er die Kühlbox aus der Reisetasche. German schob sie auf den Rücksitz. „Vor morgen zu ziviler Stunde will ich dich nicht im Labor sehen."

„In Ordnung", konnte Felix gerade noch murmeln, dann schleppte er sich die Treppe zu seiner Wohnung hinauf. Mechanisch putzte er sich die Zähne und vertrieb den schlechten Geschmack auf der Zunge. Das kalte Wasser im Gesicht munterte ihn auf. Vielleicht nur ein bisschen hinlegen.

Als er auf die Uhr sah, war es stockfinster und drei Uhr früh. Er fiel zurück ins Bett und wachte zwei Stunden später wieder auf, diesmal hellwach. Er drehte sich um, einmal und noch einmal, und blickte erneut auf die Uhr: Es waren nur zehn Minuten vergangen. Seufzend stieg er aus dem Bett und machte Licht. Nach einer schnellen Dusche holte er frische Kleidung aus dem Schrank und kramte seine Notizen aus der Tasche.

Im Labor herrschten Dunkelheit und gähnende Leere, nur die Ächz- und Summtöne der Maschinen unterbrachen die Stille. Gegen sechs würde die technische Assistentin im Nachbarlabor ihre Arbeit beginnen. Felix schloss den Besprechungsraum auf und setzte die erste Kaffeekanne des Tages auf.

Danach tappte er zu seinem Labor und blieb an der Tür stehen, bis das Deckenlicht aufflackerte. Unverzüglich schaltete er den Computer ein. Ob Nicole an ihn gedacht hatte? Sie musste gerade wieder aus den USA zurück sein.

Nicoles Absender entdeckte er auf den ersten Blick. Er freute sich aufs Lesen. Um die Vorfreude auszukosten, zögerte er das Öffnen hinaus und nahm sich zuerst die Mail von Kenzo vor.

„Hallo Felix", schrieb er, „ich hoffe, du bist mittlerweile gut angekommen. Wir haben die Blots mit weiteren Proteinextrakten wiederholt. Das Protein, von dem wir glauben, dass es bei der Umschaltung der Zellteilung auf die Sklerotienbildung mitmischt, gibt es tatsächlich nur in dem neuen Claviceps. Wir versuchen gerade, das Protein zu isolieren und anzusequenzieren.

Das andere Protein, das bei dem ersten Test im neuen Claviceps im Zellkern zu sehen war, haben wir jetzt auch im Kern vom normalen Stamm entdeckt. Ist bei dem aggressiven Claviceps also bloß stärker aktiviert, folglich kein guter Kandidat für einen mutierten Genschalter. Pech gehabt. Wie sieht es bei euch aus? Und in Bordeaux?"

Gute Frage, das wusste Felix selbst nicht. German hatte nichts erwähnt.

Felix ging zurück in den Kaffeeraum, spülte seine Tasse unter dem Wasserhahn kurz aus und goss sich Kaffee ein. Während er einen Schluck trank, sah er sich die auf dem Tisch herumliegenden Papiere an. Darunter war auch eine ausgedruckte E-Mail von François:

Hallo German,

was gibt's Neues bei euch? Hier eskaliert die Situation so, wie wir befürchtet hatten. Claviceps steht hinter Lyon und hat den Rand der Alpen erreicht. Weiter nördlich werden die ersten Fälle aus Dijon gemeldet. Von da ist es nicht mehr weit bis zum Elsass.

Noch halten sich die Zeitungen in Frankreich an die Vorgaben des Ministeriums. Sie drucken unsere Warnungen vor dem Mutterkorn ab, meist zusammen mit Hinweisen auf die sporadischen Vergiftungen in den letzten paar Jahrhunderten. Dadurch lesen sich die Berichte für den Uneingeweihten wie gelegentliche Fälle, die es schon immer gab, genau wie von den Behörden beabsichtigt. Die Regierung hat ein Abkommen mit den Versicherungen geschlossen und die Kompensation für die Ernteausfälle übernommen. Für die Ruhe zahlen sie. Die französischen Bauern regen sich leicht auf, die Politiker fürchten sie. Die Regierung von Aquitanien hat eine ständige Gesprächsrunde eingerichtet. Dient aber nur dazu, die Landwirte zu besänftigen und die allgemeine Stimmung zu sondieren. Würden bei den Bauern ein paar Erntehelfer von den Grünen mitmischen, wäre es vermutlich schon zu Aktionen gekommen. Ach ja, noch etwas: Die Analysen des Honigtaus sind noch nicht abgeschlossen. Grüße, François.

Neben der E-Mail lag eine Zeitungsseite des *Schwäbischer Anzeiger*. Unter „Vermischtes" war eine kleine Notiz rot markiert.

Mutterkorn auf dem Vormarsch

In Frankreich breitet sich der Pilz Claviceps weiter aus. Der Schädling hat inzwischen Lyon und Dijon erreicht. Die Regierung hat die Bauern aufgefordert, jede Neuinfektion den zuständigen Stellen zu melden. Das Landwirtschaftsministerium weist darauf hin, dass bei der Arbeit auf den Feldern unbedingt Schutzmasken zu tragen sind. Für die entgangenen Einnahmen der Bauern aufgrund von Ernteausfällen kommt das Ministerium in voller Höhe auf. *(dpa)*

Das hörte sich in der Tat moderat an. Milde Wortwahl, kein Vordringen des Pilzes, keine komplette Vernichtung von Ernten, keine Lebensgefahr.

In der darunter liegenden älteren Ausgabe der *Welt* wurden immerhin Tote erwähnt, aber auch hier war es keine große Geschichte. Wo blieben die wachen, nachhakenden Reporter? Wahrscheinlich waren *Spiegel* und *Stern* mit Politikerskandalen beschäftigt, überprüften Dienstreisen nach Mallorca, Schummelei bei Doktorarbeiten oder Steuerhinterziehung von Nebeneinnahmen.

Felix dachte an die Schlagzeilen, die er beim Einschlafen gestern Abend vor seinem inneren Auge gesehen hatte:

Seuche breitet sich aus. Pilz rast auf Deutschland zu. Weizenanbau in Europa am Ende. Krankenhäuser überfüllt. Unzählige Tote. Pest auf den Feldern.

Wenn sie nicht bald herausfanden, wie sie dem Claviceps zu Leibe rücken konnten, würden diese und noch ganz andere Schlagzeilen Wirklichkeit werden.

Felix ging zurück ins Labor und rief Nicoles Nachricht ab.

Lieber Felix,

ich freue mich auf ein Wiedersehen mit dir. Bin gerade erst zurück in Bordeaux und völlig erschlagen. Der Flug von San Francisco über Paris war Stress pur. Bald mehr – Nicole.

Als P.S. hatte sie ihm ihre Durchwahlnummer im INRA aufgeschrieben. Felix spürte seinen Puls beschleunigen und ein Ziehen im Bauch. Plötzlich war er nicht mehr müde. Leider war es gerade erst sechs, viel zu früh, um in Frankreich anzurufen. Um diese Zeit war sie sicher noch nicht im Labor.

Gähnend trudelte die erste Assistentin ein, die im Labor nebenan arbeitete, aber an den Mitarbeitern und dem Kaffee regen Anteil nahm. Sie begrüßte ihn erstaunt. „Was machst du denn schon hier? Senile Bettflucht oder Jetlag? Du bist doch gerade erst aus Japan zurück, oder? Wie waren die Sushi?"

Prompt fühlte er Müdigkeit in sich aufsteigen und wimmelte sie mit ein paar Allgemeinplätzen ab.

Gegen neun fanden sich Anne und German am Kaffeetisch ein. Nach der kurzen Begrüßung ließ Felix Kopien der Blots und Röntgenfilme aus Kyoto herumgehen. „Das ist im Moment der einzige Ansatzpunkt. Für dieses Protein haben sie in Kyoto Antikörper. Sie vermuten eine Verbindung zu der Veränderung der Zellteilung und zur fehlenden Synthese von Honigtau."

German nickte bestätigend. „Vielleicht kommen sie damit weiter. Anne hat zwei unserer Gene aus dem Zuckerstoffwechsel getestet. Da scheint auch was anders zu sein, sieht ganz vielversprechend aus."

Anne klappte ihr Labortagebuch auf, in dem sie wie jeder gute Wissenschaftler die Versuche protokollierte und mit Fotos von Gelen, Hybridisierungen und Ähnlichem belegte. Regelmäßig schwollen diese Bücher innerhalb weniger Wochen zur doppelten Dicke an.

„In den letzten beiden Tagen habe ich zwei Gene getestet. Die Isomerase, die eine Glucoseform in die andere umwandelt, und eine der Invertasen, die Saccharose spaltet und daraus Glucose und Fructose macht. Beim infektiösen Claviceps sind diese Gene anscheinend abgeschaltet. Im normalen Pilz synthetisieren sie Zucker für den Honigtau."

„Diese im aggressiven Claviceps abgeschalteten Zuckersynthesegene könnten wichtig sein. Bleibt nur noch die kleine Frage, wer sie auf ‚Aus' gestellt hat." German reichte Anne die grauen Filme mit den schwarzen Strichen zurück.

Aufgekratzt eilten Felix und Anne ins Labor und teilten die zu untersuchenden Proben unter sich auf. Beiläufig erkundigte sich Felix bei Anne, wie es bei ihr „zu Hause" denn so laufe. „Geht so", wich Anne aus. „Erzähl ich dir bei anderer Gelegenheit."

Am frühen Nachmittag schlurfte German mit Sorgenfalten auf der Stirn ins Labor. „Jetzt gerät der Claviceps doch schneller in die Politik, als wir dachten", sagte er. „Die Agrarlobby setzt die Politiker unter Druck. François hat mir gerade erzählt, dass das Ministerium in Paris diesen Druck jetzt seinerseits weitergibt. Er soll sofort den nächsten Lagebericht abliefern. Die Situation sei ernst. Und so weiter – das Blabla, das Politiker in solchen Situationen immer äußern. François soll ihnen Papiere und noch mehr Papiere schicken, klagt er. Er hat recht: Das lohnt gar nicht. Dort versackt sowieso alles. Im Übrigen testen sie in Bordeaux jetzt Gene, die bei anderen Pilzen wie der Bierhefe Zucker regulieren. Nicole hat Proben aus der Literatur gesucht, Primer machen lassen und hybridisiert diese gegen Claviceps. Das ergänzt die Synthese vom Zucker, an der Anne dran ist."

German sah Felix an. „Außerdem hat François vorgeschlagen, dass du Nicole bei den Hybridisierungen hilfst. Sie muss sich ja auf die Untersuchung des Honigtaus konzentrieren und kann nicht alles allein schaffen." Mit hochgezogenen Augenbrauen lächelte er Felix zu. „Du hast doch nichts dagegen, mit Nicole zusammenzuarbeiten, oder?"

Felix spürte seinen Herzschlag schneller werden. Nichts war ihm lieber, als zu Nicole nach Bordeaux zu fahren. „Mach ich gern", erwiderte er und bemühte sich, nicht allzu enthusiastisch zu klingen.

German machte keine Anstalten zu gehen. Er räusperte sich, richtete ein paar Reaktionsgefäße im Ständer aus, wischte mit der Hand über die leere Tischoberfläche.

„Da ist noch was", sagte er schließlich, „Irgendein Dirigent aus dem Landwirtschaftsministerium in Berlin hat angerufen.

Hans Maier in Freiburg hat ihm meine Nummer gegeben. In ihrem riesigen Ministerium haben sie nicht einmal eine Liste mit Themen und Namen von deutschen Wissenschaftlern, die auf für sie wichtigen Gebieten arbeiten. Auch uns kannten sie nicht, obwohl sie uns vor ein paar Jahren schon mal Geld für Claviceps gegeben haben. Bürohengste! Die kennen höchstens zwei oder drei Wissenschaftler. Die rufen sie immer an. So machen sie es übrigens auch, wenn sie Geld vergeben."

Anne und Felix waren Germans leidenschaftliche Ausbrüche über die ungerechten und unnötig komplizierten Bürokratien gewöhnt.

„Was wolltest du uns eigentlich sagen?", hakte Anne nach.

„Ein Bauer aus Hessen hat Mutterkorn gemeldet. Viel. Auf einem Weizenfeld. Unser Claviceps ist angekommen."

„Schöne Scheiße", murmelte Anne, „das hat uns gerade noch gefehlt. Wo in Hessen ist das? In der Nähe des Frankfurter Flughafens?"

„Die Felder liegen in nördlicher Richtung, ein ganzes Stück weg von Frankfurt, kurz vor Gießen. Müßig, herauszufinden, wer die Pilzzellen aus Frankreich eingeschleppt hat. Claviceps hat in Deutschland Fuß gefasst und Punkt. François hatte recht: Der Claviceps verteilt sich jetzt im Handumdrehen über die ganze Welt."

Während German sich zur Tür wandte, murmelte er über die Schulter: „Ich hatte nur gehofft, wir hätten noch ein bisschen mehr Zeit."

Felix konnte sich vor Müdigkeit kaum noch auf den Beinen halten. Er fror die angefangene Präparation ein. Eigentlich sollte er nicht um fünf Uhr nachmittags ins Bett gehen. Vernünftig wäre es, bis neun oder zehn Uhr abends zu warten, um in den Rhythmus zurückzufinden.

Vielleicht sollte er nachsehen, ob es in der „Gans" schon zu essen gab. Fünf Uhr war allerdings früh fürs Abendessen. Manfred würde erst später auftauchen. Außerdem war er nur müde und hatte kaum Hunger.

In seiner Wohnung angekommen, warf er sich kaltes Wasser ins Gesicht und fühlte sich sofort besser. Vielleicht war Nicole jetzt zu erreichen. Sein Herz pumpte das Blut schneller durchs Gehirn, als er begann, die 0033 zu wählen.

„Allo? Nicole Duvalle", hörte er ihre helle Stimme durch die Leitung. Was sollte er sagen? Er sah vor sich, wie sie im Restaurant neben ihm gesessen hatte. Umrahmt von Weinranken. Als er seine Begrüßungsformel abgespult hatte, fiel ihm nichts mehr ein. Aus seiner Verlegenheit rettete er sich mit der Frage nach dem Honigtau von Claviceps. Dann erzählte er ihr von Kyoto, Tempeln und Labor, danach berichtete Nicole ihrerseits von Stanford. Schließlich kamen sie auf die Genproben aus der Zuckerregulation zu sprechen, bei deren Hybridisierung Felix ihr helfen sollte.

„Ich habe den Honigtau im normalen Claviceps jetzt mit den HPLC- und FPLC-Verfahren untersucht. Dabei ist mir ein neuer komplexer Zucker untergekommen. Im neuen Stamm tritt diese Zuckerverbindung anscheinend nicht auf."

„Heißt das, dass der normale Claviceps diese Zuckerverbindung nur für den Honigtau produziert?", hakte Felix nach.

„Ja, sieht so aus. Die Zellen schalten die Synthese erst für die Produktion von Honigtau an. Der neue Stamm bildet keinen Honigtau, also werden diese Gene nicht aktiviert. Es lohnt sich bestimmt, die Regulation dieser Gene zu untersuchen. Von da aus kommen wir vielleicht auf die molekularen Fehler im wild gewordenen Claviceps."

„Eine gute Ergänzung zu deinen bisherigen Untersuchungen", erwiderte Felix lahm. Er hatte Schwierigkeiten, sich auf den Inhalt von Nicoles Erklärungen zu konzentrieren, lauschte eigentlich nur auf ihre angenehme Stimme und stellte sich dabei ihr Wiedersehen vor. Schließlich riss er sich zusammen, um den Faden nicht völlig zu verlieren.

„… und das ist wirklich übel, Felix. Gestern war ich mit François auf einer Informationsveranstaltung für die Bauern. Die meisten bringen es nämlich nicht über sich, das unreife Korn abzuschneiden. Besonders dann nicht, wenn sie nicht viel von der Infektion sehen. Viele warten immer noch, bis alles schwarz ist." Nicole seufzte. „Jetzt taucht bei uns aber noch ein anderes Problem auf: Die Müllverbrennungsanlagen sind so überlastet, dass das verseuchte Getreide manchmal hunderte Kilometer weit transportiert werden muss. Dadurch wird der Pilz in vorher noch saubere Gegenden eingeschleppt. Die Infektionen an der Atlantikküste hinauf bis nach Saintes und im Inland bis Limoges und Clermont-Ferrand sind bestimmt durch solche Transporte ausgelöst worden."

Nicole holte kurz Luft. „Und jetzt gibt es auch Spinner, die das Armageddon kommen sehen. Die haben Gasmasken aus dem Zweiten Weltkrieg ausgegraben und laufen damit herum. Vor der Halle standen gestern auch ein paar mit Plakaten herum, auf denen die Gentechnik angeprangert wird. Einige von diesen Freaks behaupten allen Ernstes, dass dieser Claviceps aus den Geheimlabors des Militärs stammt. Und ein paar Rechte machen die Nordafrikaner für die Seuche verantwortlich, stell dir das vor!

Die meisten Bauern sehen die Verseuchung allerdings gelassen, eher so wie Hagel, der an einem einzigen Nachmittag eine ganze Ernte vernichten kann. Seit die Regierung den Versicherungen versprochen hat, die Schadenszahlungen pauschal zu übernehmen, finden die Bauern sich damit ab.

Auf der Veranstaltung waren viele echt interessiert an unserer Arbeit. Sie wollten wissen, ob sie im nächsten Jahr wieder Getreide anpflanzen können. Einige finden den Claviceps nur deswegen nicht tragisch, weil sie fest an die Chemie und Biologie glauben. Die hoffen, spätestens nächstes Jahr ein Wundermittel auf dem Markt kaufen zu können. Und wenn nicht, zahlen die französische Regierung oder die EU eben weiter."

Felix erzählte Nicole noch von der Infektion in Hessen, doch dann übermannte ihn die Müdigkeit und er gähnte laut.

„Du musst sicher noch Schlaf nachholen", sagte Nicole mitfühlend und verabschiedete sich kurz und herzlich von ihm.

Am nächsten Tag machte er sich einigermaßen erholt auf den Weg zum Institut. Während er auf German wartete, blätterte er am Besprechungstisch die neuesten Ausgaben von *Nature* und *Science* durch.

Die Zeitschriften abonnierte German und legte sie aus. So ließen sie sich bequem zwischendurch lesen, und man musste nicht extra in die Bibliothek laufen. Von wegen Universität unter einem Dach! Fast einen Kilometer war es vom Hauptgebäude bis zur neu erbauten Bibliothek, die viel Geld gekostet hatte. Viel zu weit, als dass man zwischen zwei Experimenten mal kurz vorbeischauen konnte. Zudem waren wichtige Zeitschriften aus Geldmangel abbestellt worden. Den ganzen Winter über war Felix nicht ein einziges Mal dort gewesen. Die Zeitschriften, die German nicht abonniert hatte, suchte er online durch oder bat Kumpel um PDF-Files.

Beim Kaffee versorgte German Felix mit den neuesten Nachrichten. „François hat heute Morgen schon einen Anruf vom Ministerium für Landwirtschaft bekommen. Ganz schön früh für Behörden. Anscheinend werden die Herren jetzt nervös. Hessen hat gestern in Paris die deutsche Infektion gemeldet. In den EU-Ländern spricht sich der Claviceps langsam herum. Die Engländer wollen wissen, wie viel Fläche infiziert ist, wie schnell sich der Pilz ausbreitet und was für Gegenmaßnahmen getroffen worden sind. Seit der Katastrophe mit den BSE-Infektionen auf der Insel und dem ewig langen Importverbot für britisches Rindfleisch in Frankreich wollen die Engländer die Gelegenheit nicht auslassen, es den Franzosen heimzuzahlen. England hat mit einer offiziellen Anfrage an die EU-Kommission und das europäische Parlament gedroht, wenn nicht bald genaue Angaben vorliegen. François hält es für sicher, dass England die anderen EU-Länder über einschlägige Kanäle längst zu Anfragen aufgefordert hat. Das Agrarministerium befürchtet jetzt offenbar, dass die EU auf

Drängen von England einen Einfuhrstopp über französisches Getreide verhängen wird. Ein öffentliches Importverbot für französisches Getreide wäre aber weit mehr als ein Imageverlust: Für die Wirtschaft wäre es eine Katastrophe, wie man sich leicht ausrechnen kann. Deshalb wird die französische Regierung wohl alles daransetzen, dass es dazu nicht kommt."

German kratzte sich nachdenklich im schütteren Haupthaar. „Allerdings fürchte ich, dass sich das nicht vermeiden lässt. Schließlich sind wir noch meilenweit von einer Lösung entfernt. Die Politiker stehen jetzt natürlich unter Handlungsdruck. Ob es viel hilft, ist die eine Frage. Und ob wir rechtzeitig Abhilfe finden, ist die andere. Bis wir den Claviceps in den Griff bekommen, ist er womöglich schon bis in die Ukraine und weiß der Geier wohin vorgedrungen."

Getreidepreise trotz Pilzseuche in Frankreich stabil

Der deutsche Bauernverband sieht durch die sich ausbreitende Getreidepest in Frankreich keine unmittelbare Gefahr für den Getreidepreis. An den Rohstoffbörsen in Frankfurt und London blieben die Bulk-Preise je Bushel Weizen und Roggen stabil. Fachleute erwarten in nächster Zeit jedoch einen moderaten, hauptsächlich durch erhöhte Transportkosten bedingten Anstieg der Getreidepreise auf den europäischen Märkten. Auswirkungen auf die Weltmarktpreise sind nach Einschätzungen von Experten der Londoner Börse vorerst nicht zu befürchten, da der Anteil der französischen Getreideproduktion auf dem Weltmarkt für Weizen lediglich bei 2 % liegt.

(Aus: Financial Times Deutschland)

14 Bordeaux, Frankreich

„Dr. Maière." Mit der einen Hand hielt sie den Hörer, die andere blätterte in einer Krankenakte.

„Bonjour Madame Maière. Marcel Degrait. Von der Pathologie, wenn Sie sich noch an mich erinnern?"

Marlène Maière lächelte, als sie seine Stimme hörte, und blickte von der Akte auf. Degrait hatte trotz oder vielleicht wegen seiner Arbeit im Pathologischen Institut Schlagfertigkeit, Charme und einen ziemlich schwarzen Humor kultiviert. Wenn Sie sich begegneten, konnte er sich ausgiebig über das Elend von Säuferlebern auslassen, um Marléne („da wir ja gerade davon sprechen") im nächsten Satz zu einer Weinprobe einzuladen. Bisher hatte sie seine Einladungen jedoch stets abgelehnt, da sie nicht genau wusste, was er sich davon erwartete.

„Blöde Frage", antwortete sie im gleichen lockeren Ton. „Wer könnte Sie jemals vergessen!"

„Welch wunderbares Kompliment! Und da Sie mich offenbar nicht vergessen können, erlaube ich es mir, Sie einmal mehr zum Abendessen einzuladen. Bei der Gelegenheit können Sie Ihre Erinnerungen dann auffrischen. Und gegebenenfalls korrigieren."

Sie stellte sich vor, dass Degrait am anderen Ende der Leitung breit grinste.

„Ich habe Sie schon so oft gefragt, Madame Maière, jetzt gilt es, keine Widerrede. Sehen Sie es als therapeutische Maßnahme zum Stressabbau. Ich weiß doch, was bei Ihnen in der Klinik los ist. Also, heute Abend um sieben im „Le Cheval". Ich verspreche auch, mir die Hände zu waschen, wenn ich hier herausgehe. Vielen Dank, Madame."

Marlène musste lächeln. Warum eigentlich nicht? Gutes Essen in entspannter Atmosphäre klang durchaus reizvoll. Wegen der vielen Patienten mit Ergotaminvergiftung, bei denen ständig die Gefahr eines Herzstillstandes bestand, hatte sie in den letzten Tagen kaum Zeit für sich gehabt, meistens nur irgendetwas hinuntergeschlungen und selten ausgeruht. Und sich in den Nächten nur drei, vier Stunden unruhigen Schlafes auf der Liege im Behandlungszimmer gegönnt.

„Also gut. Ich meine: Ja gerne, Monsieur Degrait", verbesserte sie sich schnell. Sie wollte nicht, dass Degrait den Eindruck bekam, er habe sie nur überredet. Sie freute sich wirklich auf seine Gesellschaft. „Ein gepflegtes Essen ist genau das, was ich nach drei Tagen Kantinenfraß brauche."

„Und sicher auch einen ruhigen Zuhörer, der im Unterschied zu Ihren Patienten nicht wild um sich schlägt."

„Alles klar, das hätten wir also geregelt. Nehmen Sie's aber bitte nicht persönlich, wenn ich in Ihrer Gesellschaft gähne. Hab ein ziemliches Schlafdefizit. Aber warum haben Sie eigentlich angerufen? Doch sicher nicht nur wegen der Einladung, oder?"

„Doch, natürlich", lachte Degrait. „Allerdings habe ich auch einen Vorwand gefunden, das stimmt. Sonst hätte ich mich nicht getraut. Ich habe die Laborergebnisse zu Pierre Cotraine und Marc Labouche."

„Und? Woran sind sie gestorben?"

„Ihre Diagnose war perfekt, wie immer. An Herzversagen nach Ergotaminvergiftung. Beide hatten so viel von dem Gift im Blut, dass sie sicher nichts mehr gespürt haben. In den Lungen hing mehr von dem Pilz, als die Lungenbläschen aufnehmen konnten."

„Das ist im Moment nicht sonderlich schwer zu diagnostizieren. Das halbe Krankenhaus liegt voll mit Leuten, die Staub von Claviceps eingeatmet haben."

Degrait seufzte. „Ja, das ist hier genauso. Wir kommen nicht mehr nach. Letzte Nacht sind zwei Kunden eingeliefert worden, gestern über Tag doppelt so viele. Jeden Tag vier bis fünf Fälle."

„Zum Glück landen nicht alle unserer Patienten bei Ihnen in der Pathologie. Und die Diagnose fällt leichter, seitdem wir wissen, wonach wir suchen müssen. Bloß werden jetzt die Labortests für die Ergotamine knapp. Die Firmen haben Probleme, die Testkits zu liefern. Die kommen nicht mehr nach. Übrigens waren zwei Ihrer gestrigen Kunden bei uns auf Station. Denen konnten wir nicht mehr helfen, sie sind uns unter den Händen weggestorben. Die Dosis war zu hoch."

„So ganz verstehe ich das nicht. Die Leute müssten doch langsam Bescheid wissen und Mundschutz aufsetzen, wenn sie die infizierten Felder bearbeiten."

„Anscheinend hilft das auch nicht immer", erwiderte Dr. Maière. „Aus den modernen Mähdreschern kommt der Staub so fein heraus, dass er durch die einfachen Gaze-Filter glatt hindurchgeht. Wir bekommen auch Patienten rein, die gar nicht auf dem Land arbeiten. Einem Ehepaar hat der Wind den Clavicepsstaub in den Garten geweht, und sie haben es nicht einmal bemerkt."

„Die Armee müsste mehr Gasmasken verteilen. Wenigstens an die Bauern, bevor sie die kranken Felder mähen. Und die Behörden sollten den Bauern klarmachen, dass sie, ehe sie ein Feld abmähen, alle Leute warnen müssen, die in Windrichtung wohnen."

„Es geht sogar noch weiter, Monsieur Degrait: Wir haben hier auch einen Fall aus der Stadt. Einen Jungen, der mitten in Bordeaux wohnt und in den letzten Wochen überhaupt nicht auf dem Land gewesen ist. Klare Ergotaminvergiftung. Aber da er es nicht eingeatmet haben kann und kein anderer in der Gegend krank ist, muss er das Gift über die Nahrung aufgenommen haben. Vielleicht wurde das Brot mit verseuchtem Mehl gebacken. Es blieb uns nichts anderes übrig, als den Wirtschaftskontrolldienst zu benachrichtigen."

„Das kann eigentlich nicht sein", erwiderte Degrait skeptisch. „Nicht, weil es verboten ist – das hat noch nie alle hundertprozentig abgeschreckt. Aber soweit ich etwas von Landwirtschaft verstehe, was nicht viel ist, sind die Getreidekörner noch gar nicht reif. Außerdem werden durch den Pilz die Ähren grau oder sogar schwarz, bevor sie reif sind. Daraus wird niemand mehr

Mehl machen, wenn er nicht kurz vorm Verhungern ist. Das verstehe ich nicht. Außer es hat jemand unreifes, frisch infiziertes Getreide geerntet und vor dem Mahlen unter die Ernte des letzten Jahres gemischt. Aber das ginge nicht unbemerkt, weil die Körner grün, unreif und feucht wären. Das Mehl würde klebrig. Komische Geschichte."

„Ich verstehe es auch nicht", bemerkte Dr. Maière. „Aber mir fällt keine andere Möglichkeit ein. Der Junge kann das Gift eigentlich nur über das Essen aufgenommen haben."

15 Straßburg, Frankreich

Leloupe, Vertreter des französischen Landwirtschaftsministeriums und Gastgeber, sondierte die Runde. Über das Stimmengewirr hinweg kündigte er mit kräftiger, selbstbewusster Stimme den Beginn der Besprechung an und hieß die Teilnehmer mit den üblichen Floskeln willkommen: „Ich freue mich, dass ..., begrüße besonders ..." Er sprach sauberes Englisch mit leicht britischem Akzent.

Ein schnurgerader Scheitel teilte die spärlichen, sorgfältig über die durchscheinende Schädeldecke gekämmten dunkelblonden Haare. Mit seiner Bräune, die nach künstlicher Sonne glänzte, ähnelte Leloupe eher dem Vorsitzenden eines Golfklubs als einem Bürokraten, der sich täglich über Aktendeckel beugte. Der blaue Blazer mit den goldenen Knöpfen verstärkte diesen Eindruck noch. Allerdings verrieten die scharfen blauen Augen hinter den Gläsern der großen Goldrandbrille einen wachen Geist.

Nicole wusste nicht, wie sie Leloupe einschätzen sollte. Seine konservative Kleidung – selbst das sorgsam gefaltete weiße Tüchlein in der Brusttasche fehlte nicht – verunsicherte sie. Nun ja, da er sich sein äußeres Erscheinungsbild freiwillig ausgesucht hatte, würde wohl auch sein Inneres dazu passen. Bestimmt war er ein Mensch, der viel auf Konventionen gab und selten spontan handelte.

François und German nannten ihr und Felix flüsternd einige Namen, aber auch sie kannten nur die anwesenden Wissenschaftler. Bengt Björnson aus Schweden, John Hardale aus England und Guiseppe Gribaldi aus Italien. Nicole hatte sich gefragt, warum sie und Felix als niedere Laborknechte zu diesem Krisentreffen auf europäischer Ebene eingeladen worden waren. Als sie François darauf ansprach, hatte er ihr das einladende Fax gezeigt: Leloupe hob darin hervor, er wolle auch Wissenschaftler dabeihaben, die praktisch an der Untersuchung der Pilzseuche beteiligt seien. „Vermutlich, um die Vertreter der anderen Länder mit Einzelheiten beeindrucken zu können", hatte François ironisch bemerkt.

Trotzdem sprach das Nicoles Meinung nach für Leloupe. Er schien den Wissenschaftsbetrieb zu kennen, wusste offenbar, dass nur diejenigen Zeit für Politik und Konferenzen fanden, die selbst kaum noch Wissenschaft betrieben.

Leloupe zeigte sich als geübter Verhandlungsführer. Freundlich bat er jeden, sich mit Namen und Interessengebiet vorzustellen. François flüsterte Nicole zu, dass damit Titel und Stellung in der Hierarchie abgefragt wurden. Nicole half das wenig. Wo in der Hackordnung war ein Staatsrat oder Ministerialdirigent angesiedelt? Und was durfte er entscheiden? Eindeutig war dagegen, wie die Gruppen der Wissenschaftler und der Politiker im Saal verteilt waren. Hier hellblaue oder weiße Hemden, dezente Krawatten und Anzüge, dort mehr oder weniger passende Jacketts über Wollpullovern oder schlecht gebügelten Hemden. Die Klischees passten.

Als Leloupe die Beratung mit einer Zusammenfassung der Lage in Frankreich eröffnete, sah Nicole François anerkennend nicken. Leloupe beschönigte nichts. Noch ehrlicher wirkte sein Bericht, als er erstmals den Vormarsch der Infektion in die französischen Alpen erwähnte. Selbst im INRA Bordeaux hatte man davon bislang nichts gewusst.

Leloupe projizierte die Landkarte von Frankreich an die Wand. Es war erschreckend. Claviceps hatte ein Drittel Frankreichs überrannt, der Süden war flächendeckend infiziert. Auch wenn Leloupe zwischen stark infizierten Regionen und vereinzelten Vorkommen des Pilzes unterschied, auch wenn er die Farben der grafischen Darstellung in freundlichen Pastelltönen gehalten hatte: Das Ausmaß der Seuche war deprimierend.

Doch dann schwenkte Leloupe um. „Wir haben den Pilz administrativ und organisatorisch so weit im Griff, dass wir neue Infektionen auf das Mindestmaß beschränken und die Ausbreitungsgeschwindigkeit verringern konnten."

Das war nun ganz sicher gelogen, Nicole und François blickten sich verblüfft an. Als Nicole die erstaunten Mienen von German und Felix sah, hätte sie trotz der ernsten Lage beinahe grinsen müssen. Mit bemüht unbeteiligtem Gesicht schüttelte sie leicht den Kopf, als Felix fragend zu ihr herübersah.

„Wir haben sichergestellt", fuhr Leloupe mit sonorer Stimme fort, „dass alles infizierte Getreide vernichtet wird und nicht in die Nahrungsmittelproduktion gelangen kann. In ganz Frankreich werden die befallenen Felder registriert, in einen Index aufgenommen und unter entsprechenden Vorsichtsmaßnahmen abgeerntet. Das verseuchte Getreide wird in den Müllverbrennungsanlagen entsorgt.

Nach unseren Schätzungen reichen die Getreidevorräte noch sechs bis acht Monate für eine uneingeschränkte Nahrungsmittelproduktion. So lange kann Frankreich auch ohne die diesjährige Ernte Weizenerzeugnisse garantiert frei von Kontaminationen liefern. Danach wird die französische Nahrungsmittelindustrie zunehmend Getreide in den umliegenden Ländern aufkaufen. Wir gehen davon aus, dass Ihre Bauern und Regierungen nichts dagegen haben werden."

Leloupe lächelte in Richtung der politischen Vertreter der EU-Länder. Er hatte das Interesse Frankreichs deutlich gemacht. Die Industrie sollte weiter produzieren. Kein Grund zur Angst vor verseuchten Nahrungsmitteln. Die anderen Länder konnten französische Agrarprodukte uneingeschränkt importieren. Sein Bonbon war die Ankündigung, dass Frankreich Getreide aus anderen EU-Ländern zukaufen werde.

Wenn Claviceps sich trotz der schönen Rede von Leloupe auf die Nachbarländer ausdehnte und dort zu Ernteverlusten führte, würde das Angebot, Ernteüberschüsse aufzukaufen, nicht mehr so lukrativ aussehen. Aber das war heute nicht aktuell.

Kalkhaus, der deutsche Vertreter aus dem Wissenschaftsministerium in Berlin, versuchte, Frankreich die Schuld an dem Pilz zuzuweisen. Dazu überging er geflissentlich die zuversichtliche

Botschaft Leloupes und ignorierte das Versprechen, dass Paris den Vormarsch des Pilzes stoppen werde.

„Es ist zweifelhaft, ob die bisherigen Maßnahmen ausreichen. Uns liegen Berichte über Claviceps-Infektionen in Hessen vor. Die Bundesregierung sieht in der Verbreitung des Claviceps durch den Verkehr per LKW oder Touristen eine akute Gefahr für die anderen Länder, besonders für das Durchgangsland Deutschland.

Ebenso befürchten wir, dass die Vogesen die Verbreitung durch den Westwind nicht behindern werden. Diese Hürde wird Claviceps problemlos nehmen, wenn er es, wie Sie uns eben dargelegt haben, sogar bis in die Alpen geschafft hat. Wir müssen in Deutschland noch in dieser Ernteperiode mit einer signifikanten Infektion im Südwesten rechnen. Diese noch sehr konservative Annahme setzt voraus, dass keine weiteren Infektionen über große Entfernungen eingeschleppt werden."

Der englische Politiker Sir Malcolm griff das Stichwort auf. „Großbritannien sieht das größte Problem genau darin: in der rasanten Verbreitung des Pilzes. Über effiziente Schutzmaßnahmen müssen wir uns heute einigen. Solange es keine wirksame Abwehr gegen diesen Pilz gibt, ist Containment unsere einzige Chance. England muss verhindern, dass die Infektion über den Kanal gelangt und auf der Insel Fuß fasst. Die englische Regierung sieht keine Alternative zu einer vollständigen Quarantäne aller Getreide und Getreideprodukte aus den betroffenen Gebieten. Ich darf Sie daran erinnern, dass das Vereinigte Königreich diese Strategie erfolgreich bei der Tollwut eingesetzt hat. Nur die konsequente Einhaltung strengster Importkontrollen konnte die Insel von dieser Krankheit frei halten. Wir sehen im Moment keine andere praktikable Möglichkeit. Daher schlagen wir vor, alle Importe von Getreide aus den befallenen und angrenzenden Regionen zu stoppen."

Im Saal wurde gemurmelt und geflüstert.

„Ja richtig, meine Damen, meine Herren, die britische Regierung erwägt ein umfassendes Einfuhrverbot aus den infizierten Gebieten. Selbstverständlich befristet. Dies ist lediglich eine Vorsichtsmaßnahme, der Sie sicher alle zustimmen werden. Sie gilt nur so lange, bis die Wissenschaftler herausgefunden haben, was mit diesem Pilz passiert ist, und uns ein wirksames Gegenmittel liefern können."

Ein Einfuhrstopp war genau das, was die französische Regierung verhindern wollte. Die befallenen Gebiete umfassten in den Augen Englands ganz Frankreich. Und das Importverbot würde sicher auf alle Getreideprodukte, vom Mehl bis zum Baguette, ausgedehnt werden. Nur so konnte wirksam kontrolliert werden.

Leloupe ließ sich nichts anmerken. Es war ihm klar gewesen, dass die Engländer damit anfangen würden. Die wollten sich für ihre gescheiterten BSE-Vertuschungsaktionen rächen.

Leloupe knüpfte an den letzten Satz von Sir Malcolm an und wechselte geschickt das Thema. Er bat François, über die Forschungsarbeiten zu berichten.

François erläuterte die Beiträge der einzelnen Labors, beschrieb die Kompetenzen der jeweiligen Partner in Ulm, Kyoto und Stanford und stellte die bisherigen Ergebnisse dar. Zum Schluss sprach er ganz kurz an, dass im Moment noch kein Gegenmittel gefunden sei und niemand sagen könne, wann sich das ändern werde. German nickte bestätigend, und die anderen Wissenschaftler machten sich Notizen. Sie verstanden François: Er war Forscher und kein Prophet.

Björnson erkundigte sich nach dem Wachstum des neuen Stamms. Nach kurzem Blickwechsel mit François beantwortete German die Frage. Björnson war sichtlich betroffen.

Kalkhaus brachte die von den Wissenschaftlern schon abgehakte Frage wieder auf den Tisch. Der Deutsche hatte kein einziges Haar auf dem Kopf. Die glänzende Glatze verlieh ihm einen verwegenen Ausdruck, der nicht so recht zu seinem gediegenen Mittelalter passte. Dafür sah seine gebräunte Haut nicht so künstlich aus wie bei Leloupe, schimmerte nach Natur und Sonne und harmonierte mit den dunklen Augen. Die hochgezogenen Mundwinkel gaben dem Gesicht einen leicht ironischen Ausdruck. Nicole wunderte sich, wie ein anscheinend sympathischer Mensch wie Kalkhaus, der vom Aussehen her eher in eine Künstlerkneipe gepasst hätte, im Ministerium gelandet und aufgestiegen war.

„Was können die Wissenschaftler uns hier und heute konkret gegen diesen Claviceps vorschlagen?", fragte er, „Was können Sie uns an die Hand geben, um den Pilz umzubringen?"

Kalkhaus sah die Wissenschaftler nacheinander durchdringend an. Dann wandte er sich an Leloupe.

„Wie können Sie weitere Felder vor Claviceps schützen? Wahrscheinlich gar nicht, sonst säßen wir jetzt nicht hier."

Die letzten Worte sprach er leiser, was die Wirkung noch verstärkte.

Leloupe hatte gehofft, dass diese Frage nicht wieder aufgegriffen würde. In diesem Kreis war er aber nicht der einzige Verhandlungsprofi. Er schob die Unterlippe vor. „Bisher gibt es kein gutes Mittel gegen den neuen Claviceps. Nicht einmal ein schlechtes." Er nickte François zu, der den Faden aufnahm.

„In den letzten Wochen haben wir im INRA Bordeaux und im INRA Versailles eine Reihe von klassischen und neuen Substanzen getestet. Neben den am Markt zugelassenen Fungiziden haben wir von Chemiefirmen in Frankreich, der Schweiz und Deutschland neu entwickelte chemische Verbindungen angefordert und geprüft. Alle diese Gifte sind unbrauchbar. Chemikalien, die den Pilz töten, sind auch für alle Tiere toxisch. Wir müssen etwas Spezifischeres finden.

Unsere einzige Chance sehen wir in der molekularbiologischen Forschung. Es muss ein Mittel entwickelt werden, das gezielt in das Verhalten des mutierten Claviceps eingreift. Ein solches Mittel können wir aber nur entwickeln, wenn wir verstehen, wie dieser Stamm arbeitet."

„Das ist auf lange Sicht sicher richtig. Aber meine Frage ist noch unbeantwortet", schaltete Kalkhaus sich ein. „Was können wir hier und heute unternehmen? Wir müssen *jetzt* etwas tun. Wir können nicht tatenlos zusehen, wie sich diese Mutante ausbreitet und sämtliche Getreideernten vernichtet. Wenn wir momentan kein Gegenmittel haben, brauchen wir eine verlässliche Zeitabschätzung, wann ein Wirkstoff vorhanden sein wird. Wann werden Sie und Ihre Kollegen so weit sein, dass wir gezielt gegen den Claviceps vorgehen können? Sehen Sie und Ihre Kollegen schon greifbare Ansatzpunkte?"

Kalkhaus lehnte sich zurück und sah forschend in die Runde der Wissenschaftler. Auch wenn sein Blick offen und interessiert war und er die Frage in einem freundlichen Ton gestellt hatte, war er durch und durch Politiker mit wenig Verständnis für die Wissenschaft und deren nicht planbare Entwicklungen. Keiner der Wissenschaftler hätte sich erkühnt vorherzusagen, wann der Durchbruch in der Claviceps-Forschung zu erwarten war.

German nahm François die Antwort ab. „Wir sind ganz Ihrer Meinung. Wir müssen etwas gegen Claviceps finden. Sie müssen aber verstehen, dass wir kein Datum dafür nennen können. Wir können Ihnen nur versichern, dass wir unser Möglichstes tun werden. Forschungsergebnisse sind leider nicht planbar. Eines jedoch ist sicher: Je mehr Leute an einem Projekt arbeiten, desto größer sind die Erfolgschancen. Daher brauchen wir Unterstützung – vor allem Personalmittel, Geld für die Hände und die Experimente."

François übernahm nahtlos. „Unsere bisherigen Ansatzpunkte in der molekularbiologischen Forschung sind vielversprechend. Aber eben nur das. Wir brauchen schnell mehr Informationen, wenn wir ein spezifisches Gegenmittel entwerfen wollen."

Sir Malcolm zog seine Augenbrauen unzufrieden zusammen. „Sehr schön, ja, die Wissenschaft ist offensichtlich unsere einzige

Hoffnung. Ich bin ganz Ihrer Meinung, dass man Ihnen alle Mittel zur Verfügung stellen muss. Dafür haben Sie die volle Unterstützung Englands. Aber jetzt und heute hilft uns die Hoffnung allein nicht weiter."

Sir Malcolm wandte sich an seine Politikerkollegen. „Wir, die noch nicht infizierten Länder, müssen Vorsichtsmaßnahmen treffen, die sofort greifen. Die britische Regierung sieht daher keinen anderen Weg, als die Einfuhr von Getreide aus infizierten Regionen zu verbieten. Allerdings", er winkte beruhigend zu Leloupe hinüber, „allerdings wird vorerst eine Einfuhrbeschränkung auf Getreidekörner ausreichen. Wenn, wie Monsieur Leloupe uns versichert, die verarbeiteten Getreideprodukte ausschließlich aus Lagerbeständen kommen und sorgfältig auf Claviceps überprüft werden, sollte von Dingen wie Cornflakes und Baguette eigentlich keine Gefahr ausgehen."

Sir Malcolm lächelte leicht.

„Schwierig wird es bei halb verarbeiteten Nahrungsmitteln wie Müsli und Bio-Körnerbrot. Diese Produkte müssen mit auf die Liste. Ich denke, da werden die Kollegen mir zustimmen."

Er blickte fragend in die Runde, wartete aber nicht auf eine Antwort, sondern fuhr mit erhobener Stimme fort: „Wichtig ist eine vernünftige Einfuhrkontrolle auch für unser Verhalten gegenüber den USA. Vorgestern erreichte London eine Anfrage aus Washington, die das Gefahrenpotenzial des neuen Claviceps betraf. Sie kam zwar nur von mittleren Dienstgraden des Landwirtschaftsministeriums, aber es wird nicht lange dauern, bis dieses Problem auch weiter oben ein Thema ist."

Nicht ungeschickt, dachte Nicole, *er sucht die Solidarität der anderen europäischen Länder gegen den Druck von außen zu wecken und hat damit bei der Diskussion um ein Einfuhrverbot den Ruch des nationalen Alleingangs von England abgewendet. Wenn ich auf der Insel England säße, würde ich sogar die Einfuhr aller Produkte aus französischem Getreide verbieten. Und auch den Flugverkehr und Reisebetrieb genau kontrollieren. Eigentlich müssten ab sofort alle Reisenden und alle Waren aus Frankreich mindestens gewaschen, am besten mit Chemikalien gesäubert werden. Sicher sind sich die Politiker gar nicht darüber im Klaren, wie hart im Nehmen ein Pilzfaden und erst recht eine reife Dauerzelle sein kann.*

Nicole sah zu Felix hinüber und hob fragend die Augenbrauen. Felix imitierte sie und verzog das Gesicht ebenfalls zu einem Fragezeichen.

Die belgische Vertreterin meldete sich zu Wort und stellte sich überraschenderweise hinter den englischen Vorschlag. „Ich denke, dass wir die Ideen des britischen Kollegen gutheißen müssen. Ich befürchte sogar, dass die vorgeschlagenen Maßnahmen noch nicht weit genug gehen. Ein einziger Tourist, der in einem verseuchten Feld gepicknickt hat, in seinen Wagen steigt und nach Belgien, Deutschland oder England fährt, reicht aus, um einen neuen Infektionsherd zu schaffen." Sie schüttelte bedauernd den Kopf.

Erneut ergriff Kalkhaus das Wort. Er unterstützte die Belgierin und Sir Malcolm.

Als Leloupe resigniert die Achseln hob, war klar, dass Frankreich sich nicht gegen diese Schutzvorkehrungen wehren würde. Leloupe schien nicht überrascht. Nicole hatte das Gefühl, dass dieser Beschluss schon vor der Sitzung angedacht, wenn nicht sogar ausgehandelt worden war.

Kalkhaus lenkte das Gespräch auf einen anderen Punkt: „Monsieur Leloupe, erlauben Sie mir eine Frage, die auch die Kollegen interessieren wird. Wie weit reichen Ihre Kapazitäten zur Entsorgung der infizierten Ernte? Wie Sie ausführten, vernichten Sie das verseuchte Getreide in Müllverbrennungsanlagen. Wie steht es mit den derzeit und in der nächsten Zukunft anfallenden Mengen? Können Sie die überhaupt bewältigen?"

Leloupe seufzte so ehrlich, dass Nicole dachte, genau das habe er nicht hören wollen.

„Die Entsorgung ist in der Tat eine logistische Herausforderung. Verbrennen ist eindeutig die optimale Methode zur Vernichtung des befallenen Getreides. Durch die im Moment anfallenden Mengen sind die lokalen Anlagen allerdings überfordert. Wir müssten die verseuchten Pflanzen zum nächsten verfügbaren Ofen manchmal hundert Kilometer weit fahren, wenn wir sie sofort vernichten wollten. Damit riskieren wir, dass wir die Pilze noch schneller verbreiten. Um dieses Problem zu umgehen, transportieren wir nichts mehr aus den infizierten Gebieten heraus. Wir lagern das verseuchte Getreide auf dem Gelände der jeweils nächsten Verbrennungsanlage. Diese sollten mit dem Engpass bald fertig werden. Die zwischengelagerten Mengen werden so gesichert, dass nichts herausdringen kann."

Leloupe wischte sich den Schweiß von der Stirn. Nicole hatte Mitleid mit ihm, schließlich war es nicht seine Schuld, dass sich die Clavicepsseuche ausgerechnet in Frankreich verbreitet hatte. Das war einfach Pech. Mutationen kennen keine Grenzen. Sie treten irgendwo auf, und der, den es trifft, hat einfach nur Pech gehabt. Oder auch Glück – hin und wieder, allerdings sehr selten, gab es ja auch positive Mutationen.

Leloupe beschloss, in den nächsten sauren Apfel zu beißen.

„Ich kann Ihnen versichern, dass die Kapazitäten der Verbrennungsanlagen mit angemessener Zwischenlagerung ausreichen werden. Einen Engpass haben wir aber derzeit bei den Erntemaschinen. Das heißt, nicht bei den Maschinen selbst, sondern bei den Filtern für die Belüftung. Spezialfilter mit hoher Dichte, die einzigen, die den giftigen Staub effektiv herausfiltern, sind ausverkauft, und die Hersteller kommen mit der Produktion nicht mehr nach. Ebenso schwierig ist die Lage bei den Hepafiltern für Atemmasken. Wir sind dazu übergegangen, Gasmasken aus Armeebeständen an die Bauern auszugeben. Ja, ich will nichts beschönigen, meine Damen und Herren, alle Krankenhäuser im Süden Frankreichs sind ausgelastet mit Ergotaminvergiftungen, und in der Region um Bordeaux hatten wir bekanntlich bereits einige Todesfälle."

Sir Malcolm meldete sich zu Wort.

„Wie hält es Frankreich mit dem offiziellen Status dieses Claviceps? Ich würde meinen, dass dieser Pilz zum Seuchenerreger erklärt werden sollte, der mit entsprechenden Sicherheitsauflagen und Dokumentationen behandelt werden muss."

Leloupe hob beruhigend die Hand.

„Das haben wir bereits veranlasst. Wir würden es begrüßen, wenn auch Ihre Länder entsprechend verfahren würden. Falls wir uns darüber einigen können, sollten wir eine europaweite Einstufung zu einem zentralen Punkt unserer abschließenden Presseerklärung machen. Ein Problem bringt das aber für die Forschung."

Leloupe wandte sich entschuldigend an die Wissenschaftler.

„Das Arbeiten mit dem aggressiven Claviceps ist bei dieser Klassifizierung nur noch in Sicherheitslabors der Stufen S2 und darüber möglich. Sicherheitsstufen S1 und L1 scheiden dem Gesetz nach aus. Selbstverständlich werden wir unser Möglichstes tun, Ihnen die Arbeit zu erleichtern. Mit einer speziellen Ausführungsbestimmung haben wir den Umgang mit Claviceps im INRA auch in der Stufe S1 zugelassen."

Leloupe nahm einen Schluck Wasser.

„Wie Sir Malcolm vorhin bereits gefordert hat", fuhr er fort, „wird unser Ministerium Ihnen Sondermittel zur Verfügung stellen. Wir versuchen, unser Möglichstes zu tun, aber wir müssen alle Gelder politisch durchsetzen. Sie wissen selbst, dass dies nicht immer einfach ist. Ich hoffe, dass auch die Kollegen der anderen Länder entsprechend verfahren und zusätzliche Forschungsmittel zugänglich machen."

Er sah François fast flehend an. „Bitte nutzen Sie die Ressourcen. Das Land und die Menschen brauchen Ihre Ergebnisse!"

Nach der Besprechung entmischten sich die beiden Welten. Die Wissenschaftler schlenderten getrennt von den Politikern durch Petit France, dem engsten Teil der Straßburger Altstadt, und setzten sich zu Flammkuchen und Kronenbourg Bier in die

„Drei Musketiere". Sie bestellten alle Varianten der elsässischen Pizzas, ließen eine nach der anderen auftragen. Als jüngste Frau in der Runde hatte Nicole die Ehre, den ersten Flammkuchen anzuschneiden. Sie schob Felix, der gedankenverloren neben ihr saß, das erste große Stück mit Käse, Schinkenspeck, Zwiebeln und saurer Sahne auf den Teller.

Ihm ging immer noch durch den Kopf, wie zivilisiert sich die Politiker über die Krise unterhalten hatten. Wie cool die Verwaltungstypen waren, obwohl sich im Land eine Katastrophe abzeichnete und klar war, dass in der Bevölkerung nur zu bald Panikstimmung ausbrechen würde.

Als er das laut äußerte, ging German als Erster darauf ein. „Na ja, stimmt schon, die Diplomaten hören sich sehr gelassen an. Andererseits hilft Verzweifeln nicht weiter. Wir können unsere Forschungsarbeit ja auch nur dann ruhig und sauber erledigen, wenn wir eben nicht in Panik verfallen. Wir müssen den Pilz beackern, bis wir ihn kleingekriegt haben, und das geht nur mit sicherer Hand. Ständig an die Probleme auf den Feldern zu denken, würde dich nur lähmen und keinem wäre geholfen."

Auch François nahm die Haltung der Beamten in Schutz. „Vergiss nicht, dass irgendjemand sich nüchtern darauf vorbereiten muss, die anstehende Panik in den Griff zu bekommen. Jemand muss dafür sorgen, dass die Leute sich vernünftig verhalten, und den Schaden möglichst gering halten. Das ist der eine Job der Politiker und Bürokraten. Der andere ist, Abhilfe gegen Claviceps zu organisieren. Sie müssen uns unterstützen und Geld lockermachen. Damit geben sie die Verantwortung im Grunde an uns ab. Die chemische Industrie steht mit leeren Händen da, obwohl ich mir sicher bin, dass sie alle Geschütze und Tricks der modernen Chemie auffahren. Mit einem Mittel gegen den Claviceps wäre im Moment viel Geld zu machen – und politisches Prestige."

François hob die Bedeutung der Wissenschaftler nicht aus Überheblichkeit hervor, es war ihm ernst mit der Verantwortung.

Allein auf ihnen ruhte jetzt die Hoffnung, ein Gegenmittel zu finden, bevor Europa von Claviceps aufgefressen wurde.

Nicole nickte. „Trotzdem muss ich immer wieder an die Berichte aus den Krankenhäusern denken. Mir wird ganz anders, wenn ich mir die Todeskrämpfe der Vergifteten vorstelle. Wahrscheinlich werden wir nie genau erfahren, wie viele an Claviceps gestorben sind und noch umkommen werden. Bestimmt weit mehr, als die Statistiken zugeben. Als Todesursache wird man alles Mögliche anführen – von Atemnot bis Herzinfarkt, von Nierenversagen bis zum Hirnschlag. Das steht dann als Befund auf dem Todesschein."

François spülte das letzte Stück Flammkuchen mit einem großen Schluck Bier herunter. „Wir brauchen Fakten, damit nicht noch mehr Journalisten und radikale Umweltgruppen mit Spinnereien à la geheime Militärlabors anfangen. Habt ihr diesen Schwachsinn gesehen?"

Er griff nach seiner zerschlissenen Ledertasche, wühlte darin herum und holte einen Aktendeckel heraus. Aus dem Sammelsurium von Zeitungsausschnitten zog er schließlich einen unsauber ausgeschnittenen Artikel heraus.

„Die Meldung stammt aus der *Le Monde* vom sechsten August. Ich übersetze sie wohl am besten für alle ins Englische. Die Überschrift lautet: ‚Die Weizenpest in Frankreich – ein militärischer Unfall?' Dann folgt der Text: ‚In Südfrankreich wütet die Pest auf den Getreidefeldern. Das Ministerium für Landwirtschaft gibt die gesamte Ernte im Süden und Südwesten des Landes verloren. Der pathogene Pilz Claviceps hat inzwischen 14 Menschenleben gefordert. Die Wissenschaftler sind ratlos. Sie haben kein Mittel, die Seuche aufzuhalten. Zufall? Umweltorganisationen vermuten, dass Militärs diesen Pilz als biologische Waffe entwickelt haben. Sie behaupten, die Armee habe den hochaggressiven Organismus absichtlich freigesetzt. Dabei sei der Pilz außer Kontrolle geraten. Die radikale Organisation *Grüner September* wirft dem Geheimdienst vor, ein Gegenmittel zu

besitzen, es aus Geheimhaltungsgründen aber nicht freizugeben
…' Und so weiter und so fort."

François faltete den Zeitungsausschnitt bedächtig zusammen
und legte ihn zurück in die Mappe. „Das ist *Le Monde*. Ihr wisst
ja, dass sie mit solchen Behauptungen normalerweise vorsichtig sind, die grünen Spekulationen zur Geheimwaffe kommen ja
auch nur als Zitate vor. Dennoch verbreiten sie diese blöde Idee.
Die Leute lesen das und behalten im Kopf, dass das Militär den
Claviceps verbrochen hat und das Gegengift nicht herausrückt.
Von da aus ist es nur ein winziger Schritt zur üblen Gentechnik
im Allgemeinen und den bösen Wissenschaftlern im Besonde-
ren."

Er winkte der Bedienung und fragte in die Runde: „Nehmen
wir noch eine Tarte? Aber sicher, ein kleines Stückchen verträgt
jeder noch." Zum Herunterspülen bestellte er zugleich Bier für
alle.

„Wie weit sind wir mit der Forschung?", fragte er German, um
das Thema zu wechseln.

Die Runde wachte merklich auf und sah Felix und Nicole, die
Jüngsten im Kreis, erwartungsvoll an. Der Italiener, der Schwede,
die Belgierin und der Engländer waren erfahrene Wissenschaftler. Sie wussten, dass vor allem die jungen Leute die Wissenschaft
weiterbringen, während die alten darüber reden. Der Engländer
hatte bisher kein Wort gesagt. Bei der Konferenz und auch beim
Essen hatte er vor sich hingestarrt. Nicole war aber nicht entgan-
gen, dass er der Diskussion aufmerksam gefolgt war.

Nicole und Felix erzählten offen von ihren Untersuchungen.
François und German hatten ihnen eingeschärft, angesichts der
Krisensituation dürfe und könne es keine wissenschaftlichen Geheimnisse und Konkurrenten mehr geben. Zumindest war das
die internationale Leitlinie in Sachen Claviceps. Also berichteten
sie von ihren Arbeiten und den Fortschritten in Kyoto und Stanford, während François und German ergänzten. Alle waren sich

darin einig, dass jetzt gegenseitige Hilfe und Unterstützung bei den Forschungen angesagt war.

Vor dem Restaurant nahm German François kurz zur Seite. „Nicole und Felix sollten ihre Termine selbst absprechen, meinst du nicht? Sie wissen am besten, wie sie ihre Experimente einrichten müssen."

François nickte und deutete lächelnd auf das Paar. Nicole hatte Felix untergehakt. „Klar, alles Weitere sollen die beiden unter sich ausmachen", erwiderte er vieldeutig.

Vergiftung durch infizierten Grünkern

Das Landwirtschaftsministerium von Aquitaine warnt dringend vor dem Verzehr von Grünkern. Der Wirtschaftskontrolldienst der Region hat bei jüngsten Untersuchungen festgestellt, dass die neue Ernte durch den neuen Pilz Claviceps verseucht ist. An der Vergiftung durch den infizierten Grünkern starb gestern im Krankenhaus der Université II in Bordeaux ein achtjähriger Junge. Er hatte nach der Schule die von seiner Mutter vorbereitete Grünkernsuppe aufgewärmt. Die Mutter fand ihren Sohn bewusstlos auf dem Boden in seinem Zimmer, als sie von der Arbeit nach Hause kam. Nach Auskunft von Dr. Marlène Maière, der behandelnden Ärztin im Krankenhaus von Bordeaux, hatte der Junge so viel von dem Gift aufgenommen, dass er nicht mehr gerettet werden konnte. Alle Biokostläden und Bio-Abteilungen der Supermärkte haben Grünkern auf behördliche Anweisung hin inzwischen aus dem Handel genommen. *(AFP)*

(Aus: Le Jour, Ausgabe Bordeaux)

16 Ulm, Deutschland

Anne und Felix bereiteten Medien und Platten für die Transformationen vor. Die Platten mussten beschriftet und die Bezeichnungen ins Protokollheft eingetragen werden. Wie notwendig dies war, hatte Felix schon in den ersten Wochen im Labor gelernt. In seinem Kühlschrank hatten sich damals Stapel von Platten und Eppendorf-Gefäßen angesammelt, die mit 1, 2, 3 oder A, B, C beschriftet waren. Schon am nächsten Tag hatte er nicht mehr gewusst, was A und was 1 bedeutete. Auf den Petrischalen mit dem trüben Agar sahen die Pilzzellen alle weißlich-grau aus. Nur tote Zellen unterschieden sich von lebenden. Aber auch bei den toten musste man genau verfolgen können, welche es waren, die abgestorben waren. Er hatte den Versuch noch einmal machen müssen. Drei Tage harte Arbeit verloren.

Es war sieben Uhr abends, als Felix und Anne die Labortür hinter sich abschlossen. Hoffentlich hatten sie an alles gedacht. Peinlich, morgen früh feststellen zu müssen, dass sie den Transformationspuffer nicht kaltgestellt oder das Antibiotikum vergessen hatten. Kam trotz aller Sorgfalt immer mal vor.

Ehe Felix sich von Anne verabschiedete, fragte er nach Klaus – schließlich hatte er German versprochen, sich um seine Kollegin zu kümmern. „Läuft bei euch alles wieder einigermaßen?", erkundigte er sich vorsichtig.

„Ich hab Klaus ausführlich erzählt, was hier derzeit im Labor passiert und wie wichtig unsere Arbeit auch international gesehen ist. Seit er von der Pilzseuche Genaueres weiß, schneidet er sogar jede Zeitungsmeldung, die er zum Thema findet, für mich aus. Ich glaub, irgendwie ist er stolz auf mich. Er entlastet mich auch viel mehr im Haushalt. Ja, es läuft jetzt besser bei uns. Klaus zuliebe war ich am Wochenende dann auch auf einem Konzert, wo er und seine Kumpels Crossover von Jazz und Hardrock gespielt haben. War wirklich toll. Jetzt weiß zumindest jeder vom anderen, was er treibt. Wenigstens ein Gutes hat dieser Pilz also bewirkt – so zynisch das klingen mag."

Felix verkniff es sich zu erzählen, dass der Claviceps auch sein Liebesleben beflügelt hatte. Anne gegenüber hatte er Nicole bisher nur beiläufig erwähnt.

„Falls der Stress hier irgendwann vorbei ist, können wir ja was zusammen trinken gehen, wenn Klaus abends mal Zeit hat. Damit er auch deinen engsten Mitstreiter in der Schlacht gegen den Pilz kennenlernt."

„Klar, machen wir, wird ja auch mal Zeit, nachdem du schon so viel über ihn weißt." Anne grinste. „Na dann, bis morgen." Sie ging zum Fahrradständer hinüber, Felix zum Parkplatz.

Felix brauchte seinen uralten Polo nicht zu suchen. Nachdem die Mediziner in ihren Glanzkarossen das Feld geräumt hatten, konnte man sein Gefährt kaum übersehen. Einsam, aber auffällig rostete es in seiner Ecke vor sich hin.

Heute Abend würde er Manfred in der „Gans" treffen. Hoffentlich löcherte der ihn nicht wegen Nicole. Leichtsinnigerweise hatte er ihm von ihr erzählt, und Manfred hatte ihm vom Gesicht abgelesen, dass er schwer verliebt war.

Er erinnerte sich an das wunderbare Gefühl, als ihre Hand gestern Abend in seinem Arm gelegen hatte. Der lange Kuss zum Abschied war aufregend gewesen. Sie mochte ihn, das war ihm schon irgendwie klar. Aber wie sehr? Konnte sie sich eine Beziehung mit ihm vorstellen? Und wenn, was für eine?

Glücklicherweise sprang der Wagen sofort an. Während er vom Parkplatz auf die Straße bog und die Route nahm, die er in- und auswendig kannte, dachte er weiter über Nicole im Speziellen und Beziehungen im Allgemeinen nach. Das Zusammenleben von so verschiedenen Menschen wie Anne und Klaus stellte er sich ziemlich kompliziert vor. Anne stand oft schon auf, wenn Klaus vollgepumpt mit Adrenalin von einem Gig nach Hause kam. Klaus gab spontanen Ideen nach, Anne hielt sich an die Disziplin des Labors. Klaus setzte seine Kreativität in eigene

Kompositionen um und ließ seiner Fantasie dabei freien Lauf, Anne setzte ihre Kreativität dafür ein, nach Lösungen in mühsamen wissenschaftlichen Experimenten zu suchen, deren Rahmen in der Regel vorgegeben war. Andererseits waren solche Gegensätze sicher auch faszinierend: Zwei Welten, zwei Lebensauffassungen stießen dabei aufeinander. Anne und Klaus mussten sich buchstäblich immer wieder zusammenraufen.

Ihm selbst wäre das neben all der Forschungsarbeit zu anstrengend gewesen, wie er vermutete. Mit seiner früheren Freundin, die ihr Studienfach Chemie geliebt hatte, waren solche Probleme nie aufgetreten. Ihre Probleme waren anderer Art gewesen: Sie hatte seine Lockerheit, Lässigkeit, die sie Nachlässigkeit genannt hatte, nicht gemocht. In vielen Dingen war er schludrig, wie er wusste: angefangen vom Auto, das dringend in die Werkstatt gehört hätte, über die oft zerknitterten Klamotten bis zu ungespülten Kaffeetassen mit braunem Rand. Das galt jedoch nicht für seine wissenschaftliche Arbeit. Von Kindheit an hatte er allen Dingen auf den Grund gehen wollen und seine Eltern so oft mit komplizierten Fragen gelöchert, dass sie sich ihrerseits manchmal fragten, wer ihnen dieses Kuckucksei ins Nest gelegt hatte. Wie kommt es, dass Pflanzen aus einem Samen wachsen?, hatte er schon als Sechsjähriger wissen wollen. Wieso werden Hunde und Katzen nicht so alt wie Menschen? Was passiert, wenn wir sterben?

Sein Vater, der bei einer Bank arbeitete, und seine Mutter, die als Halbtagssekretärin bei einer Versicherung angestellt war, gingen im Kleinkram des Alltags auf und hatten wenig Geduld mit ihm. Und er in der Pubertät wenig Geduld mit ihnen und ihrer kleinen Welt. Geholfen hatte ihm in dieser schwierigen Zeit sein Biologielehrer, der ihn gefördert hatte und fast so etwas wie ein älterer Freund geworden war. Er war es auch gewesen, der ihn dazu ermutigt hatte, die Enge der Kleinstadt und der Familie hinter sich zu lassen und sich an der Universität Freiburg für das Fach Biologie zu immatrikulieren.

Auch Nicole kam aus eher kleinbürgerlichen Verhältnissen, wie sie über ihr früheres Leben auf dem Land erzählt hatte, schien sich mit ihrer Familie jedoch gut zu verstehen. Er war froh, dass ihr jegliche Arroganz fehlte, bewunderte ihre natürliche, herzliche Art. Vermutlich waren ihre Kindheit und Jugend auf dem kleinen Weingut freiheitlicher und fröhlicher gewesen als seine eigene. Würde er ihre Familie bald kennenlernen? Er hoffte es.

In ihrer Auffassung von wissenschaftlicher Arbeit lagen sie auf einer Wellenlänge, wie sie bereits gemerkt hatten. Ihre Zusammenarbeit klappte hervorragend, da würde es sicher kaum Probleme geben. Da kämpften sie an derselben Front.

Brothers in Arms, dachte er und musste lachen; die Kassette der Dire Straits lag griffbereit auf der Ablage. Er schob sie ins Kassettenfach – zumindest über diesen antiquierten Luxus verfügte der Polo – und drehte die Musik so auf, dass sie den Motor übertönte. Bei der schönen Zeile von den *Fields of Destruction* sang er laut mit und dachte dabei an die vom schwarzen Tod heimgesuchten Felder in Frankreich.

Brothers in Arms: Nicht nur mit Nicole und ihren Kollegen in Bordeaux, auch mit den Forschern in Kyoto und Stanford, in Bordeaux und jetzt auch in England, Italien und Schweden wusste er sich als Waffenbruder.

Natürlich wollte jeder den entscheidenden Durchbruch erzielen, Wissenschaft war immer knallharter Wettbewerb. Auch hinsichtlich Claviceps träumte jeder davon, der Erste zu sein, der ihm den Garaus machte. Doch angesichts der Krise stand die persönliche Karriere jetzt nicht mehr im Vordergrund, denn diese Krise würde man nur gemeinsam lösen können. Japaner, Amerikaner, Franzosen und Deutsche tauschten selbstlos ihre Daten miteinander aus. Jeder wusste über den Forschungsstand der Anderen Bescheid. Vor der Bösartigkeit des Claviceps verblasste das Ego. Zumindest fast. German hatte sogar seine Vorbehalte gegen Bill Winston begraben. Oder vorerst auf Eis gelegt. Diese Zusammenarbeit war wichtiger, als einem Konkurrenten mit irgendeiner schlauen Publikation zuvorzukommen. Felix spürte ein intensives Hochgefühl – aufsteigende Endorphine. Er ritt mit seinem etwas klapprigen Ross in die Schlacht, Mark Knopfler lieferte den Takt.

In seiner Wohnung stand und lag alles wie vorher, keine Fee hatte Ordnung gemacht, irgendwann musste er wohl selbst aufräumen. Er warf seine Tasche auf das Bett, zerrte die schmutzige Wäsche heraus und stopfte sie in den Wäschesack. Den Sack lehnte er an den schönen alten Kleiderschrank, den er bei seinen Eltern auf dem Speicher gefunden hatte. Prompt kippte der übervolle Kleidersack um, dringend Zeit für eine Runde mit der Waschmaschine. Später, irgendwann. Den Wecker, der neben einem Zeitungsstapel am Boden lag, stellte er neben die Bücher auf den Nachttisch. Obenauf lag der neue Wissenschaftsthriller von Axel Brennicke, den ihm German empfohlen hatte. Er hatte noch keine Zeit gehabt, auch nur hineinzuschauen. Auf dem Schreibtisch landeten die Klondaten von Nicole, die musste er morgen ins Labor mitnehmen. Die Tasche flog auf den Schrank, dort konnte sie zwischen den Reisen ausruhen. Für´s Erste war er hier fertig, also nichts wie los. Sicher wartete Manfred schon auf ihn.

„He, unser Weltreisender in Sachen Pilz ist wieder da", begrüßte Manfred ihn so lautstark, dass sich alle Gäste der „Gans" nach ihm umdrehten, und quetschte ihm die Hand, bis Felix aufschrie. Nachdem er sich vorsichtig das Gelenk massiert hatte, stellte er die mitgebrachte Flasche Elsässer Riesling auf den Tisch.

„Hier mal was Anständiges zu trinken für dich, Manfred. Nicht, dass es hier nichts Gutes gäbe", beeilte er sich zu versichern, als Lisa ihm ungefragt ein Bier hinstellte.

„Super, danke", er hob das Glas, nickte Manfred und Lisa zu und nahm einen tiefen Zug.

„Der Service ist woanders längst nicht so gut. Obwohl das Essen in Straßburg nicht schlecht ist. Am Anfang sind diese ‚Flammeküchle' ganz lecker, aber auf die Dauer ein bisschen fettig."

Lisa empfahl ihm die frische Ochsenbrust. Bei dem Gedanken an die helle Meerrettichsoße mit Salzkartoffeln lief ihm der Speichel zusammen.

„Na, was macht dein Pilz, dieser Claviceps?", fragte Manfred. „Der stand sogar schon im *Schwäbischen Anzeiger* auf der ersten Seite. Da hieß es, einige Menschen in Frankreich seien vermutlich daran gestorben. Was heißt da vermutlich? Die Ärzte müssten doch feststellen können, ob und woran die Leute sterben, oder? Sonst behaupten die doch auch immer, sie wüssten alles."

„Bei der Vergiftung mit Claviceps kann das schwierig sein", holte Felix aus. „Das Gift in dem Pilz löst ziemlich allgemeine Symptome aus. Die Leute verhalten sich als Erstes nur komisch und haben Halluzinationen. Und bei Übelkeit, Kopfweh und solchen Sachen brauchen die Ärzte eine Weile, bis sie die Ursache rauskriegen. Meine Kollegen aus Bordeaux haben erzählt, dass sich die Diagnose inzwischen umgekehrt hat. Die Ärzte vermuten jetzt hinter jedem Kopfweh Claviceps.

Aber der Pilz ist meistens nur die indirekte Todesursache. An der Claviceps-Vergiftung sterben die zuerst, die sowieso schon angeschlagen sind. Und im Totenschein steht dann als Todesursache nur selten die Vergiftung an Ergotaminen. Ist ja klar, schließlich sterben laufend Leute an einem schwachen Herz, einer kaputten Lunge oder einer Säuferleber. Der Pilz gibt ihnen nur den Rest."

Manfred nickte. „Ha ja, das ist wie bei den Infektionen mit Grippe. Die zerbröselt auch die, die nicht richtig fit sind. Und hinterher schreibt der Doktor Bechele Herzklabaster oder platte Niere oder so was rein."

Manfred nahm einen tiefen Schluck Bier. „Und jetzt, wie geht's deiner Forschung? Hast du was gegen den Pilz gefunden?"

Felix nahm Lisa dankbar den Teller ab. „Das geht nicht so schnell, Mann. Wir haben ein paar Ideen, aber das wird noch ein bisschen dauern." Er schwieg eine Weile, um sich dem Bier und dem Essen zu widmen.

Manfred klopfte Felix so aufmunternd auf die Schulter, dass er sich fast verschluckt hätte. „Du wirsch des scho noabringe, des wäär do glaacht. Ha jaa, aba jetzele will i 's Wichdigschde wisse." Manfred sah ihn verschwörerisch an. „Was ist denn jetzt mit dem Mädle da in Bordeaux? Hat es geklingelt? Wie weit bist du mit der?"

Felix konnte gar nichts erwidern, da er den Mund voll hatte, aber das interessierte Manfred nicht. „He, du wirst ja rot. Hat's dich also voll erwischt. Wurde aber auch Zeit, ist doch prima. Jetzt musst du die Kleine mal mitbringen, dass ich sie mir ansehen kann. Wann kommt sie?"

Felix schluckte das halb gekaute Fleisch herunter und schüttelte verlegen den Kopf. „Das weiß ich noch nicht. Erst mal werde ich wieder nach Bordeaux fahren. Wahrscheinlich schon Ende der Woche, je nachdem, wie die Experimente laufen. Schließlich können wir nicht dauernd die genetisch manipulierten Pilze durch Europa schleppen."

„Ah, das ist der Vorwand, alles klar. Dir ist keine Ausrede zu schade", lachte Manfred.

Er klopfte mit dem Finger an die Weinflasche. „Danke übrigens für die Flasche. Aus Bordeaux will ich aber auch eine. Eine schöne rote. Die machen wir dann zusammen mit deinem Mädchen nieder."

Die beiden blieben noch ein Weilchen sitzen und ließen Pilz Pils sein, während Manfred vom undichten Rathausdach und Löchern in der Gemeindekasse berichtete, die den Neubau des Kindergartens verzögerten. Nach dem dritten Bier brachen sie auf, da Manfred sehr früh aufstehen musste.

Am nächsten Morgen zogen Anne und Felix die Transformationen durch. Bis zum Nachmittag hatten sie die klonierten Gene aus Kyoto, Stanford und Bordeaux durch Elektroschock in die Pilzzellen geschleust. Die transformierten Clavicepse strichen sie auf Agar aus und stellten die Platten in die Brutschränke. Erst vor ein paar Tagen hatte Nicole einen Klon mit dem Claviceps-Gen für das CDC92 Protein konstruiert bekommen, das sie in Bill Winstons Labor in Stanford gefunden hatte. In Straßburg hatte sie Felix die DNA mitgegeben. Der Klon in dem Standard-Vektor für Bakterien war im Vergleich zur Hefe in der Datenbank noch unvollständig, vorn schien ein kleines Stück zu fehlen. Sie hatten beschlossen, diesen Klon trotzdem zu probieren, der größte Teil des Gens aus dem Claviceps sah richtig aus. Vor der Transformation in die Pilzzellen mussten sie das Gen aber zuerst in den dazu passenden Transformationsvektor für den Pilz einbasteln. Die Ligation, die Verknüpfung zwischen der Vektor-DNA mit den für den Pilz passenden Steuerzeichen und dem DNA-Molekül aus dem Bakterien-Vektor, sollte über Nacht im Wasserbad bei 10 °C inkubieren. Es brauchte langsame Molekülbewegungen bei niedriger Temperatur und damit viel Zeit, bis die Enden der DNA-Moleküle sich fanden und von dem Enzym Ligase verbunden werden konnten.

Nachmittags saßen Felix und Anne zur Kaffeepause im Besprechungsraum. Anne berichtete. Sie hatte mit verschiedenen Testbedingungen experimentiert. Sie sollten zeigen, ob irgendetwas den aggressiven Stamm in seine Schranken verweisen konnte.

„Ich habe die Resistenz des Pilzes gegen Kälte getestet, damit wir sehen, wie gut der neue Claviceps den Winter durchhält."

Anne nahm einen Keks aus der fast jeden Tag wie magisch neu gefüllten Dose. „Es zeigt sich aber kaum ein Unterschied zu den normalen Stämmen. Bei minus fünf Grad Celsius sind die Pilzzellen nach vierundzwanzig Stunden tot. Damit werden sie den Winter bei uns kaum überleben. Ebenso wenig in Dänemark oder Schweden. In Frankreich und in vielen Gegenden von England dagegen, im Süden sowieso, dürfte der neue Stamm den Winter als normale Pilzzelle durchstehen. Nur zwölf Stunden bei minus fünf Grad sind zu wenig, da überleben noch ungefähr zehn Prozent. Die normale Kühlschranktemperatur von plus vier Grad packen achtzig bis neunzig Prozent der Zellen. Im Gewächshaus haben fast alle Pilzzellen aus dem Kühlschrank neue Blätter infiziert."

Anne zuckte bedauernd die Schultern. „Mehr Temperaturen konnte ich nicht untersuchen, du weißt ja, wie aufwendig jedes Experiment ist. Es geht ja nie so schnell, wie man möchte."

Anne nahm noch einen Keks und redete kauend weiter. „Okay, dann habe ich UV-Bestrahlung getestet, verschiedene Intensitäten und Wellenlängen. Eine UV-Bestrahlung mit Wellenlängengemischen und Intensitäten, entsprechend etwa drei Tagen auf dem Gipfel vom Mont Blanc bei strahlendem Sonnenschein ohne Wolken, bringt vierzig Prozent um. Das heißt, um Claviceps merklich zu dezimieren, musst du eine Menge UV auf ihn loslassen. Das können wir im Gewächshaus mit ein paar zusätzlichen UV-Lampen schaffen. Ich habe das gestern an die anderen geschrieben. Das hilft ihnen vielleicht beim Sauberhalten der Gewächshäuser. Aber auf dem Feld nützt das nichts. Wir können schlecht halb Frankreich mit so einer UV-Dosis bombardieren."

„Bald ganz Frankreich und halb Deutschland."

„Du hast also mitbekommen, dass er jetzt auch bei uns aufgetaucht ist. Aber die letzten Meldungen über Hessen hast du noch nicht gesehen, oder?"

Anne kramte in dem Papierstapel auf dem Kaffeetisch und hielt Felix eine aus der *FAZ* gerissene Seite hin. „Hier lies mal. Der Claviceps macht jetzt auch bei uns die Runde."

Ein großer Raum um das Gambacher Kreuz zwischen Gießen und Frankfurt wurde als gefährdet eingestuft. Felix war verblüfft. „Kaum ist man ein paar Tage weg, schon wird eine ganze Gegend zum Seuchen- und Katastrophengebiet erklärt."

Er las einen Satz vor. „Das Landwirtschaftsministerium hat angeordnet, alle Felder in diesem Raum abzumähen und das Getreide zur Vernichtung in die nächsten Müllverbrennungsanlagen einzuliefern. „Aha, das haben sie den Franzosen abgeguckt", sagte er. „Ist vernünftig. Aber typisch, dass sich keiner von den ministerialen Landwirtschaftstypen mit uns abspricht. Wir erfahren das erst aus der Presse."

Felix warf das Blatt auf den Tisch.

„In Straßburg war es genau so. Die Bürokraten und Politiker wollen nur Informationen haben, geben selbst aber so wenige wie möglich. Druck weichen sie aus und geben ihn weiter, diesmal an uns. Wir sollen ihnen sagen, wie sie auf der richtigen Welle reiten können. Bloß Medienträchtigkeit im Auge, Popularitätsindex, Stimmen für die nächste Wahl. Dass der Claviceps unpopuläre Maßnahmen braucht, das wollen sie nicht hören. Und dass es ohne Geld für Forschung und Leute nicht geht, muss man ihnen immer wieder reindrücken, darin ist François richtig gut, aber German schlägt sich ja auch ganz wacker. Na ja, was soll's. Sag mal, hast du schon Detergenzien getestet?"

„Mann, Felix, das wollte ich dir gerade erzählen, aber du lässt einen ja über deinem Gemaule nicht zu Wort kommen. Also, ich habe versucht, den Claviceps mit Reinigungs- und Waschmitteln von infizierten Pflanzen abzuwaschen. Mit den schärfsten Sachen geht es, aber schlecht. Rohrreiniger, also Natronlauge, bringt den Pilz um, aber leider auch den Roggen. Und macht nebenher den Boden unbrauchbar. Ebenso harte synthetische Detergenzien. Die ultimative Antwort ist also Radio Eriwan: Im Prinzip ja, aber praktisch kann man alles vergessen. Für den Einsatz im Feld kommt das Zeug nicht in Frage."

„Mist. Hast du noch Kandidaten auf Lager?"

„Nee, nix mehr in der Trickkiste."

Am übernächsten Tag untersuchte Felix die neu transformierten Zellen. Nach etwa 50 Agarplatten inspizierte er diejenige, auf der sie eines der Gene aus Japan für die Transformation eingesetzt hatten. Es war das Gen, das sie in dem aggressiven Claviceps aus Bordeaux erstmals entdeckt hatten, als er in Kyoto gewesen war.

Er legte die Platte unter das Mikroskop: völlig leer! Außer an den Stellen, an denen er von vornherein die Pilzfäden, die Hyphen aufgetragen hatte, war die Oberfläche des gelierten Mediums spiegelglatt und frei von Hyphen. Sie hatten sich nicht weiterverbreitet! Felix atmete erleichtert aus. Das war ein sauberes Ergebnis. Dieses Gen, was immer es war, war essenziell für das Wachstum und die Teilung der Zellen, wie das negative Ergebnis – das „Nullwachstum" – bestätigte.

Felix hob die nächsten Platten vom Stapel. Zwanzig Platten später war eines der beiden Oberflächengene aus Stanford dran, das Ähnlichkeit mit CDC92 aufwies. Felix stutzte, drehte die Agarplatte, hob eine Seite an. Tatsächlich, die Pilzfäden schimmerten anders, nicht ganz so weiß wie die normalen Hyphen. Eher stumpf gräulich. Vielleicht war dies ein wichtiges Oberflächenprotein in oder auf der Zellwand. Allerdings war das Gen nicht notwendig für das Wachstum an sich, sonst wäre die Platte nach der Gentransformation in den Pilz leer gewesen.

„Endlich Licht im Tunnel", freute sich German, als Felix Bericht erstattete. „Jetzt müssen wir herausfinden, welche Rolle die von diesen Genen codierten Proteine erstens im Bordeaux-Stamm und zweitens im normalen Claviceps spielen."

Etwas später winkte Felix German zu seinem Computerbildschirm herüber. „Schau her, habe eben angefangen, den Bericht für deine Unterlagen schriftlich zusammenzufassen. Den Text können wir dann an alle weiterschicken. Sobald ich durch bin, maile ich dir die Story rüber. Dann kannst du sie noch mal durchgehen und nach Kyoto und Stanford schicken."

„Wunderbar, vielen Dank. Dann mach dich demnächst mal wieder auf den Weg, Felix. Bordeaux erwartet dich."

Flughäfen sind ungeschützte Einfallschneisen für die Getreidepest

„Wir wissen, dass wir an den Flughäfen ein Problem haben", verkündete jüngst Ursula Glaubitzke, Sprecherin des Bundesministeriums für Landwirtschaft. Doch bis jetzt ist wenig davon zu merken, dass die verantwortlichen Stellen daran arbeiten, dieses Problem zu lösen. Die von Frankreich eingeschleppte Pilzseuche könnte längst in einem Berliner Schuhständer oder einer Münchener Garderobe lauern, denn die Kontrollen auf den deutschen Flughäfen sind viel zu lasch. Im Pariser Flughafen Charles de Gaulle finden die Passagiere auf dem Schalter der Lufthansa einen eng beschriebenen Zettel, auf dem der deutsche Zoll dezent darauf hinweist, dass in Frankreich der Getreidepilz Claviceps umgeht. Reisende werden gebeten, Lebensmittel in einen Müllsack zu werfen. Niemand beachtet die Blätter.

Kontrolle der Flughäfen ist Ländersache, aber die Länder behaupten, sie hätten nicht genügend Personal. Dieter Starck (58), Grenzveterinär beim Flughafen Berlin-Tegel, ist unzufrieden. Es seien zwar Desinfektionsmatten ausgelegt worden, aber die Leute hätten die Wanderschuhe, mit denen sie in der Natur unterwegs waren, in der Regel im Rucksack. Und Rucksäcke werden nach wie vor nicht überprüft. Hilflosigkeit bei den Airlines, Flughäfen und Ländern. Eile bei den Passagieren, die aus dem Flieger hetzen. Keine Zeit, an die Seuche zu denken.

Es geht auch anders, das zeigt das Beispiel Neuseeland. Im Flugzeug muss jeder Reisende auf einem Formular angeben, ob er Schuhe mit Profil einführt, ob er

Nahrungsmittel dabei hat oder sich in den letzten Wochen in einem landwirtschaftlichen Betrieb aufgehalten hat. Mit Hunden sucht der Zoll nach Lebensmitteln. Durchleuchtungsgeräte prüfen jeden Koffer bei der Einreise. Zusätzliche Spürhunde werden ausgebildet, und 20 neue Suchgeräte sind bestellt.

In Deutschland, in dessen unmittelbarer Nachbarschaft die Seuche wütet, ereignete sich indes kürzlich folgende Szene, wie uns verblüffte Augenzeugen berichteten: Auf dem Frankfurter Flughafen schauen zwei Zöllner gelangweilt auf den Strom der Ankömmlinge aus Paris. Ein Passagier mit Rucksack und angehängten Wanderstiefeln bleibt stehen und sieht den linken Zöllner erwartungsvoll an. „Ach ja", sagt der Zollbeamte, „waren Sie in Frankreich auch auf dem Land unterwegs oder in der Nähe landwirtschaftlicher Betriebe? Nein? Also nur in Paris und Umgebung? Na denn, schönen Abend noch."

(Aus: DIE WELT)

17 Bordeaux, Frankreich

Nicole holte ihn vom Flughafen ab. Felix war bis Straßburg mit dem Zug gefahren und von dort nach Bordeaux geflogen. Die letzte halbe Stunde in dem Propellerflugzeug stieg das Ziehen im Bauch höher. Dabei lag das Flugzeug zwar laut, aber ruhig in der Luft. Es musste die Vorfreude auf Nicole sein.

Zur Begrüßung umarmte Nicole ihn strahlend. Er ließ die Reisetasche zu Boden plumpsen und hätte sie beim Weitergehen fast vergessen, wäre er nicht darüber gestolpert. Plötzlich fiel ihm etwas ein. Er blieb stehen, griff in die Tasche und zerrte den noch in Japan hübsch verpackten Glücksbringer heraus. „Hier, für dich. Ein Mitbringsel aus Kyoto. Ich hab dort oft an dich gedacht."

Entzückt packte Nicole das Glöckchen aus und musterte den daran befestigten Zettel. „Was bedeuten die Zeichen?"

„Wenn ein langer Mensch in dein Leben tritt, halte dein Glück fest", erklärte Felix mit todernster Miene.

„Ach Quatsch, das hast du bestimmt erfunden."

„Na ja, wörtlich übersetzt sind das angeblich Wünsche für ein langes, glückliches Leben. Dichterische Freiheit meinerseits."

Erneut umarmte sie ihn. Eng umschlungen schlenderten sie zum Ausgang.

Nur gut, dass er die Kochanleitungen für die Transformation aufgeschrieben hatte. Sein Kopf war wie leer gefegt, er sah nur Nicole. Als sie sich ans Lenkrad setzte und den Wagen startete, legte er ihr eine Hand auf den Oberschenkel. Er hörte kaum auf das, was sie über die Konferenz in Straßburg bemerkte, bis sie schließlich das Thema wechselte und ihn mit dem Ellbogen anstieß.

„Also was ist, wie geht es deinen Transformationen? Hast du die Gene aus der Honigtausynthese schon getestet? Die, die Anne untersucht hat?"

Er brauchte einen Moment, um in die Wirklichkeit zurückzufinden. Um sich besser konzentrieren zu können, zog er die Hand zurück.

„Anne braucht noch drei, vier Tage für die Klonierungen. Sie muss erst die Gene in die richtigen Plasmidvektoren einbauen und als Klone in Bakterien vermehren. Wenn wir sie ausschalten, werden wir sehen, ob der Claviceps auch weiterhin Honigtau macht oder die Produktion einstellt. So wie es bei eurem Monsterstamm zu sein scheint."

„Das ist nicht unser Monsterstamm", unterbrach Nicole. „Wir können nichts dafür, dass Claviceps in Frankreich mutiert ist."

War Nicole beleidigt? Felix warf einen Blick zu ihr hinüber. Sie lächelte, während sie den Verkehr im Rückspiegel beobachtete und von der Schnellstraße auf die Landstraße zum INRA abbog.

„Okay, okay", lachte er. „Es ist unser aller Monster. Zufrieden?" Er streichelte ihren Arm.

„Und was gibt's Neues bei euch? Du bist so guter Laune, als ob etwas Gutes passiert wäre." Felix grinste sie an. „Bestimmt weil ich wieder da bin."

„Das will ich nicht mal ausschließen. Ich bin wirklich froh, dass du wieder hier bist." Nicole schüttelte die Haare aus dem Gesicht und blickte auf die Straße. „Aber ich habe auch ein paar äußerst interessante Experimente gemacht. Bin gespannt, was du dazu sagst."

Als er stattdessen das Radio lauter stellte – es lief gerade das uralte *Wild World* von Cat Stevens, das er mochte – und laut mitzusingen begann, um Nicole ein bisschen zu necken, stieß sie ihm erneut in die Rippen und stellte das Radio wieder leiser. „Na los, frag schon. Du brennst doch darauf, zu hören, was ich für eine Idee hatte."

„Also gut", gab er zu und ließ eine Hand durch ihr Haar gleiten. „Welche geniale Idee hast du ausgebrütet?"

„Erinnerst du dich, dass ich schon vor längerer Zeit in Absprache mit François die Ko-Kultivierung mit normalem Claviceps probiert hatte, um zu sehen, ob wir den sexuellen Zyklus dadurch wieder in Gang bringen können? Um zu checken, ob wir damit die Bildung der Mutterkörner starten und das abnormal schnelle Wachstum der Pilzfäden stoppen könnten?"

„Ja, hast du mir neulich erzählt. Der Monsterpilz ist aber einfach weitergewachsen und hat den normalen Stamm überwuchert. War es nicht so?"

„Stimmt, das waren die ersten Versuche. Jetzt habe ich aber noch ein paar andere Stämme von Isolaten und Sammlungen durchprobiert. Und weißt du, was passiert ist? Ha, das wirst du nie erraten."

„Na was denn? Sag schon." Jetzt war Felix wirklich gespannt.

Sie lachte ihn triumphierend an. „Pass auf, großer Meister. Der Clou ist, dass der Monsterstamm Kreuzungstyp Minus ist! Gebe ich vom normalen Claviceps-Stamm Kreuzungstyp Plus dazu, verschmelzen die beiden Pilzfäden. Dummerweise hatte ich die ersten Versuche seinerzeit jeweils mit Zellen vom Kreuzungstyp Minus gemacht. Erst jetzt bin ich darauf gekommen. Die Zellverschmelzung läuft einwandfrei, sobald du Kreuzungstyp Plus vom normalen Claviceps zum Monster-Claviceps des Kreuzungstyps Minus hinzugibst. Nur Plus-Weibchen und Minus-Männchen bringen es. Na gut, oder umgekehrt."

„Irre, Nicole! Wirklich toll! Das kann noch wichtig werden."

Als sie sich zu Felix hinüberlehnte, um ihm einen Kuss auf die Wange zu drücken, brach der Wagen nach links aus.

„He!" Felix griff entsetzt ins Steuerrad, aber Nicole hatte den Wagen schon wieder im Griff. „Nur eines ist seltsam", fuhr sie ungerührt fort. „Die Pilzfäden verschmelzen und wachsen unverändert weiter. Ich weiß nicht, ob die Zellkerne sich miteinander vermischen oder ob sie einfach nebeneinander in der Zelle liegen bleiben und sich dann weiter teilen."

Felix überlegte. „Aber wenn sich keine Mutterkörner aus-
bilden, keine sexuelle Vermehrung beginnt, heißt das, dass in
dem Monsterpilz ein Gen oder ein Protein aktiv diesen Weg abschaltet und unterdrückt."

„Ganz genau." Als Nicole über sein Bein strich, griff er nach
ihrer Hand und legte sie sanft zurück ans Steuerrad. Zugleich
schlang er ihr den Arm um die Schulter.

„He, hast du etwa Angst?", fragte sie und nahm den Faden sofort wieder auf. „Die Unterdrückung ist also eindeutig dominant.
Vielleicht ist eines der Gene dafür verantwortlich, die wir gerade
transformiert haben. Schließlich sind die im Monsterstamm anders als im normalen Claviceps."

Felix richtete sich aufgeregt auf. Jetzt hatte es bei ihm geklickt.
Er stützte sich auf das Armaturenbrett und nahm den Kopf in
die Hände. „Ja, du hast völlig recht. Wahnsinn! Das heißt, dass
wir mit den transformierten Pilzen direkt testen können, welche Gene einen Einfluss auf das Verhalten des Monsters haben.
Wir müssen sie nur in den Kreuzungstyp Plus des normalen
Claviceps einbringen und danach zum Monster-Claviceps hin-
zugeben. Dann werden wir sehen, ob das Ungeheuer weiterhin
so aggressiv ist. Oder ob ein Gen es zähmen kann." Er nickte
nachdenklich. „Wir müssen die Gene also gar nicht direkt in den
Monsterstamm transformieren."

„Jetzt weißt du, warum ich so begeistert bin", erwiderte Nicole. „Mit diesem Test brauchen wir nur ein paar Tage, bis wir
wissen, ob die Zellen kuriert sind oder nicht. Allerdings", Nicole
streckte den Zeigefinger hoch, „allerdings müssen wir die Pilzzellen leider wie bisher auf echten Pflanzen testen. Das dauert
immer noch eine ganze Weile."

Sie bogen auf den Hof des INRA ein, Nicole stellte den Motor ab, und Felix nahm seine Tasche vom Rücksitz. Er deutete
eine Verbeugung an. „Madame, der Einfall war wirklich grandios.
Das könnte der Durchbruch sein!"

„Ich zähle auf Ihre Unterstützung, Monsieur", gab sie zurück und lachte. Arm in Arm gingen sie zum Laborgebäude hinüber.

In Nicoles Labor zog Felix vorsichtig die Kühlbox aus der Reisetasche. Die in Ulm transformierten Claviceps-Zellen hatte er auf Agarplatten mitgebracht, mit Stretchmembran versiegelt.

Im Seminarraum trafen sie François, der Nicoles Wagen gesehen hatte. Nachdem sie sich herzlich begrüßt hatten, reichte Felix ihm eine Flasche Kirschwasser. „Mit den besten Wünschen von German."

„Oh, wie nett, dass er trotz des Trubels daran gedacht hat." François wandte sich Nicole zu. „Hast du Felix schon von deinen Kreuzungen erzählt?"

Als sie nickte, sah er Felix an. „Spannende Geschichte, meinst du nicht auch? Was war das eigentlich für ein Kreuzungstyp, in den ihr in Ulm eure Transformationen eingebracht habt?"

Felix dachte kurz nach. Nein, er wusste es nicht. Er hatte den üblichen Stamm aus der Sammlung verwendet. Die Linie von Claviceps, die sie immer nahmen. Hilflos zuckte er mit den Achseln.

„Wenn das Typ Plus wäre, könnten wir deine Transformanden nämlich direkt mit dem wild gewordenen Stamm kreuzen, das wäre simpel", erklärte François.

Nicole lächelte triumphierend. „Kein Problem, das hab ich im Stammverzeichnis schon herausgefunden. Der passt, ist Typ Plus. Was meinst du, Felix, können wir morgen die ersten Kreuzungen probieren?"

„Ja, wir sollten die Stämme frisch über Nacht anziehen, damit wir morgen junge Pilzfäden mit dünnen Zellwänden haben."

„Hört sich vernünftig an", sagte François. „Was wäre das interessanteste Gen, was meint ihr?"

Felix überlegte kurz. „Nun, entweder das Gen aus Kyoto oder dasjenige, das Nicole in Stanford gefunden hat, das für das CDC92 Protein. Eines von diesen, denke ich. Oder noch besser das aus der Honigtausynthese, das Nicole bearbeitet hat? Das hat ja neben der Zuckersynthese auch was mit der Zellteilung zu tun."

„Du musst nicht so höflich sein und das Gen vorschlagen, das ich isoliert habe", bemerkte Nicole. „Obwohl es selbstverständlich das interessanteste ist."

Felix hob abwehrend die Hände. „Doch nicht deinetwegen, liebe Nicole, wie kannst du das nur annehmen? Ich gehe wirklich davon aus, dass dieses Gen echt spannend ist!"

Pierre betrat den Seminarraum und erkundigte sich nach der Lage in Ulm. „Weißt du, Felix", sagte er, „ich hätte gern eine eurer Platten mit transformierten Claviceps-Zellen. Mit den Zellen, die nicht mehr wachsen wollen. Ich möchte nämlich nachschauen, ob aufgrund der zusätzlichen Gen-Kopien vielleicht doch eine Veränderung in den Zellen zu erkennen ist, wenn ich mir die Sache mit Licht- und Elektronenmikroskop betrachte."

Bereitwillig zeigte Felix ihm die bisherigen Versuchsergebnisse und versprach, Platten für ihn mit anzuimpfen.

Er selbst fand das stundenlange Starren durch das Okular nervtötend. Auch Nicole pipettierte lieber, als die Augen im Dunkeln an das Mikroskop zu drücken oder Bildschirme voller Krakel anzustarren. Manchmal ließ es sich aber nicht umgehen; aus dem Aufbau der Zellen und den feinen inneren Strukturen ließ sich vieles lernen, das sie dann biochemisch verfolgen konnten.

Pierre war ein guter Mikroskopierer, das hatte Felix inzwischen mitbekommen. Er machte Pierre noch auf das seltsame Schimmern der Zellfäden aufmerksam, das er bei den Pilzen mit dem Zellwandprotein-Gen aus Stanford beobachtet hatte.

Pierre rieb sich die Hände und freute sich auf die Untersuchung. Er war einer der engagierten Forscher, die vor Aufregung Durchfall bekamen, wenn sie auf Ungewöhnliches stießen. Zumindest in der Wissenschaft. Für das Privatleben blieb bei vielen wenig Energie übrig, und sie entpuppten sich dort als Langweiler, Pedanten oder Spießer. Bei Pierre war das anders. Auch außerhalb des Labors interessierten ihn ungewöhnliche Dinge: Für den Antiquitätenladen seiner Frau jagte er ständig nach exotischen Schätzen.

Der Nachmittag war herum, als sie alles erledigt und den Agar in die Petriplatten gegossen hatten.

Felix wollte nach dem Abendessen noch einmal ins Labor gehen, die Pilze auf die frischen Petrischalen bringen und diese in die Brutschränke bei 27 °C setzen. Er wohnte ja im Gästehaus, direkt neben dem Institutsgebäude.

Zum Abendessen gingen sie mit François und Pierre wieder in den Dorfgasthof, den Felix bereits kannte, und erneut verzauberte ihn die Terrasse unter Weinreben und Glyzinien. Dennoch kam bei keinem von ihnen Urlaubsstimmung auf. Das Gespräch drehte sich ausschließlich um Gene, Transformationen und die nächsten Versuche.

Hinterher fuhr Nicole Felix zurück zum Institut, das jetzt einsam im Dunkel lag. „Ich helfe dir, dann geht's schneller", erklärte sie und stellte den Motor ab. Konzentriert arbeiteten sie gemeinsam daran, die frischen Platten in der Sterilbank zu überimpfen.

„Bis morgen, süße Träume!" Mit einem langen Kuss verabschiedeten sie sich voneinander. Doch beide hielten sich zurück, keiner sagte den entscheidenden Satz. Müde, müde, müde. Er blickte ihrem Auto nach und winkte kurz, dann drehte er sich um und wankte ins Gästehaus.

18 Perignac, Frankreich

Der nächste Tag begann so früh wie alle Tage in letzter Zeit. Felix duschte, holte frische Klamotten aus der Reisetasche und streifte sie hastig über.

Im Institut herrschte noch gähnende Leere. Allerdings hatte jemand schon Croissants in den Kaffeeraum gestellt. Nachdem Felix Kaffee gemacht hatte, aß er eines der Croissants und nach kurzem Überlegen noch ein zweites. Schließlich wusste er nicht, wann er wieder zum Essen kommen würde.

Der Tag mit den ineinander verschachtelten Experimenten ließ Felix und Nicole keine freie Minute zum Nachdenken. An den Sterilbänken übertrugen sie frisch transformierte Pilzzellen auf neue Petrischalen, die sich zu Bergen stapelten. Eine Weile saß Felix mit Pierre vor dem Mikroskop und verglich die mit einem der neuen Gene veränderten Zellen mit den normalen Pilzen. Später stand er im Parka bei 4 °C im Kühlraum und präparierte Lösungen, danach half er Nicole, Zucker-Gradienten zu gießen – Vorbereitungen für den nächsten Tag.

Beim Mittagessen besprachen sie die einzelnen Zelllinien, die sie am kommenden Tag mit neuen Genen versehen wollten.

Viel zu schnell kam der Abend. Erschöpft fiel Felix ins Bett und versank in traumlosen Schlaf.

Der Morgen katapultierte sie wieder in die Arbeit. Dieser Tag und auch der folgende verlangten ihnen äußerste Konzentration ab, denn ein einziger Flüchtigkeitsfehler zog stets nervende Mehrarbeit nach sich. Doch langsam wuchsen die Ergebnisse in den Petrischalen, und die Laborbücher füllten sich mit Fotos und Computerausdrucken.

François befürchtete, der Dauerstress werde bald Unmut und Ungeduld nach sich ziehen und bei irgendwelchen Fehlern, die so gut wie unvermeidlich waren, gegenseitige Schuldzuweisungen im Team auslösen. Daher war er ganz froh, als eine Unterbrechung nötig wurde: Jemand vom Landwirtschaftsministerium rief bei ihm an, um eine Delegation aus Paris anzukündigen, die in Begleitung der Wissenschaftler die Lage vor Ort erkunden wollte. Man bat ihn, eine Exkursion zu einigen mit Claviceps verseuchten Feldern zu organisieren.

Als er Pierre, Nicole und Felix dazu verdonnerte, die Delegation mit ihm zusammen zu begleiten, murrten sie zunächst. Aber er gab nicht nach, denn seinem Eindruck nach brauchten sie dringend ein paar Stunden Abstand zu Zentrifugen, Mikroskopen und Pipetten.

Mit dem Minibus des INRA holte François die fünf Herren aus Paris vom Flughafen Bordeaux ab. In ihren dezenten dunklen Anzügen kamen sie ihm wie geklont vor. Am Institut lud er Pierre, Nicole und Felix dazu und steuerte über die Felder in Richtung Libourne.

Felix erkannte die Strecke wieder, die Nicole bei seinem ersten Besuch mit ihm abgefahren war. Hier hatte sie ihm die befallenen Weizenfelder gezeigt. Die Landschaft strahlte scheinbar gesund im Tageslicht. Aus der Ferne glitzerten die Sonnenblumenfelder wegen der Nachzüglerpflanzen noch leuchtend gelb, aber im Näherkommen waren die reifenden Sonnenblumen schütter, das ehemals dichte Meer von frischem Gelb abgeebbt zu vergoldeten Inseln im Graugrün der reifenden Samenteller. Die schwer gewordenen vollen Blütenscheiben hingen verblüht herunter. Auch das frische Grün der Pappeln war mittlerweile zu dem müden Ton heißer Sommertage verblasst und ließ schon den Herbst ahnen. Die Getreidefelder waren abgeerntet und gaben dem Pilz keinen Nährboden mehr. Wo er sich im Boden versteckte, war nicht zu erkennen. Vielleicht lauerte ein leichter schwarzgrauer Schimmer auf den abgeernteten Feldern, aber das konnte auch eine optische Täuschung sein.

François fuhr die Route Nationale in Richtung Bergerac; er wollte den Parisern ein abgeerntetes und ein noch nicht abgemähtes Feld nebeneinander zeigen. Irgendwann verließen sie die Nationale und bogen auf eine kleinere Landstraße ab. Nach einigen Kilometern kam ein Hinweisschild mit dem Logo des INRA.

Auf dem Gelände dieser INRA-Außenstation bei Perignac waren in der Nähe der Dordogne Weizen- und Roggenfelder stehen gelassen worden. Hier sollte der Verlauf der Infektion mit Claviceps verfolgt werden. Man wollte die Bildung der Sklerotien und die Überlebensraten im Winter beobachten, um die weitere Entwicklung abschätzen zu können.

Dieser Zweig des INRA arbeitete direkt mit den Bauern zusammen. Hier wurden keine molekularbiologischen Studien betrieben, sondern neu gezüchtete Getreidesorten getestet und bewertet. Die Agraringenieure beschäftigten sich mit Bonituren, der Erhebung von pflanzlichen Merkmalen, und mit Hektarerträgen. In Zusammenarbeit mit der Industrie entwickelten die Labors neue Verteilungsmethoden für Dünger und prüften Pflanzenschutzmittel. In den Ställen grunzten Versuchsschweine, kauten Analysekühe und scharrten Experimentierhühner.

Am Hauptgebäude sprang Richard Paneloux, der Leiter der Station, in den Kleinbus. Er zeigte ihnen den Weg zu den Versuchsfeldern. Noch im Bus teilte er Schutzanzüge aus Cellophan an alle aus. „Ich muss Sie bitten, diese Dinger überzustreifen, sobald wir aussteigen. Wir wollen ja nicht, dass an Ihrer Kleidung irgendetwas von dem Pilz hängen bleibt, das Sie dann weiterverbreiten."

Die Beamten blickten zwar erstaunt und kommentierten das mit leisem Gemurmel, verloren jedoch kein Wort über Claviceps oder zur Lage der Bauern, äußerten nichts zu den Plänen des Ministeriums und fragten auch nichts.

Felix war es durchaus recht, nur hin und wieder einen Gesprächsfetzen aufzuschnappen. Er konnte Französisch zwar verstehen, aber es kostete ihn viel Konzentration So lehnte er in der hinteren Ecke des Wagens an Nicole und ließ sich vom Singsang der Reifen einlullen. Ob er es wagen konnte, trotz der offiziellen

Mission eine Hand auf Nicoles Bein zu legen? Er tat es nicht, sondern dämmerte ein, zufrieden, Nicole neben sich zu spüren.

Der Van holperte einen kleinen Feldweg entlang. Seit den Gebäuden des INRA waren sie an keinem Haus mehr vorbeigekommen. Die Gegend lag einsam in der Sonne.

Als François plötzlich abbremste, schreckte Felix auf. In dem weiten Gelände aus Äckern und Wäldchen sperrte ein hoher Maschendrahtzaun die nächsten Felder ab. Über der Straße lag ein Schlagbaum, an dem ein Schild mit der Aufschrift „Accès interdit. INRA" befestigt war. Der Wagen hielt. Nachdem Paneloux herausgesprungen war und den Schlagbaum angehoben hatte, fuhr François weiter und ließ Paneloux wieder einsteigen.

„Sicherheitsmaßnahmen", erläuterte Paneloux. „Nicht so sehr wegen möglichen Diebstahls der neuen Sorten, die wir hier anziehen. Mehr als Abschreckung gegen Eindringlinge. Es gibt genügend Vandalen, die mutwillig und ziellos Felder verwüsten."

An den Versuchsfeldern bedeutete er François, im Schatten einer Gruppe mächtiger Eichen zu halten. Paneloux stieg aus, schob die hintere Tür des Busses auf und ließ die Beifahrer aus dem Wagen klettern. Nachdem alle ihre Schutzanzüge übergestreift hatten – was den Ministerialen einiges von ihrer durch die Anzüge unterstrichenen Autorität nahm – winkte er dem Trupp, ihm zu folgen, und steuerte an einem schon reifen Rapsfeld vorbei, auf dem in zwei Meter schmalen Streifen Pflanzen verschiedener Größen aufgereiht standen. Jeder Block war sorgfältig mit einem Metallschild und Abkürzungen gekennzeichnet. Nach fast hundert solcher Abteilungen voller Raps mit hässlichen braunen Schoten und vertrockneten Blättern passierten sie auf dem Hügelkamm eine hohe Hecke. Hinter diesem Windbrecher lagen Weizenfelder. Oder das, was von dem Weizen übrig geblieben war. Auch hier kennzeichneten Metallschilder Blöcke von Anpflanzungen.

Die totale Zerstörung verschlug ihnen die Sprache. Felix kannte nur die frisch befallenen Felder, die Nicole ihm bei seinem ersten Besuch gezeigt hatte. Das waren immerhin noch erkennbar Getreidefelder gewesen.

Auf diesem Acker stand kein Halm mehr aufrecht. Auf dem Boden schimmerte eine grauschwarze Masse. Pflanzenreste, Pilzteile, Staub und Sand hatten sich beim letzten Regen zu einem Brei vermischt, der an der Oberfläche rissig angetrocknet war. Das Schwarz überwog, überzog die Unebenheiten, die einmal als Pflanzen gelebt hatten, mit einem schmierig-finsteren Schleier. Gewachsen aus Millionen von Zellfäden des Claviceps, hervorgerufen durch den Nahrungsmangel auf den leergelutschten Getreidehalmen, lagen die voll ausgebildeten schwarzen Mutterkörner da wie Mäusekot.

Die Verwüstungen erstreckten sich über den ganzen Hügel, auf halber Höhe unterbrochen von der helleren Linie eines Fahrwegs.

Paneloux deutete auf diesen Streifen. „Hinter dem Weg fängt das Roggenfeld an. Und dort, hinter dem zweiten Weg", er deutete auf die weiter entfernten zerstörten Felder, „beginnt der Versuchsmais. Wir wollten die neuesten Züchtungen aus Kanada testen, die mit kürzeren Sommern auskommen und trotzdem guten Süßmais liefern."

Paneloux war immer leiser geworden. Der Anblick der Vernichtung erschütterte ihn jedes Mal aufs Neue. Auch den Anzugträgern war das verbindliche professionelle Lächeln vergangen.

Felix und Nicole standen wie angewurzelt da, überwältigt von dem Ausmaß der Vernichtung und der Macht des Pilzes. Bisher hatte der Pilz für sie lediglich als relativ normales Forschungsobjekt im Laboralltag existiert. Anders als üblich war ihre Arbeit an Claviceps nur in der Hinsicht, dass sie und ihre Kollegen unter extremem Druck nach einem Gegenmittel gegen die Seuche suchten.

Aber dieser Druck war immer nur abstrakte Einsicht in die Notwendigkeit gewesen. Zwar verfolgten sie die Ausbreitungsgeschwindigkeit des Pilzes seit Wochen, und die Landkarten und Zeitungen, die Berichte aus den Krankenhäusern hatten ihnen die Gefahren plastisch geschildert, aber nie zuvor war ihnen die Realität der Seuche so unmittelbar auf den Leib gerückt.

Schweigend wechselten sie einen Blick miteinander. Jeder für sich beschloss in diesem Moment, alle Kraft dafür einzusetzen, die namenlose Mutation unschädlich zu machen. Der schwarzen Pest das Handwerk zu legen, koste es, was es wolle.

Felix sah zu François hinüber. Auch in seinen Augen waren Trauer, Wut und Entschlossenheit zu lesen.

Paneloux brach den Bann mit einem Schritt auf das Feld. Er ging in die Hocke und kratzte einige Brösel von der Masse, die aus den eingetrockneten Pilzfäden und Pflanzenresten zu einem festen Kuchen verbacken war. Als er sie in der Hand zerrieb, stäubte eine kleine dunkle Wolke auf.

Er deutete auf den rieselnden Staub. „Das sind Millionen von Mutterkörnern, unzählige Dauerzellen, fertig zum Überwintern. Zähe Zellen mit dichter Wand, fast nicht zu zerstören und hoch infektiös."

Er sprach leise, fast ängstlich, als ob er niemanden wecken wollte.

„Kleiner als die normalen Mutterkörner, im leisesten Wind beweglich. Schlafend, aber gefährlich. Viel leichter zu verbreiten, aber genauso voll von giftigen Alkaloiden wie die normalen Mutterkörner."

Pierre, der etwas abseits am Wegesrand heimlich die unvermeidliche Gauloises geraucht und gerade in einer mitgebrachten Dose ausgedrückt hatte, gesellte sich mit bitterer Miene zu Nicole, Felix und François. Leise besprachen sie sich miteinander, während die Leute aus dem Ministerium unter sich blieben.

In ihrem Rücken taten es die Beamten Paneloux nach, der ein paar Schritte weitergegangen war, und beugten sich neugierig zum Boden hinunter, um die trockenen, grauen Pilzfäden und schwarzen Mutterkörner zu befühlen und zu zerkrümeln. Auch aus ihren Händen stiegen kleine Staubwolken auf, trieben träge durch die windstille Luft, sanken gemächlich wieder zu Boden und verdünnten sich zu einem unsichtbaren Schleier. Einer von ihnen hob eine Handvoll der schwarz-grauen Masse auf, zerrieb sie in der Hand und schnupperte daran. Der Staub schien seine Nase zu reizen, er musste kräftig niesen.

„Um Gottes willen, nichts davon einatmen!", rief François zu ihm hinüber. „Und auf keinen Fall an die Nase halten!"

Der Mann holte tief Luft, nieste noch einmal und rieb sich den restlichen schwarzen Staub am Schutzanzug ab. Danach zerrte er ein blütenweißes Taschentuch aus der Hosentasche, schnäuzte sich und starrte verwundert auf das feine Leinen, in dem sich schwarzgrauer Staub gefangen hatte.

Durch das Niesen aufgeschreckt, eilte Paneloux zu den Ministerialen zurück, die mittlerweile von einer dünnen Wolke eingehüllt waren. „Den Staub auf keinen Fall in die Schleimhäute reiben! Dieses Zeug ist voll von giftigen Alkaloiden!", schrie er aufgeregt. „Treten Sie sofort vom Feld zurück!"

Erschrocken wichen die Beamten einige Schritte nach hinten.

„Jetzt können Sie sich ja mit eigenen Augen davon überzeugen, dass der Claviceps ganze Arbeit leistet", sagte Paneloux, als er die Gruppe erreicht hatte. „Wenn wir nichts unternehmen und die Felder reifen lassen, wächst hier nur noch der Pilz. Und je mehr von dem Claviceps heranreift, desto mehr Äcker infiziert er. Und bald stirbt ganz Frankreich, genau wie dieses Feld."

Paneloux räusperte sich. „Der Pilz arbeitet fast die gesamte Pflanze in seine eigene Biomasse um", fuhr er nach dem dramatischen Ausbruch in sachlichem Ton fort. „Er nutzt alle Energie des Getreides zur Bildung neuer Zellfäden. Später, bei beginnendem Nahrungsmangel, stellt er dann auf die Dauerstadien, die schwarzen Mutterkörner, um. Diese Felder zeigen Ihnen die Macht einer Mutation, einer einzigen kleinen Veränderung in der genetischen Information. Und derzeit können wir nichts dagegen tun."

Paneloux drehte sich zu François, Felix und Nicole um, die am Rande des Feldes stehen geblieben waren, sprach aber weiter zu den Beamten. „Wir können jetzt nur noch auf die Wissenschaftler bauen. Die Molekularbiologen arbeiten rund um die Uhr daran, die Mutation aufzuspüren und ein Gegenmittel zu entwickeln."

Paneloux legte eine kleine Kunstpause ein, um seine Worte wirken zu lassen, und musterte dabei die Gesichter der Beamten. „Ich denke, wir sollten jetzt zurückfahren und im Institut besprechen, wie es weitergehen soll. Sie haben uns noch nicht erzählt, was der wirkliche Anlass Ihres Besuches ist."

„Nur eine Bestandsaufnahme, wie wir ja bereits angekündigt hatten", beeilte sich einer der Beamten, offenbar der Delegationsleiter, zu erklären.

Auf der Rückfahrt herrschte bedrücktes Schweigen, das sich erst auf der INRA-Station lockerte, als sich alle aus den Schutzanzügen schälten. Paneloux sammelte sie sofort ein und übergab sie einem seiner Mitarbeiter zur Entsorgung.

Für die Besprechung hatte Paneloux zwei große Tische in der Cafeteria zusammengeschoben. Die Gruppe der Wissenschaftler nahm an einer Tischseite Platz, die Mannschaft der Beamten gegenüber.

So sind die Fronten gleich geklärt, schoss Felix durch den Kopf.

Als Erstes stellte einer der Regierungsvertreter seine beiden Kollegen aus dem Landwirtschaftsministerium vor, danach einen Vertreter der Polizeiverwaltung und einen Beamten aus dem Innenministerium.

„Hab ich mir schon fast gedacht, dass Leute von der Sécurité und vom Innenministerium dabei sind", flüsterte François Pierre, Felix und Nicole zu.

„Die machen sich zu Recht Sorgen", setzte François leise nach. „Wenn die ganze Ernte vernichtet ist und die anderen Länder ein totales Verkehrsverbot für Autos, Schiffe und Flugzeuge aus Frankreich erlassen, gibt es Chaos."

Der Sprecher der Delegation aus Paris sprach den gleichen Gedanken wie François aus, formulierte ihn nur anders. „Wenn wir den Vormarsch dieses Pilzes nicht in naher Zukunft aufhalten können, kann die innenpolitische Lage instabil werden. Daher nehmen an dieser Besprechung auch Vertreter der Sicherheit und des Innenministeriums teil. Unsere Aufgabe hier und heute ist es, von Ihnen zu erfahren, wie es weitergeht."

Der Beamte wandte sich an die Wissenschaftler. „Bitte benachrichtigen Sie uns sofort, sobald Sie irgendwelche Fortschritte sehen. Sagen Sie uns, was Sie brauchen, und Sie werden jede nur mögliche Hilfe erhalten. Ihre Arbeit ist lebenswichtig für unser Land."

François fühlte sich als ältester Wissenschaftler angesprochen, die Lage zusammenzufassen. Er berichtete vom Stand der Untersuchungen und den verschiedenen Genen und Proteinen, denen sie auf der Spur waren.

Felix verstand kaum, was um ihn herum besprochen wurde, das Französisch sprudelte zu schnell. Nicole übersetzte ihm das Wichtigste und lehnte sich dabei so nah zu ihm herüber, dass er den Duft ihrer Haare riechen konnte, was ihn sofort ablenkte. Doch gleich darauf riss er sich wieder zusammen: Das hier war weiß Gott kein Ort zum Turteln.

Ein lautes, dröhnendes Niesen unterbrach François in seinem Bericht. Der Beamte aus dem Landwirtschaftsministerium, der als Verbindungsmann für die Zusammenarbeit mit den anderen Ministerien vorgestellt worden war, zupfte umständlich sein Taschentuch aus der Hosentasche, besah sich die Staubflecken und drehte das Tuch, um eine saubere Stelle zu finden. Dazu brummelte er Unverständliches vor sich hin. Dann fiel ihm das Taschentuch aus der Hand, und er verfolgte mit schief gelegtem Kopf und stierem Blick, wie es langsam zu Boden flatterte. Er machte keine Anstalten, sich zu bücken.

Langsam hob er den Kopf und musterte die Runde, als hätte er die Anwesenden nie zuvor gesehen. Gleich darauf verzerrte sich sein Gesicht, und er versuchte aufzustehen. Der Stuhl krachte nach hinten. Die linke Hand auf den Tisch gestützt, beugte er sich vornüber und atmete tief durch. Mit der rechten Hand rieb er sich die Brust, sodass sich sein Jackett verschob und über die Schulter rutschte.

„Ist Ihnen nicht gut? Können wir irgendetwas für Sie tun?", fragte Paneloux als besorgter Gastgeber.

Abwehrend streckte der Mann die Hände hoch. „Lasst mich in Ruhe, geht weg. Fort mit euch." Seine Schultern begannen zu zucken. Er schwankte hin und her, leckte sich über die Lippen und holte röchelnd Luft.

Paneloux reagierte als Erster und sprang auf. „Passen Sie auf ihn auf, ich rufe einen Krankenwagen. Das sind die ersten Anzeichen von Halluzinationen. Halten Sie ihn gut fest, damit er nicht stürzt." Er rannte zu dem Wandtelefon neben dem Eingang.

Die beiden Vertreter der Sécurité stellten den umgefallenen Stuhl wieder auf, drückten den Mann, der heftig zuckte, mit sanfter Gewalt auf den Sitz und hielten ihn von beiden Seiten fest. Immer wieder fuhr er mit dem Zeigefinger in den engen Hemdausschnitt, schnitt Grimassen und versuchte, den Kragen abzureißen. Schließlich lösten die Sicherheitsleute seine Krawatte und knöpften das Hemd oben weit auf. Er holte tief Luft und seufzte laut. Die Augen waren weit geöffnet, schienen jedoch nichts ringsum wahrzunehmen.

Als Paneloux zum Tisch zurückkehrte, musterte er den Mann kurz und erklärte: „Der Krankenwagen wird gleich kommen. Die Leute kennen sich aus, ist ja nicht der erste Fall. Er dürfte nur wenig Pilzgift eingeatmet haben, aber leider kam unsere Warnung zu spät."

Leise miteinander flüsternd, beobachtete die Runde, wie der Ministeriale still im Stuhl hing, gelegentlich mit den Händen zuckte und die Finger bewegte. Niemand rührte sich vom Platz, bis nach wenigen Minuten drei Rettungssanitäter mit einer Trage hereinstürmten, von der Ledergurte herunterbaumelten. Einer von ihnen, offenbar der leitende Pfleger, beugte sich unverzüglich über den Kranken, sah ihm in die Augen, griff nach dessen schlaffer linker Hand und hielt zwei Finger an den Puls. Zugleich redete er beruhigend auf ihn ein. Schließlich nickte er, legte die Hand seines Patienten sanft auf die Stuhllehne und strich ihm leicht über den Handrücken. „Es wird wieder gut, machen Sie sich keine Sorgen", sagte er leise.

Offensichtlich tat dem Kranken dieser Ton gut, denn er lächelte versonnen, doch sein Blick war nach wie vor in die Ferne gerichtet.

„Wie es scheint, ist es nur eine leichte Vergiftung", erklärte der Pfleger. „Wie ist das überhaupt passiert?"

Paneloux erzählte ihm von der Exkursion der Regierungsdelegation zu den vergifteten Feldern. „Als wir einen Moment lang nicht auf ihn geachtet haben, hat er an einer Handvoll Staub geschnuppert, den Staub eingeatmet und mit dem Taschentuch in die Nase gerieben."

„Mehr war es nicht? Dann müssten die Halluzinationen nach etwa zwei Stunden abklingen. Auf jeden Fall sollte jemand bei ihm bleiben und ihn überwachen. Wichtig ist auch, ab und zu freundlich und ruhig mit ihm zu sprechen. Er wird nicht verstehen, was gesagt wird, reagiert aber auf den Ton. Ansonsten können wir nichts weiter unternehmen. Er muss die Ergotamine in seinem Körper selbst abbauen, bis die Nerven wieder ordnungsgemäß arbeiten."

Er zeigte auf die Kaffeetassen auf den Tischen. „Hat er Kaffee getrunken?"

Paneloux nickte.

„Dann wurde die Reaktion wahrscheinlich durch den Koffeinschub ausgelöst. Sie wäre sonst sicher später und allmählicher erfolgt. Bitte geben Sie ihm keinen Kaffee oder Tee oder sonst etwas Anregendes. Am besten ist Wasser."

„Wollen Sie ihn denn nicht gleich in ein Krankenhaus bringen?", fragte der Leiter der Pariser Delegation verblüfft. „Da wäre er doch sicher am besten unter Kontrolle."

„Das ist leider unmöglich", erwiderte der Pfleger. „So leichte Fälle können wir nicht mehr stationär aufnehmen, alle Betten sind mit schweren Vergiftungen belegt."

„Was heißt, es ist alles belegt? In den Krankenhäusern muss doch immer Platz für Notfälle sein!", empörte sich der Delegationsleiter.

Der Nothelfer schüttelte den Kopf. „Glauben Sie mir: Alle Krankenhäuser ringsum sind überfüllt mit Ergotaminvergiftungen. Ich will Ihnen ja keine Horrorszenarios ausmalen, aber gegen eine Überdosis Ergotamine ist das hier ein netter kleiner Rausch. Die Drähte laufen heiß mit Anfragen nach Arzt und Bett. An manchen Tagen fahren wir Patienten bis rüber nach Lyon. Was vor ein paar Monaten noch als dringender Notfall aufgenommen worden wäre, wird heute nach Hause geschickt und auf später vertröstet. Wir haben Probleme, die Leute mit den schlimmsten Vergiftungen am Leben zu erhalten. Oft genug versagt das Herz, bevor das Gift aus dem Körper ausgeschieden werden kann. Und die Medikamente werden uns schon knapp."

„Aber ist er denn überhaupt reisefähig? Wir müssen später doch die Maschine zurück nach Paris nehmen!"

„Wenn Sie auf ihn aufpassen, wird es schon gehen. Zumindest wird es wohl kaum zu epileptischen Anfällen kommen, wenn er nur eine kleine Dosis Pilzstaub eingeatmet hat."

In der Tür drehte er sich noch einmal um. „Machen Sie sich keine Sorgen, der hier wird schon wieder. Das Ergotamin wird in ein, zwei Tagen vollständig aus dem Körper ausgeschieden sein. Bis dahin sollte er betreut und überwacht werden. In den Pariser Kliniken herrscht ja nicht ein solcher Notstand wie bei uns, da wird man ihn bestimmt aufnehmen. Und bis zu Ihrer Abfahrt lassen Sie ihn am besten unter Aufsicht vor sich hin träumen."

Sobald die Rettungssanitäter gegangen waren, vertraute Paneloux den Kranken einem seiner Mitarbeiter an. Er bat ihn, den Mann ins Sanitätszimmer im Nachbargebäude zu bringen, auf die Liege dort zu betten und nicht von seiner Seite zu weichen.

Danach nahm Paneloux wieder am Besprechungstisch Platz.

„Ich denke, wir können es kurz machen", erklärte der Delegationsleiter. „Uns ist heute klar vor Augen geführt worden, dass der Pilz nicht nur Ernten vernichtet, sondern auch äußerst gefährlich für jeden Menschen ist, der damit auch nur leicht in Berührung kommt. Nicht nur wir in Frankreich, sondern mit Sicherheit auch die EU werden in den nächsten Tagen drastische Notmaßnahmen gegen die Verbreitung der Seuche einleiten müssen. Über die Einzelheiten will und kann ich mich hier noch nicht auslassen. Ansonsten können wir nur hoffen, dass Sie uns bald bessere Nachrichten aus den Labors übermitteln werden."

Diese abschließende kleine Spitze nahm François ungerührt zur Kenntnis. Nachdem er noch kurz die Arbeitsschritte für die nächsten Tage skizziert hatte – er hatte nicht den Eindruck, dass irgendein Mitglied der Delegation überhaupt noch zuhörte –, erklärte der Delegationsleiter die Sitzung für beendet und bedankte sich bei Paneloux und den Wissenschaftlern für die Informationen.

Gemeinsam mit Paneloux holten die Sicherheitsbeamten den geistig immer noch abwesenden Kranken, der alles willig mit sich geschehen ließ, aus dem Sanitätszimmer und setzten sich mit ihm in den Kleinbus. Nachdem sich Pierre, Felix, Nicole und der Rest der Delegation in den Wagen gequetscht hatten, nahm François auf dem Fahrersitz Platz und brauste los. Die Rückfahrt zum Flughafen von Bordeaux verlief schweigend.

Quarantäne über Frankreich verhängt – Reisebeschränkungen und Ausfuhrverbot für Getreide

BERLIN. Die Europäische Union hat eine Quarantäne gegen Frankreich in Kraft gesetzt. Auf Drängen Englands beschloss die Kommission gestern Abend, den Verkehr mit Frankreich bis auf unbedingt notwendige Reisen und Lieferungen einzuschränken. Flugzeuge, Eisenbahnen, Lastwagen und Privatautos aus Frankreich werden ab sofort an den Grenzen der umliegenden Länder und in den Flughäfen gegen Pilze sterilisiert. Waren und Reisegepäck werden mit intensivem UV-Licht bestrahlt, um Keime des in Frankreich weiter um sich greifenden Getreidepilzes abzutöten. Die Wirksamkeit dieser Maßnahmen wird durch Forschungsergebnisse des INRA in Bordeaux und der Universität Ulm bestätigt. Danach vernichten die vorgesehenen Verfahren alle Keime der verheerenden Pilzpest.

Nur wenige Stunden nach Bekanntwerden des EU-Beschlusses verkündeten die USA und Kanada weitgehende Beschränkungen im internationalen Luftverkehr. Intensive Kontrollen im Handel mit Frankreich und der Europäischen Union sollen das Einschleppen des Pilzes auf den amerikanischen Kontinent verhindern. Im Transatlantikverkehr müssen ab sofort alle Flugzeuge aus Westeuropa in Thule auf Grönland zwischenlanden und werden von innen und außen mit Funiziden gereinigt.

Ausweitungen dieser Maßnahmen auf Deutschland und die Benelux-Staaten sind vorgesehen. Sie treten in Kraft, sobald die von der EU-Kommission eingesetzte Sondergruppe Meldungen über weitere Ausbrüche der Pilzseuche in diesen Ländern bestätigt hat. Dies wird von Sprechern der EU in Brüssel bereits für die nächsten Tage erwartet.

(Aus: Frankfurter Allgemeine Zeitung)

19 Ulm, Deutschland

Drei Tage lang taumelten Nicole und Felix von einer Arbeitsorgie in die nächste. Für sich selbst fanden sie weder Zeit noch Energie. Morgens ein hinuntergestürzter Espresso, danach hektische Experimente. Transformationen, Agarplatten gießen, Pflanzen animpfen, Daten auswerten. Abend für Abend fiel Felix erschöpft in bleiernen Tiefschlaf, um nach wenigen Stunden hochzufahren, erneut einzudämmern und wieder aufzuschrecken.

Dann war es Zeit für ihn, zurück nach Ulm zu fliegen. Die Rückreise lief für ihn wie ein Film ab; auf welche Weise er heimgekommen war, konnte er später kaum noch nachvollziehen.

Am Morgen nach seiner Rückkehr waren Anne und German schon im Labor. Auf sein Erstaunen hin versicherten sie ihm, dass sie jetzt immer so früh an die Arbeit gingen. Auch ihre Tagespläne waren so voll, dass die bisherigen Arbeitszeiten dagegen wie Halbtagsjobs aussahen. Anne erzählte ihm im Stehen, German habe mehrmals in seinem Büro übernachtet. Ebenso hektisch arbeite man in Kyoto und Stanford, dort könne man zu jeder Tag- und Nachtzeit jemanden erreichen.

„Ich bin nur noch zum Schlafen in meiner Wohnung", erklärte sie, bevor sie im Kühlraum verschwand. „Anders sind die Experimente nicht zu schaffen."

Im Seminarraum nippte German nur kurz an seinem Kaffee und begrüßte Felix mit einem beiläufigen „Hallo". Er murmelte, er müsse sofort telefonieren. Keiner im Labor fragte Felix nach Bordeaux.

Lässt sich auch mal Stress anmerken, unser stets lockerer Chef, dachte Felix, doch er nahm es ihm nicht übel. German war sonst in Ordnung. Brauchten Anne oder er ein Gerät oder eine Chemikalie, so erklärten sie ihm, warum und wozu, und German setzte unverzüglich alle Hebel in Bewegung, um im Irrgarten der Universitätsbürokratie die Mittel aufzutreiben. Berichtete jemand von einem Missgeschick, so beruhigte German den Unglücklichen. Er tobte nicht, er jammerte nicht, und wenn er sich ärgerte, dann zeigte er es in der Regel nicht.

Kam Felix mit einem neuen Ergebnis, hatte German immer Zeit, sich Autoradiogramm oder Blot anzusehen. Allerdings musste Felix ihm manchmal ein Experiment, das German höchstpersönlich erst vor wenigen Wochen vorgeschlagen hatte, von A bis Z erklären, da er sowohl die eigene Idee als auch den Versuchsablauf vergessen hatte.

Als der Arbeitsanfall in den letzten Wochen explodierte, hatte German überlegt, ob er bei den Experimenten mithelfen sollte. Er hatte es nicht getan. Seiner Meinung nach war es zu lange her, dass er eine Pipette in der Hand gehalten, halbe Mikroliter abgemessen und molare Lösungen hergestellt hatte. „Ich wäre wohl eher eine Behinderung als eine Hilfe für euch", erklärte er verlegen.

Anne und Felix war das wie eine Ausrede vorgekommen. Konnte man das Pipettieren tatsächlich verlernen? Doch wohl ebenso wenig wie das Schwimmen oder das Radfahren.

Felix hatte sich bei dieser Gelegenheit vorgenommen, sich auch später nicht von der Arbeit an der Laborbank abbringen zu lassen, egal, wie viel Papier die Bürokratie ihm auf den Schreibtisch warf.

Nachdem Anne und German verschwunden waren, griff Felix zur neuesten Ausgabe des Journals *Nature*. Das Heft lag in Plastikfolie verschweißt auf dem Tisch, anscheinend hatte noch niemand Zeit gefunden, hineinzusehen. „Claviceps on the march", sprang ihm auf dem Cover in dicken Lettern ins Auge.

Auch die Titelgeschichte war Claviceps gewidmet. „Infectious plague destroys complete harvest in Southern France and moves into Germany". Er überflog den Artikel und lehnte sich zurück.

Das Agrarministerium in Paris hatte überraschend schnell reagiert. Es hatte den Notstand ausgerufen und die Ernte im südlichen Frankreich für verloren erklärt. Den Bauern hatte man

Entschädigungen zugesagt, sie jedoch dazu verpflichtet, alles Getreide persönlich bei den Müllverbrennungsanlagen abzuliefern.

Neben dem Bericht aus Frankreich schilderte *Nature* anhand einer Karte den Vormarsch des Claviceps nach Deutschland. Die infizierten Gebiete waren in den letzen beiden Wochen anscheinend schneller gewachsen, als Felix und seine Kollegen in ihren schlimmsten Annahmen befürchtet hatten. Claviceps hatte das Elsass glatt übersprungen und Felder in der Nähe des Kaiserstuhls und bei Freiburg angesteckt. In der schwülen Rheinniederung gedieh der Pilz prächtig.

Nachdenklich rieb sich Felix über die Bartstoppeln. Als German hereinkam und sich in einen Stuhl fallen ließ, schob Felix ihm den Artikel hinüber. Zugleich langte German auf die Fensterbank, auf der die *FAZ* und der *Schwäbische Anzeiger* lagen, und reichte sie Felix. „Zeitungen von heute. Lies mal die erste Seite, dann weißt du, wie schnell es jetzt geht."

Betroffen sah sich Felix die für die *FAZ* erstaunlich große Doppelschlagzeile an: „Quarantäne über Frankreich verhängt – Reisebeschränkungen und Ausfuhrverbot für Getreide."

Nachdem er den Aufmacherartikel überflogen hatte, holte er tief Luft. „Da bin ich gestern ja gerade noch rechtzeitig über die Grenze gekommen", bemerkte er verblüfft. Er überlegte, was er wohl hätte sagen können, um die transformierten Pilzstämme ohne tödliche UV-Bestrahlung über die Grenze zu bringen. Das hätte ihn viel Zeit gekostet. Wenn sie ihn überhaupt durchgelassen hätten.

German riss ihn aus seinen Gedanken. „Diese Meldung ist schon wieder überholt. Heute früh kam im Radio, dass die Grenzsperren seit heute Nacht auch für Deutschland, Belgien, Holland und Luxemburg gelten."

Inzwischen war auch Anne in den Seminarraum zurückgekehrt. „Jetzt erzähl mal, was in Bordeaux herausgekommen ist", forderte sie Felix auf. „Bei dir und Nicole, meine ich natürlich. Ich hab da was läuten hören, da läuft doch irgendwas. Also, wie steht's bei euch? Bist du nur leicht von Nicole infiziert oder schon gründlich kontaminiert?"

„Wir verstehen uns einfach sehr gut", wehrte Felix ab. Anne legte den Kopf schräg und zog spöttisch lächelnd die Augenbrauen hoch.

„Aha", sagte sie, „so ist das also. Der junge Mann ist schwer verliebt, will es nur noch nicht zugeben." Sie senkte ihre Stimme. „Vielleicht sollte ich mal mit Nicole reden und ihr ein bisschen was von dir erzählen. Nur so von Frau zu Frau, meine ich."

Sie hob drohend den Zeigefinger. „Dabei fällt mir ein, dass du mir noch hundert Platten mit Agar gießen könntest. Vielleicht könnte ich dann ein paar Details auslassen, zum Beispiel die Sache mit dem Wildwuchs auf deinem Kaffeebecher."

Anne kicherte. Offenbar ging es ihr mit Klaus wieder gut, sonst hätte sie nicht so forsche Anspielungen auf sein Liebesleben gemacht.

German unterbrach das Geplänkel. „Wie sind die Transformationen in Bordeaux gelaufen, Felix? François war verblüfft, wie einfach die Methode ist. Was rausgekommen ist, hat er aber nicht gesagt."

Felix war froh, dass German das Thema wechselte. Er hatte keine Lust, seine Beziehung zu Nicole vor den Kollegen auszubreiten. Damit musste er erst mal selbst klarkommen. Ehe er auf German einging, nahm er einen Schluck aus dem Kaffeebecher. „Hat François euch eigentlich geschrieben, dass der aggressive Stamm Typ Minus ist und sich mit den Plus-Stämmen des normalen Claviceps auf der Petrischale kreuzen lässt?"

German und Anne nickten. German gab zu, dass er an diese Möglichkeit überhaupt nicht gedacht und sich deshalb über sich selbst geärgert hatte.

„François ist zu Recht euphorisch", sagte er. „Die Sache mit dem Kreuzungstyp kann entscheidend sein. Mir ist zwar noch nicht klar, auf welche Weise genau, aber wir müssen das im Kopf behalten. Auf jeden Fall ist es gut, dass wir damit die einzelnen

Gene über Einkreuzung in dem mutierten Stamm untersuchen können, ohne dass wir die Transformationen direkt in diesen aggressiven Claviceps einfügen müssen."

Anne und Felix sahen ihn fragend an.

„Na ja, damit fallen für uns viele Probleme mit den Sicherheitsauflagen weg. Da wir nicht dauernd mit dem aggressiven Claviceps herumhantieren müssen, können wir die Transformationen in den Labors der Sicherheitsstufe S1 durchführen. Den aggressiven Pilz brauchen wir dann erst beim letzten Schritt. Das erspart uns viele Vorsichtsmaßnahmen."

Felix nickte. „Nicole zieht jetzt die Kreuzungen mit transformierten Genen durch, mit dem Stanforder Gen für das neue Protein an der Zelloberfläche und mit dem Zellteilungsgen aus Kyoto. Außerdem haben wir mit …"

German unterbrach ihn: „Da du gerade das Zellteilungsgen aus Japan angesprochen hast: Kawaguchi hat uns gestern gemailt, dass es tatsächlich ein echtes Zellteilungsprotein zu sein scheint. Kenzo und Hitoshi haben das Gen aus Claviceps in die Bierhefe eingebaut. Sobald sie das Gen aktivieren, fängt die Hefe an, sich in zwei Tochterzellen zu teilen. Und hört dann gar nicht mehr damit auf! Solche Gene können die Zellen dazu bringen, sich tot zu teilen. Sie werden mit jeder Teilung kleiner. Schließlich sind sie so klein, dass sie verhungern."

„Das hatten wir ja fast schon vermutet", erwiderte Felix. „Trotzdem ist es ein riesiger Fortschritt. Wo war ich vorhin mit meinem Bericht aus Bordeaux stehen geblieben? Ach ja: In Bordeaux haben sie inzwischen ein Gen aus der Honigtauproduktion und das Gen aus dem Zuckerstoffwechsel isoliert, und wir haben diese Gene in den aggressiven Claviceps transformiert. Die transformierten Claviceps-Zellen scheinen in der Agarkultur normal zu wachsen. Nicole und die anderen prüfen jetzt, wie sich die transformierten Pilze auf verschiedenen Pflanzen verhalten."

Felix dachte kurz nach und rechnete. „Ich schätze, dass sie übermorgen wissen werden, wie sich die transformierten Claviceps machen. Pierre und eine Assistentin haben sie gestern Abend im Gewächshaus auf die Pflanzen aufgetragen. Heute ist der erste Tag. Noch zwei dazu, dann müssten sie sehen können, ob der transformierte Claviceps immer noch so aggressiv wächst."

„Aber die Honigtauproduktion können sie dann noch nicht prüfen", warf German ein. „Es dürfte noch eine Woche dauern, bis die Pilzfäden des Claviceps so weit durch die Roggenblüten gewachsen sind, dass Honigtau produziert wird."

„Falls es überhaupt zur Produktion von Honigtau kommt", gab Anne zu bedenken. „Wenn sie in Bordeaux keinen Honigtau ausmachen können, müssen sie sogar noch länger warten, bis sie mit Sicherheit sagen können, wie sich der transformierte Claviceps letztendlich verhält. Ob diese hinzugefügten Gene den wilden Pilz zähmen können, meine ich."

Missmutig deutete Felix auf den *Schwäbischen Anzeiger*. „Wirklich Mist, dass Versuche immer so ewig dauern. Während wir hier probieren und testen, überwuchert der Claviceps bereits halb Europa."

„Nicht jammern, Felix!", gab German zurück. „Lieber weiter ranklotzen. Vielleicht sind wir ja schon ganz nah an der Lösung dran!"

20   Bei Bordeaux, Frankreich

Anscheinend hatte sich die heutige Lieferung schnell herumge-
sprochen. Auf dem riesigen Parkplatz herrschte ameisenhafter
Betrieb. Die ersten Reihen waren dicht besetzt und ihr Stamm-
platz neben dem Plastikhäuschen für Einkaufswagen längst belegt. Marthe Delapierre bugsierte den Range Rover in eine der
letzten Lücken, weit weg von den Eingangstüren. So viele Wagen
drängelten sich auf dem geteerten Platz sonst nur vor einem langen Wochenende, aber nicht morgens, bevor der Hypermarché
überhaupt die großen Glastüren öffnete.

Marthes Freundin Blanche Renard, die ihr den Tipp gegeben
hatte, seufzte enttäuscht, als sie die Traube von Wartenden vor
den Eingängen sah.

„Ob es sich überhaupt lohnt, einen Einkaufswagen zu nehmen?"

„Klar, holen wir uns eine Karre, jetzt sind wir schon hier. Irgendwas Essbares werden wir schon noch auftreiben. Wir sind
doch nicht im Krieg", ermunterte Marthe sie.

Vor den Türen lehnten Frauen und Männer ungeduldig an
ihren Einkaufwagen und beäugten misstrauisch ihre Konkurrenten. Die undisziplinierte Schlange verlängerte sich rasch, als
immer neue Autos ihre Insassen ausspuckten.

Als sich die Glastüren mit leisem Surren öffneten, machte sich
die angestaute Spannung Luft. Im Laufschritt stürmten die ersten Kunden in den Supermarkt, ohne nach rechts und links zu
blicken. Manche Drahtwagen verhakten sich dabei ineinander,
Flüche und Schmerzensschreie wurden laut.

„Autsch, Mann, pass doch auf! Bist mir mit dem Wagen voll
über den Fuß gerollt!"

„He, du Arschloch, drängel nicht so. Alle kommen dran."

„Vorwärts oder an die Seite, du alte Zimtzicke."

Marthe schüttelte fassungslos den Kopf, als eine ältere Frau ihr den Karren in den Rücken rammte und sich nicht einmal entschuldigte, sondern nur giftige Blicke zu ihr hinüber schoss. Suchend blickte sie an den endlosen Regalreihen entlang. „Weißt du noch, wo das Mehl steht?", fragte sie ihre Freundin.

„Irgendwo bei den Backwaren, dahinten links, vor den Gefrierschränken. Am besten, wir folgen einfach den anderen."

Der vorwärts eilende Strom zog sie in den hintersten Teil der Halle mit. Vor der Flaschenrückgabe, an der das Schild MEHL-AUSGABE angebracht war, stauten sich die Karren. Die Menschen, die sich zur Spitze der Menge durchgekämpft hatten, waren bereits mit schweren Papiertüten beladen und versuchten, sich den Weg zurück zu bahnen, neidisch beäugt von den Wartenden.

Im allgemeinen Lärm war die seichte Musik aus den Lautsprechern fast untergegangen, doch jetzt wurde der Menschenpulk plötzlich aufmerksam: Ein Knacken, gefolgt von einem ohrenbetäubenden Pfeifen, unterbrach das einschläfernde Gedudel. Schließlich löste eine genervte weibliche Stimme, die jede professionelle Freundlichkeit vermissen ließ, die Störgeräusche ab: „Meine Damen und Herren, bitte hören Sie auf zu drängeln! Stellen Sie sich diszipliniert in einer Reihe an der Mehlausgabe an. Aufgrund der Notstandserlasse der Regierung ist die Mehlausgabe auf zwei Kilo pro Kunden beschränkt. Bitte haben Sie Verständnis dafür, dass unsere Mitarbeiter nicht mehr an Sie abgeben dürfen. Es ist genug für alle da. Wir haben heute mehrere Paletten zugeteilt bekommen. Für die nächsten Tage sind weitere Lieferungen vorgesehen."

Als die Musik wieder einsetzte – ausgerechnet eine kitschig orchestrierte Version von Satchmos *What a beautiful world* – machten viele der Wartenden ihrer Empörung Luft.

„Genug für alle, ha, soll das ein Witz sein?"

„Wer's glaubt, wird auch nicht selig."

„Die blöde Kuh hat gut reden, sitzt ja an der Quelle. Wer weiß, wie viel sie schon für sich eingesackt hat!"

„Das ist ungerecht! Ich habe vier Kinder und soll bloß zwei Kilo bekommen? Genau so viel wie Leute ohne Kinder?"

„Eine Riesensauerei ist das!"

Blanche und Marthe blickten einander verwundert an. So hatten sie sich den Einkauf nicht vorgestellt.

So weit sie blicken konnten, verbarrikadierten wartende Karren die Gänge vor und hinter ihnen. Sie selbst steckten eingekeilt zwischen aufgestapelten Getränkekisten. Mannshoch aufgetürmte Paletten mit Waren versperrten die Sicht zur Mehlausgabe.

Blanche schrie auf, als ihr ein Gitterwagen von hinten mit voller Wucht in die Wade krachte. Als sie sich mit schmerzverzerrtem Gesicht zu dem unbeteiligt blickenden Mann hinter sich umdrehte, legte Marthe ihr beruhigend die Hand auf den Arm. „Ist ja nichts wirklich Schlimmes passiert. War sicher keine Absicht. Nicht aufregen, bitte."

Während Blanche ihr Bein rieb, blickte sie Marthe verstört an. „Was ist denn plötzlich in all diese Menschen gefahren?!"

„Die Angst", erwiderte Marthe. „Es ist die nackte Angst. Da ist sich jeder selbst der Nächste. Leider."

„Erinnert mich irgendwie an Romeros *Nacht der lebenden Toten*", sagte nicht weit von Marthe ein Jugendlicher in Gothic-Klamotten grinsend zu seiner Freundin. „Hier sind lauter Zombies unterwegs, schau mal um dich."

Plötzlich hörten sie an der Ausgabe einen lauten Wortwechsel: „Ich kaufe doch für die ganze Familie ein. Für acht Leute! Also stehen mir sechzehn Kilo zu. Ihr könnt mich doch nicht einfach mit zwei Kilo abspeisen. So geht das nicht!"

„Bitte beruhigen Sie sich. Das sind die Bestimmungen. Wir können das auch nicht ändern", gab eine Männerstimme grollend zurück, wurde von der weiblichen Stimme jedoch sofort übertönt.

„Soll ich etwa meine vier kleinen Kinder mit hierher schleppen? Oder Ihnen meine kranken Eltern vorführen?"

Ein junger Mann mischte sich ein. „Gebt doch der Frau was für ihre Familie! Ihr sagt doch selbst, dass genug für alle da ist, oder nicht?"

„Da hinten habt ihr doch ein riesiges Lager!", riefen andere.

„Genau! Die horten doch bloß!"

„Jawoll! Die wollen nur die Preise hochtreiben! Wucherer sind das! Profitieren vom Elend der anderen!"

„Solche Schweine!"

Hinter den Flaschenregalen war lautes Scheppern zu hören. Irgendetwas schlug gleich danach auf dem harten PVC- Boden auf.

„Finger weg! Loslassen!"

Marthe und Blanche sahen, wie die Menschen vor ihnen mit bestürzten Gesichtern zurückwichen, aber nur auf die dichte Schlange in ihrem Rücken prallten.

Vor ihnen klirrte Glas. Gleich darauf schrien hysterische Stimmen durcheinander.

„Los, rückt das Zeug raus! Sonst holen wir's uns!"

„Her damit!"

Erneut klirrte Glas. Danach waren quietschende Schritte zu hören. Splitterndes Holz. Ein dumpfer Schlag. Und ein schriller Aufschrei: „Hilfe, mein Kopf! Ich blute!" Leisere Stimmen, die sagten:

„Schiebt den Typen an die Seite."

„Holen wir uns das Zeug! Der Weg ist frei!"

„Halt, ich war zuerst da!"

„Finger weg! Das ist mein Sack!"

„Gar nicht wahr. Ich hatte den schon lange in der Hand!"

„Wirst du wohl!"

Ein erneuter Schlag.

Plötzlich gerieten die aufgestapelten Bierdosen im Knick des Ganges ins Schwanken. Wie um Schwung zu holen, neigte sich der mehr als mannshohe Turm zurück, bekam endgültig Übergewicht und stürzte so um, dass sich ein Regen aus Dosen über die Umstehenden ergoss. Einige Geschütze trafen die Menschen mit solcher Kraft ins Gesicht, dass sie zu Boden gingen oder über die Einkaufswagen fielen. Andere Dosen barsten am Boden auf, sodass das Bier zischend in hohem Bogen herausspritzte und die in der Nähe Stehenden völlig durchnässte. Vom Sog mitgerissen, schlossen sich auch Wasserflaschen dem allgemeinen Chaos an und begruben Menschen und Mehl unter sich. Aus aufgeplatzten Tüten stob eine weiße Staubwolke auf, die den schreienden Menschenpulk einhüllte.

Marthe zerrte Blanche am Ärmel. „Nichts wie weg hier. Lass den Einkaufswagen einfach stehen. Los, wir müssen raus!"

Marthe sah, wie mit Mehl bestäubte Gestalten wie bleiche Gespenster unter den Bierkisten hervorkrochen, ohne dass sich jemand um sie scherte. Noch immer drängten sich die meisten Menschen nach vorn, um ihren Anteil am Mehl zu ergattern.

Mit Gewalt riss Marthe Blanche herum und zwängte sich mit ihr durch die Reihen der hinter ihnen Stehenden.

„Lass uns noch am Brotregal vorbeigucken. Und beim Müsli. Vielleicht gibt es da noch was", flüsterte Blanche benommen.

Aber Brot und Frühstückskörner waren ausgeräumt, und Blanche und Marthe rannten mit leeren Händen aus dem Hypermarché. Es waren ihnen egal. Jetzt zählte nur noch die Sicherheit des eigenen Wagens, den sie nach dem Einsteigen sofort verriegelten.

Als sie in hohem Tempo vom Parkplatz auf die Straße abbogen, hörten sie schnell näherkommende Sirenen. Gleich darauf rasten Einsatzwagen der Polizei und Ambulanzen an ihnen vorbei auf den Supermarkt zu.

Aus dem Autoradio drang die sachliche Stimme eines Nachrichtensprechers: „Überall in Frankreich kam es heute in Supermärkten erneut zu Tumulten. Aufgebrachte Kunden wehrten sich handgreiflich gegen die Einschränkungen bei der Abgabe von Mehl und Brot. Bei den gewalttätigen Auseinandersetzungen wurden zwei Verkäufer erschossen und drei vermutlich erschlagen. Die gestern in Lyon durch Messerstiche verletzte Verkäuferin und der Filialleiter erlagen in der Nacht ihren inneren Blutungen. Auch in Bordeaux wurden mehrere Bäckereien geplündert und die Bäcker zum Teil schwer verletzt. Das Innenministerium hat angeordnet, dass die Verteilung von Mehl ab sofort von Armeeverbänden übernommen werden soll. Diese werden auf den Parkplätzen der Einkaufszentren die Menschen von Lastwagen aus mit allem …"

Marthe schaltete das Radio aus.

21 Ulm, Deutschland

„Hallo, German. Hast du einen Moment?"

„Schieß los, François. Was gibt's Neues?"

„Aber unterbrich mich nicht dauernd. Und halt mich nicht mit Kleinigkeiten auf."

„He, François, was soll denn das? Hab ich dich jemals unterbrochen?"

„Nein, nur jetzt. Also, wo war ich? Wir haben die Transformationen ausgewertet, die Nicole und Felix durchgeführt haben. Der normale Claviceps wächst mit dem zusätzlichen Gen für das Oberflächenprotein, das wir aus Stanford haben, genauso aggressiv wie der mutierte wilde Stamm, und zwar auf allen Pflanzenarten. Allerdings nicht ganz so schnell. Das Ergebnis ist eindeutig. Wie ist das bei euch? Ihr habt dieses Gen doch auch eingesetzt, oder nicht?"

„Das kann ich dir leider nicht sagen, unsere Pflanzen sind noch zu klein. Die wachsen nicht so gut wie bei euch. Liegt wahrscheinlich an den alten Gewächshäusern. Die haben kein Isolierglas und sind nicht mehr dicht. Schon vor Jahren habe ich den ersten Antrag für neue Gewächshäuser beim Bauamt der Universität eingereicht, aber da tut sich nichts. Typisch Universität, da sind die Mittel immer knapp, und die Mühlen mahlen langsam. Oder gar nicht. Wenigstens haben wir jetzt euer Ergebnis."

François klang enttäuscht. „Schade, German, wir würden uns sicherer fühlen, wenn wir eure Ergebnisse zur Auswertung mit heranziehen könnten. Anscheinend reicht schon dieses für das Oberflächenprotein zuständige Gen aus, um den normalen Claviceps zur fast ungebremsten Aggressivität umzukrempeln.

Aber das Umgekehrte scheint nicht unbedingt der Fall zu sein: Selbst wenn dieses Gen beim wilden Claviceps unterdrückt ist, ist er nicht vollständig gezähmt. Allerdings haben wir wahrscheinlich einen Ansatzpunkt gefunden. Du weißt ja, dass Nicole Kreuzungen zwischen dem aggressiven Claviceps als Minus-Stamm und ein paar der frisch transformierten Plus-Linien durchgeführt hat. Eine dieser Kreuzungen weist ein Konstrukt auf, das dieses Gen unterdrückt. Das ist von dem Minus-Stamm korrekt in den wilden Plus-Stamm übertragen worden und lässt sich nach der Kreuzung in der DNA des aggressiven Claviceps deutlich nachweisen."

„Und was passiert dann im aggressiven Claviceps?"

„Das ist es ja gerade. Leider passiert nicht besonders viel, der Pilz wächst immer noch weiter, allerdings leicht gebremst, zumindest auf Weizen. Aber immer noch deutlich schneller als der normale Claviceps."

„Immerhin, François. Das ist doch schon mal ein Lichtblick! Ein echter Fortschritt, oder?"

„Glaube ich eigentlich auch. Wäre schon viel wert, wenn es uns gelingt, die Produktion dieses Proteins durch Abschalten des entsprechenden Gens komplett abzustellen und dadurch die Verbreitung des wilden Stammes auf Weizen zu bremsen. Offenbar verleiht genau dieses Protein an der Zelloberfläche dem Pilz die Fähigkeit, sich auch auf Weizen oder Mais so aggressiv zu vermehren."

„Super, François! Vorläufig ist es noch gar nicht so wichtig zu wissen, was genau dieses Protein in der Zelle anstellt. Das Entscheidende ist die Wirkung!"

„Hoffentlich hast du recht. Was die anderen Gene betrifft, liegen nicht so eindeutige Ergebnisse vor. Das Gen für die Zuckerproduktion, das Nicole kloniert hat, sieht allerdings recht spannend aus. Wenn wir dieses Gen im normalen Claviceps-Stamm ausschalten, produziert er keinen Honigtau mehr. Anscheinend ist dieses Gen für die Honigtauproduktion notwendig."

„Das hört sich doch ziemlich gut an. Das kann wichtig sein!"

„Ganz sauber ist es aber nicht. Die biochemischen Analysen sind nicht eindeutig wiederholbar. Nicole hat zwei Präparationen durch den Gaschromatografen gejagt. Müssen wir noch ein paar Mal messen, um sicher zu sein. Optisch kannst du keine Honigtropfen mehr ausmachen, und die Zellen fallen ab, sobald du daran schüttelst.

Als parallelen Gegenbeweis haben wir den Monsterstamm und einen Plus-Stamm mit diesem eingebauten Gen gekreuzt. Wenn unsere Vermutung stimmt, hätte die Kreuzung wieder Honigtau produzieren müssen. Irgendwas ist aber schiefgegangen, denn nach der Kreuzung wuchs überhaupt nichts mehr. Deshalb wissen wir immer noch nicht, ob das Gen tatsächlich entscheidend für den Honigtau ist. Nicole und Pierre wiederholen jetzt die Kreuzungen."

„Lass mich mal rekapitulieren, damit ich weiß, ob ich alles richtig verstanden habe, das ging mir alles ein bisschen zu schnell. Beim aggressiven Claviceps sind also offenbar zwei Gene verändert: Dasjenige, das für die Honigtauproduktion wesentlich ist, steht auf AUS, und das andere, für das Oberflächenprotein zuständige Gen, das mit dem Wachstum zu tun hat, auf AN. Hab ich das soweit richtig kapiert?"

„Ja stimmt, vereinfacht gesagt. So sieht es aus nach dem, was wir bis jetzt interpretieren können", schränkte François ein.

„Und das bedeutet", fuhr German fort, „dass wir in dem aggressiven Claviceps das Gen für das Oberflächenprotein *ausknipsen* müssen. Denn dann ist sein Wachstum gebremst, und er kann nicht mehr so hemmungslos beliebige Getreidearten befallen. François, dieses Gen könnte uns tatsächlich einen Ansatz liefern, die Verbreitung der Mutante demnächst zumindest einzuschränken! Und am Honigtau müssen wir weiter dranbleiben, bis eindeutige Ergebnisse vorliegen."

„Ja, meine ich auch. Für die weiteren Kreuzungen könnten wir allerdings dringend mehr Hände gebrauchen. Nicole hat vorgeschlagen, Felix wieder um Hilfe zu bitten. Wie kommt sie nur darauf?"

German hörte geradezu, wie François lächelte, und musste selbst grinsen. „Ich hab nicht die leiseste Ahnung. Ist aber kein Problem, ich kann Felix vorübergehend entbehren. Unsere

Pflanzen müssen ja erst wachsen, und Anne und ich können die Auswertung nach und nach vornehmen. Felix wird ganz sicher nichts dagegen haben, Nicole wiederzusehen."

„Und sie auch nicht. Der Vorschlag kam ja von ihr. Völlig uneigennützig natürlich. Tja, jung müsste man sein. Also abgemacht, dann machen wir es so."

„Alles klar, François. Bis bald. Hoffentlich mal wieder zu einem anständigen Wein."

Gestern gemäht, heute tot

In Deutschland wütet der Schwarze Tod. In Butzbach starb Bauer Winfried S. (42) als erstes deutsches Opfer an der Getreidepest. Gestern mähte er ein Weizenfeld ab, auf dem der heimtückische Pilz lauerte. Noch auf dem Acker fiel er unter Krämpfen von der Maschine. Mitten zwischen den giftigen Pilzen blieb er stundenlang auf dem Boden liegen. Erst am Abend fand seine Frau Anna S. (36) ihn dort leblos vor. „Er muss schrecklich gelitten haben", berichtet Anna S. erschüttert. „Im schwarzen Giftstaub waren überall Spuren seines Todeskampfes zu erkennen."

Das Robert-Koch-Institut für Seuchenforschung in Berlin warnt vor dem giftigen Pilz: Auf keinen Fall einatmen, die befallenen Felder nur mit Schutzmasken abernten! Die Seuche hat sich mittlerweile in ganz Hessen, Baden-Württemberg und im Saarland verbreitet.

Weltweit arbeiten Wissenschaftler daran, die schwarze Pest zu stoppen, doch bislang haben sie kein Gegenmittel gefunden. Wie lange noch, bis ganz Deutschland unter dem Pilz versinkt? Vertreter der Umweltorganisation „Neunauge" vermuten, der mutierte Pilz sei aus einem Forschungslabor für Biowaffen entwichen, können bisher aber keinerlei Beweise dafür vorlegen.

(Aus: BILD)

22 Bordeaux, Frankreich

Vierundzwanzig Stunden, nachdem François und German miteinander telefoniert hatten, stand Felix wieder im INRA und packte seine Mikropipetten aus. Mit der gefaxten Sondergenehmigung aus Paris war er ohne Probleme in die Maschine gekommen. Die einzige Änderung gegenüber der bisherigen Prozedur waren eine Matte, auf der sich jeder Passagier die Schuhe abwischen musste, und ein Lappen, um Taschen und Koffer mit einem übel riechenden rosa Zeug zu putzen. Das Gepäck wurde zehn Minuten lang mit UV-Licht bestrahlt und anschließend für sauber erklärt. Die Behörden schienen mit den Ausnahmegenehmigungen nicht zu sparen: Die Flüge von Stuttgart aus zum Pariser Flughafen Charles de Gaulle und weiter nach Bordeaux waren fast ausgebucht gewesen.

Als Erstes entwarfen Nicole und Felix die Klone, die sie für die Tests zusammenbasteln mussten. Ihre Notizblöcke füllten sich mit Skizzen. Eines der Gene musste richtig herum, das andere falsch herum eingebaut werden. Irgendwann griff Nicole nach den Pipetten, die Felix aus Ulm mitgebracht hatte, und probierte sie aus.

„Der echte Cowboy reist nie ohne seine Colts", sagte sie, verzog das Gesicht zu einer finsteren Grimasse und schob die Pipetten in einen imaginären Revolvergürtel.

„That's right, my dear", grinste Felix. „Würdest du denn ohne deine Pipetten verreisen?"

„Natürlich nicht. Ich würde doch nicht nackt verreisen. Man weiß nie, wann es was zu pipettieren gibt. Hast du denn auch deine Zahnbürste dabei? Oder muss ich dir wieder eine Neue kaufen, wie neulich? Daheim hast du bestimmt eine ganze Sammlung."

„Und was ist mit deiner Galerie von Weckern? Wenn ich dir glauben kann, hast du mindestens fünf zu Hause herumstehen. Vermutlich sind es noch viel mehr."

„Es sind nur fünf. Ich lasse ja auch mal einen irgendwo liegen. Und nehme dafür irgendwo wieder einen mit. Wecker kommen, Wecker gehen, Fließgleichgewicht nennt man das." Nicole lachte.

„Stimmt, die Gesetze der Thermodynamik sind universell, gelten auch für Wecker. Auf jeden Fall kann man sich leichter einen Wecker oder eine Zahnbürste besorgen als eine anständige Pipette."

„Als ob wir hier keine Pipetten hätten. Aber unsere sind dir wohl nicht gut genug."

„Würdest du mir deine leihen?"

Nicole zögerte kurz. „Na ja, im Prinzip verleihe ich sie schon mal, aber ob ich sie ausgerechnet dir leihen würde, weiß ich nicht. Ich habe ja gesehen, wie du damit umgehst. Schließlich", sie floh um den Labortisch, als Felix ihr eine ihrer Pipetten an die Schläfe setzen wollte, „schließlich will ich mit meinen Pipetten noch arbeiten."

In der Ecke vor dem Abzug blieb sie tief atmend stehen und streckte abwehrend die Hände hoch. „Ich glaube, ich sollte besser um Hilfe rufen. Sag zuerst, was du mir antun willst. Dann entscheide ich, wie laut ich schreie. Hier hast du deine Pipetten wieder, ich nehme sowieso lieber meine eigenen. Die haben sich meiner Hand angepasst. Waren sogar schon in Stanford und haben dort einwandfrei funktioniert."

„Aha, du reist also auch mit deinen eigenen, sogar in die USA hast du sie mitgenommen. Und mich lachst du aus."

„Genau deshalb darf ich dich ja damit aufziehen." Sie griff nach seiner Hand. „Wenn du mir nichts Schlimmes antust, brauche ich vielleicht doch nicht um Hilfe zu rufen", sagte sie leise und zog Felix zu sich heran.

„Ich würde dir nie etwas antun, das du nicht willst", flüsterte er an ihrem Mund, bis sich ihre Lippen berührten.

„Schön, dass ihr so gut zusammenarbeitet. Aber vergesst die Klone nicht."

Von ihnen unbemerkt war François ins Labor getreten. Über die auf der Nasenspitze balancierende Brille sah er die beiden lächelnd an.

„Ach ja, die Jugend", seufzte er. „Nur leider drängt die Arbeit. Bin gerade dabei, alle zusammenzurufen. Wenn ihr so weit seid, kommt gleich rüber in den Seminarraum."

Ehe sie etwas erwidern konnten, war François schon verschwunden. Mit leichtem Bedauern lösten sie sich voneinander und griffen nach ihren Notizbüchern.

„Ab in den Besprechungsraum." Als Nicole Felix zur Tür zog, drückte sie ihn leicht an sich.

Später, dachte Felix. *Irgendwann haben wir Zeit für alles. Bald wird Nicole mir hoffentlich ihre Weckersammlung zeigen.*

Die Stirn in Sorgenfalten gelegt, blickte François zur Tür, durch die Nicole und Felix, gefolgt von Pierre, im Sturmschritt hereinmarschierten. Auf dem Tisch hatte er eine Landkarte ausgebreitet, auf der die vom Pilz befallenen Regionen eingetragen waren.

Er tippte auf die neu eingetragenen Schraffierungen. „Das ist der aktuelle Stand. Der Fleck hier mit dem fetten Pfeil ist ein verseuchtes Gebiet in Polen. Das zweite neu befallene Gebiet liegt südlich von Berlin, in Brandenburg, das dritte in Belgien. Polen hätte ich eigentlich mehr Zeit gegeben. Blockade und Quarantäne kann man getrost vergessen. Zu viele Leute düsen durch die Welt und nehmen Claviceps mit. Klein und unsichtbar."

„Scheiße", sagte Felix.

„Merde", bestätigte Pierre.

François zuckte resigniert mit den Schultern. „Trotz Sperren und Kontrollen schleppt irgendjemand den Pilz mit und infiziert dann irgendwo ein Feld. Also, wie gehen wir weiter vor?"

„Natürlich weitermachen mit den Transformationen", seufzte Nicole. „Wir müssen überlegen, wie wir die Konstrukte am geschicktesten zusammenbauen und klonieren können."

Auf der Grundlage theoretischer Überlegungen und mit zahl-reichen Zetteln entwarfen sie ihre Strategie für die kommenden Tage. Blatt um Blatt füllte sich mit Kreisen, Schemata für die Vektoren und Gensequenzen. Die wichtigsten Nukleotidsequen-zen, die eigentlichen Genregionen mit den Informationseinhei-ten für die Proteine druckten sie aus.

Während Pierre eine Zigarette nach der anderen rauchte, warf er immer wieder gute und unkonventionelle Vorschläge in die Runde. Bedrückt blickten sie auf das Programm für die nächsten Tage: Es bedeutete Vierzehnstundenschichten für jeden. Auch für die nicht anwesenden Mitarbeiterinnen und Mitarbeiter, denn die hatten sie bei diesem Arbeitsprogramm schon mit einge-plant.

„Haben wir jetzt alle Gene berücksichtigt? Auch die aus Stan-ford, Kyoto und Ulm? Und hat vielleicht noch jemand Gene in Arbeit, die wir vergessen haben?"

„Wenn du von den anderen nichts Neues gehört hast, denke ich, dass wir alle berücksichtigt haben, einschließlich der beiden Gene aus Kyoto und derjenigen aus Stanford. Zwei Gene aus dem Zuckerstoffwechsel haben wir mal blind mit dazu genom-men. Die haben wahrscheinlich nichts mit dem Honigtau zu tun, sondern stammen aus dem normalen Zuckerhaushalt."

Nicole nickte. „Aber vielleicht muss man nun doch die letzte Waffe ziehen und chemische Kampfstoffe versprühen. Hast du was Neues darüber gehört, François? Gibt es ein Killergift?"

„Das habe ich Leloupe, unseren Freund und Helfer im Land-wirtschaftsministerium, beim letzten Telefonat auch gefragt. Er hat nur gelacht und gemeint, wenn sie ein anständiges Fungi-zid hätten, wäre das längst in den Medien. Nein, da tut sich gar nichts. Wie sollen sie in ein paar Wochen ein gutes Fungizid ent-wickeln, wenn das in den letzten hundert Jahren nicht gelungen ist? Leloupe meinte, das Tetra-2,4-Chlorsaman-Cycloburyl-Hyd-rat sei immer noch das einzige Mittel, das Claviceps zuverlässig umbringt. Aber das Zeug ist genauso so schlimm wie Claviceps selbst. Er sagte, die Firma Soletgraine habe unter Aufsicht seines Ministeriums ein paar Feldversuche mit dem Gift durchgeführt. Offenbar haben die aber nur bestätigt, was alle schon wussten: Das Zeug ist höllisch giftig. Killt zuerst Pilze und Insekten. Dann Tiere und Menschen. Gasmasken helfen nicht, das Zeug geht durch die Haut. Über die Nahrungskette reichern es Vögel und Säuger noch zusätzlich an.

Zurück bleibt eine sauber sterilisierte Welt, nicht einmal Pflanzen würden es lange packen. Die einzigen Überlebenden wären einige resistente Bakterien. Diese Chemie wäre die allerletzte Option, sagt Leloupe. Ich fürchte aber, dass die Regierung irgendwann keine Alternative mehr sieht. Bei diesen Leuten spielen vor allem taktische Überlegungen eine Rolle. Sie meinen, etwas anbieten zu müssen, damit die Wähler denken, sie seien aktiv und Herren der Lage."

In die Pause hinein bemerkte Pierre nachdenklich: „Außerdem müsste man dieses Gift ja nicht nur bei uns in Frankreich, sondern in halb Europa einsetzen. Sonst kann man es gleich bleiben lassen."

Bei dem Gedanken an ein totes Europa lief Felix ein eiskalter Schauer über den Rücken. „Landwirtschaft gäbe es danach nicht mehr", sagte er. „Auch wenn Bakterien das Gift abbauen, würde es Jahre dauern, bis die Rückstände zur Ungefährlichkeit verdünnt sind. Und dann müssten alle Pflanzen und Tiere neu angesiedelt werden."

François atmete tief durch. Er wusste: Jetzt war es an ihm, seine engsten Mitstreiter aus der Resignation zu holen und ihnen neue Kraft für die Anstrengungen der nächsten Tage zu geben. Er holte weit aus. „Lasst mich ein paar grundsätzliche Dinge klarstellen", begann er. „Ohne Hoffnung keine Forschung. Experimente kann nur derjenige vernünftig durchführen, der hofft, durch das Ergebnis die Welt besser zu verstehen. Oder die Welt auch besser zu machen, wie in unserem Fall. Und diese Hoffnung muss so tief verankert sein, dass auch endlose Rückschläge sie nicht zerstören können. Nur wer Wochen fehlschlagender Experimente durchhält, kann forschen." Er hielt kurz inne, um die richtigen Worte zu finden.

Diese Standfestigkeit wird bei den Praktika im Studium aber kaum vermittelt, dachte Felix. *Allzu oft werden nur narrensichere Experimente durchgeführt, bei denen das Ergebnis von vornherein feststeht. Und das Erwachen kommt dann bei der ersten selbstständigen Forschungsaufgabe im Labor. Viele merken dann plötzlich, dass sie gar nicht die Frustrationstoleranz besitzen, die vielen Rückschläge zu verkraften.*

„Die meisten Experimente geben keine Antwort auf die gestellte Frage", fuhr François fort. „Nicht nur, weil jeder Forscher etwas vergessen kann, sondern mindestens genauso oft, weil die Verhältnisse einfach so kompliziert sind. In der Biologie kommt einem immer wieder die Komplexität der lebenden Welt in die Quere und verwischt die Antwort auf eine experimentelle Frage bis zur Unkenntlichkeit. Die Lebewesen haben sich im Laufe von Jahrmillionen zu immer neuen Höhen der Komplexität aufgeschwungen. Sobald die Biologen glauben, einen Vorgang durchschaut zu haben, tauchen neue Mitspieler auf, die in die Frage mit eingreifen und die Antwort verändern. Das ist der Alltag unserer Forschung, aber zugleich ist genau das ja auch das Reizvolle daran."

Die nächsten Worte galten vor allem Felix und Nicole. François sah sie dabei direkt an. „Lasst euch euren Wissensdrang, eure Neugier durch die unvermeidlichen Rückschläge niemals nehmen. Und denkt an das klare Ziel, das wir vor Augen haben: Die Welt von dieser Seuche zu befreien. Was könnte jetzt wichtiger sein? Und ich bin mir sicher, wir werden es schaffen. Also los!"

Nicole und Felix kehrten gleich danach ins Labor zurück, begannen mit den nächsten Experimenten und vergaßen darüber den Rest der Welt.

Felix war schweigsamer und in sich gekehrter als sonst. Einmal ertappte Nicole ihn dabei, wie er auf dem Laborschemel vor einer Tischzentrifuge hockte. Die Zentrifuge klickte auf AUS, doch Felix achtete nicht darauf und blickte gedankenverloren in die Ferne. Als sie ihn anstieß, schreckte er zusammen. „Was ist?", fragte sie.

Als er nur abwehrend die Hände hob und den Kopf schüttelte, ließ sie ihn in Ruhe. Es war offensichtlich, dass er intensiv nachdachte. Da lief irgendetwas in seinem Kopf ab, das sich erst noch herauskristallisieren musste, bevor er es aussprechen konnte. Nicole beschloss, nicht weiter nachzuhaken. Er würde schon von selbst damit herausrücken, wenn er so weit war.

Zu zweit fuhren sie später mit Nicoles Wagen zu dem Landgasthof hinaus. François und Pierre waren zu Hause bei ihren Familien. Die hatten sich offenbar bitter darüber beklagt, dass sie ihre Väter beziehungsweise Ehemänner kaum noch zu Gesicht bekamen.

Beim Abendessen auf der vertrauten Terrasse fragte Nicole ihn dann doch, worüber er nachgedacht habe.

Felix nahm einen Schluck von dem dunklen Landwein, den der Inhaber des Restaurants selbst auf dem Hang hinter dem Haus zog und für seine Familie und die Stammgäste in unetikettierten Flaschen bereithielt.

„Das eigentliche Gen, in dem die Mutation abgelaufen ist", sagte er langsam, „das finden wir nicht so bald. Die Mutation, die den gewöhnlichen Claviceps zu dem Ungeheuer gemacht hat, war sicher nur eine Punktmutation. Zwei oder mehr Mutationen gleichzeitig wären zu unwahrscheinlich. Wie aber können von einer einzigen Mutation mehrere Prozesse gleichzeitig betroffen sein?"

Er dachte kurz nach. „Was ist im Claviceps verändert? Oberflächlich betrachtet Vorgänge, die überhaupt nicht miteinander zusammenhängen. Ich kann einfach keine direkte Verbindung zwischen der abgeschalteten Honigtauproduktion, der aggressiven Wirtserkennung und der beschleunigten Zellteilung erkennen."

Mit einem großen Schluck leerte er sein Glas und schenkte Nicole und sich aus der Karaffe nach.

„Da muss also ein Gen mutiert sein, das Einfluss auf alle diese Prozesse nehmen kann. Das kann nur ein regulatorisches Gen sein. Erinnerst du dich an die Fliegen, die durch eine Mutation in einem einzigen Steuergen plötzlich Flügel anstelle von Beinen ausgebildet haben? Oder an die Pflanzen, die statt der Staubgefäße zusätzliche Blütenblätter haben? Alles Mutationen in regulatorischen Genen.

Das Problem bei diesen kontrollierenden Genen ist, dass sie nur wenig aktiv sind, nur minimale Mengen von Boten-RNA und Proteinen bilden. Diese Proteine finden wir niemals auf biochemischem Weg, und wenn wir Unmengen von Zellen analysieren. Das Gen können wir nur identifizieren, indem wir es über Kreuzungen auf einem bestimmten Abschnitt der Chromosomen lokalisieren. Das dauert aber viel zu lange. Allein die vielen Kreuzungen brauchen locker ein bis zwei Jahre. Rückschläge und Pausen nicht eingerechnet."

Während Felix sich ein Stück von dem frischen Baguette abbrach, in den Mund schob und mit einem Schluck Wein anfeuchtete, nickte Nicole zustimmend. „Das ist soweit logisch. Gegen die Claviceps-Pest haben wir mit der Genetik im Moment keine Chance. Die genetische Analyse ist perfekt und nötig, um die grundlegende Mutation auf lange Sicht aufzuklären. Aber unser Problem wird das jetzt nicht lösen. Los, rede weiter."

Felix nickte. „Also, den Claviceps werden wir im Moment mit Kreuzungen und Ursachenanalyse nicht los. Wir stehen da wie die Mediziner, die einem Kranken helfen sollen, aber keine Ahnung haben, was ihm fehlt. Ich habe den Nachmittag darüber nachgedacht, ob wir nicht versuchen können, die verschiedenen Fehlfunktionen gleichzeitig zu beackern."

„Was meinst du mit gleichzeitig? Das tun wir doch. Wir, die Japaner, die Stanforder und ihr in Ulm, wir arbeiten doch schon parallel und gleichzeitig."

„So meine ich das nicht. Wenn wir die Ursache, das mutierte Gen, nicht finden können, dann müssen wir die Auswirkungen bekämpfen. Wir sollten nicht immer nur eine einzige Veränderung ausschalten, wie wir es derzeit machen, sondern mehrere Gene gleichzeitig beeinflussen. Alle die, die Auswirkungen im aggressiven Claviceps zeigen. Alle Veränderungen aufheben, die wir erkannt haben. Klar wäre das nur eine Therapie der Symptome, aber vielleicht reicht das."

„Du meinst also, dass wir das Honigtau-Gen, das Gen in der Zellteilung und das neue Oberflächenprotein gleichzeitig transformieren sollen?"

„Ja, genau. Wir sollten eine Dreifachtransformation mit allen drei Genen probieren."

„He, Felix, nicht schlecht für einen Mann." Nicole drückte ihm einen lauten Kuss auf die Wange. „So was hatte François neulich auch schon mal vorgeschlagen. Und dann haben wir die Idee wieder aus den Augen verloren. Aber warum nicht einfach probieren?"

Sie überlegte kurz. „Also gut. Wir bauen alle Gene in ein Plasmid ein. Am besten in das, in dem das Teilungsprotein aus Kyoto schon falsch herum drinsteckt, also nach der Transformation in den Pilz dessen Gen *unterdrückt*. Dahinter führen wir, genauso falsch herum, das Gen für das Oberflächenprotein aus Stanford ein, damit es dieses Gen im Claviceps ebenfalls *abschaltet*. Außerdem, richtig herum, unser Hongtau-Gen, damit es sich *anschaltet*. Das Ganze müssen wir dann in einen Stamm mit Typ Plus übertragen und diesen in den aggressiven Stamm einkreuzen. Dann sehen wir bald, was die drei Gene mit dem mutierten Claviceps anstellen."

Nicole zog Felix seine Serviette vom Schoß und begann das Plasmid zu skizzieren.

Ihre Begeisterung riss Felix mit. Erst als er Nicole seine Idee erklärt hatte, war sie ihm deutlich geworden. Und jetzt schien alles so einfach.

Die Idee war gut. Das spürte er. Auch wenn sie auf diese Weise nur die Symptome bekämpfen würden, versprach die Therapie Erfolg. Entweder schnelle Heilung oder keine. Schlimmer als das tödliche Geflecht des mutierten Claviceps konnte es nicht werden.

Während er sein Poulet zerlegte, fielen ihm die Mediziner wieder ein: Machten die es denn anders? Versuchten sie nicht seit Jahrtausenden Kopfweh zu heilen, ohne genau zu wissen, woran der Leidende krankte? Auch sie kurierten nicht Ursachen, sondern Auswirkungen.

Falls sie den aggressiven Claviceps dazu bringen konnten, die drei tödlichen Eigenschaften abzulegen, die ihnen jetzt bekannt waren, würden sie ihn dann tatsächlich unschädlich machen? Vielleicht.

„Die meiste Arbeit wird sein, das Plasmid mit den drei Genen zusammenzubasteln." Nicole tippte mit dem Stift auf die Serviette voller Kritzeleien und umrahmte mit leuchtenden Augen das letzte Plasmid-Konstrukt.

Spontan beugte sich Felix über den Tisch und küsste sie mitten auf die Lippen. Nicole rettete sein Weinglas, als er sich in seinen Stuhl zurückfallen ließ.

Er nahm ihr die Serviette aus der Hand und musterte die Skizzen. „Wenn wir übermorgen die Transformationen in einen oder mehrere Plus-Stämme durchführen, haben wir vielleicht schon am Tag darauf genügend Hyphen für die Kreuzungen mit dem aggressiven Stamm zusammen. Dann müssen wir die Kreuzungen zwei Tage anwachsen lassen, um sie auf den Pflanzen im Gewächshaus zu testen. Okay, nächste Woche sollten wir wissen, ob die Dreier-Transformation was bringt."

Diesmal beugte Nicole sich über den Tisch und küsste ihn voller Enthusiasmus. „Los, gehen wir."

„Moment, wir müssen noch zahlen."

Nachdem sie ihre Rechnung beglichen und sich herzlich vom Wirt verabschiedet hatten, der sie wie alte Freunde behandelte, rannten sie Hand in Hand zum Auto und fuhren zurück zum Institut. Felix lehnte sich vom Beifahrersitz zu Nicole herüber, legte ihr einen Arm um die Schulter und küsste ihre Schläfe.

„Wäre wirklich schön, wenn wir mehr Zeit für uns hätten", sagte Nicole leise. „Ich würde jetzt gern bei dir bleiben, aber das muss noch warten. Sonst sind wir beide morgen früh total unausgeschlafen und vermasseln womöglich unser großes Projekt."

Nach kurzem, zärtlichen Abschied setzte sie ihn vor dem Gästehaus ab und brauste davon.

In den nächsten Tagen lebten sie im Labor. François hatte gestrahlt, als sie ihn darüber informiert hatten, dass sie dem Pilz jetzt durch dreifache Transformationen auf den Leib rücken wollten. Er ließ ihnen dabei völlig freie Hand und schaute nur gelegentlich kurz vorbei.

Lediglich das Radio, das sie den ganzen Tag leise laufen ließen, verband sie mit der Welt da draußen. Regelmäßig hörten sie Nachrichten. Und während der Routinearbeiten an den Sterilbänken war die Pop-Musik im Hintergrund ganz angenehm – mit ihren simplen Harmonien und den banalen Texten, in denen kein größeres Problem als Herzschmerz existierte, wirkte sie sogar irgendwie beruhigend. Einmal gab eine technische Assistentin Nicole eine Zeitung zu lesen, die sie aber prompt im Kühlraum vergaß. Nach zwei Tagen war die Zeitung eiskalt und verschimmelt.

Von François erfuhren sie, dass sich der Claviceps mittlerweile unaufhaltsam in ganz Deutschland verbreitete, Belgien überzog und in die Niederlande einmarschierte. Er erzählte ihnen auch Einzelheiten über das strikte Embargo Amerikas, kommentierte die gewalttätigen Proteste in Frankreich und Deutschland, die Demonstrationen der Bauern und die Ohnmacht der Regierungen in Westeuropa.

Irgendwann kam François am späten Vormittag zu ihnen ins Labor. Er wirkte sehr bedrückt. Er sagte, Paneloux habe ihn von der Außenstation bei Perignac am frühen Morgen angerufen. Über Nacht seien die dortigen INRA-Gebäude mit Parolen beschmiert worden, die die Gentechnik und Pflanzenselektion für die Pilzseuche verantwortlich machten. Von den Sprühern habe die Polizei noch keine Spur.

Auch Leloupe hatte sich heute bei ihm gemeldet und von den gestrigen Ausschreitungen vor dem Agrarministerium berichtet, bei denen auch Steine geflogen seien. Leloupe habe, wie er erwähnte, zu den Demonstranten sprechen wollen, sei aber mit Hassparolen übertönt worden. Schließlich habe die Polizei die Straße gegen heftigen Widerstand geräumt, auf beiden Seiten seien Menschen verletzt worden.

„Offenbar kursieren da draußen immer noch die Verschwörungstheorien über den Pilz", bemerkte François resigniert. „Und manche Organisationen bezeichnen selbst das INRA als militärisches Labor für neue Biowaffen. Ist fast ein Wunder, dass wir bisher von Attacken irgendwelcher Fanatiker verschont geblieben sind. Das würde uns jetzt gerade noch fehlen. Auf jeden Fall müssen wir die Augen offenhalten. Ich habe alle Mitarbeiter über die Vorfälle beim INRA Perignac und die Kämpfe vor dem Agrarministerium informiert und sicherheitshalber auch die hiesige Polizei auf mögliche Attacken auf unser Institut aufmerksam gemacht."

Nicole und Felix nahmen es mit besorgten Mienen zur Kenntnis, gingen aber gleich wieder an die Arbeit. Jetzt drängte die Zeit noch mehr.

Da derzeit jeder im Institut Überstunden machte, musste man organisieren, wer wann zum Einkaufen fuhr und was er für wen mitzubringen hatte. Sie legten lange Listen an. Wer aus den Supermärkten zurückkam, erzählte, dass Hamsterkäufe um sich griffen – mit der Folge, dass es bei zahlreichen Lebensmitteln bereits Probleme mit dem Nachschub gab. Und dabei ging es nicht einmal um Getreideprodukte. Mehl und Brot waren sowieso schon längst streng rationiert, was hin und wieder zu heftigen verbalen Auseinandersetzungen zwischen Kunden und den mit der Ausgabe beauftragten Soldaten führte. Zahlreiche Plünderungsversuche in den Supermärkten hatten die jetzt ständig präsenten Armeeverbände vereitelt.

Nicole und Felix kamen ihr Labor und das Institut wie eine Insel im allgemeinen Chaos vor. Eine Insel der Ordnung und der Zusammenarbeit, in der alle an einem Strang zogen, um den inneren und äußeren Druck zu bewältigen. Freizeit und Privatleben waren auf kurze Nächte reduziert. Die Lichter in den Labors brannten fast rund um die Uhr, und auch die Cafeteria war bis auf einige Nachtstunden durchgehend geöffnet. Wasser und Kaffee wurden nicht mehr in Kisten, sondern auf Paletten angeliefert.

Auch im Institut herrschte der Ausnahmezustand.

23 Frankfurter Flughafen, Deutschland

Die fünf Musiker aus Ulm waren pünktlich mit dem Zug im Flughafen Frankfurt eingetroffen und folgten den Schildern zur Abflughalle A. Was ihnen dort als Erstes auffiel, war die starke Polizeipräsenz. Uniformierte Beamte standen links und rechts der Abfertigungsschalter, hatten sich im Hintergrund zu Grüppchen versammelt oder patrouillierten durch die Halle. Als Zweites fiel ihnen auf, dass sich vor den geöffneten Schaltern zwar lange Schlangen gebildet hatten, die Halle ansonsten aber ungewöhnlich leer war.

„Ist ja fast gespenstisch hier", bemerkte Klaus, der Saxofonist. „Na ja, ohne Ausnahmegenehmigung kommt hier ja auch kein Mensch mehr weg oder an. Und die Charterflüge für Urlauber sind sowieso alle gestrichen."

Sie hatten die Ausnahmegenehmigung für unaufschiebbare Geschäftsreisen rechtzeitig beantragt und die Einladung aus Norwegen in Kopie beigelegt. Am kommenden und am übernächsten Tag sollten sie bei einem kleinen, aber renommierten Jazzfestival in Oslo zwei Konzerte geben. Mit ihrer Spezialisierung auf Crossover-Arrangements von Gothic, Hard Rock und Free Style Jazz war die Gruppe *Dark Blue Cross* in Skandinavien, wo Gothic immer noch boomte, besonders populär.

Klaus war froh, dass Anne sich mit ihm über die Einladung aus Oslo gefreut hatte und ihm, als er das Für und Wider abwägte, sogar geraten hatte, diese Chance unbedingt zu nutzen. „Klar, die Reisekontrollen sind nervig, aber vielleicht ist das für euch ein Durchbruch. Und von mir hast du im Moment sowieso nicht viel, bin ja fast durchgehend im Institut", hatte sie gesagt.

Auf dem Weg zum Schalter warf Georg, der Gitarrist und Leadsänger, einen Blick auf die Anzeigetafel für die Abflüge, die derzeit sehr übersichtlich war. „Vierzehn Uhr zwanzig, wie geplant", bemerkte er. „Haben wir also noch jede Menge Zeit."

Zusammen mit der Reisegenehmigung hatten sie die Aufforderung erhalten, sich wegen der zusätzlichen Sicherheitskontrollen mindestens zweieinhalb Stunden vor dem Abflug zum Einchecken am Lufthansaschalter einzufinden.

Während sie die Halle durchquerten, fiel ihnen ein junger blonder Mann in blauem Anzug, weißem Hemd und gestreifter Krawatte auf, der Zettel an die Passanten verteilte. Klaus fühlte sich an die religiösen Missionierer erinnert, die, stets adrett gekleidet und immer zu zweit, vorzugsweise am späten Sonntagvormittag an seiner Wohnungstür klingelten.

„Wichtige Informationen", sagte der Traum aller konservativen Schwiegermütter, während er den Musikern nach kurzem abschätzigen Blick auf ihre zerschlissenen Jeans und abgewetzten Lederjacken die weißen Blätter in die Hand drückte und sofort weiterging.

Kopfschüttelnd überflog Klaus den Text.

Die schwarze Ernte

Und ich sah eine weiße Wolke. Und auf der Wolke saß einer, der gleich war eines Menschen Sohn; der hatte eine goldene Krone auf seinem Haupt und in seiner Hand eine scharfe Sichel. Und ein anderer Engel kam aus dem Tempel und rief mit großer Stimme zu dem, der auf der Wolke saß: „Schlag an mit deiner Sichel und ernte; denn die Zeit zu ernten ist gekommen, denn die Ernte der Erde ist reif geworden! Und der auf der Wolke saß, schlug an mit seiner Sichel an die Erde, und die Erde ward geerntet.

Offenbarung des Johannes, 14, 14-16

Liebe Schwestern und Brüder:
Mit der schwarzen Ernte trifft uns der Zorn Gottes, wie Johannes es prophezeit hat. Gott straft uns mit dieser Plage. Denn in der westlichen Welt regiert die Gier

nach Macht, Geld und Konsum, während große Teile der Weltbevölkerung verhungern. Wenn die Christen bei uns beten Unser täglich Brot gib uns heute, denken sie dann jemals daran, dass unser Nahrungsreichtum mit dem Hunger anderer Völker erkauft ist? Jetzt verweigert Gott uns unser täglich Brot. Er hat uns die Getreidepest, die schwarze Ernte, geschickt, damit wir uns an sein Gebot halten: Liebe deinen Nächsten wie dich selbst. Wenn wir nicht von unserem Hochmut, unserer Gier und der Ausbeutung seiner Schöpfung lassen, wird Gottes Strafe uns alle vernichten. Dann wird Europa bald wüst und leer sein.

Zeige Gott, dass du verstanden hast. Kehre um. Jesus ist dein Retter.

Gezeichnet war das Flugblatt mit *Die Ernteaufseher Gottes*

„Klar, dass die Spinner und Sektierer derzeit Oberwasser haben", bemerkte Klaus spöttisch. „Diesmal sind es also nicht die Militärs, sondern himmlische Gewalten, die uns die Pest an den Hals gewünscht haben. Mal was Neues. Oder ist das womöglich eine Aktion von irgendwelchen Punks?" Trotzdem blieb bei ihm beim Gedanken an ein wüstes, leeres Europa ein mulmiges Gefühl zurück.

Als sie sich, schwer beladen mit ihren Reisetaschen und Instrumenten, am Ende der langen Schlange anstellen wollten, wurden sie vom Sicherheitspersonal der Fluggesellschaft unverzüglich kontrolliert, durften nach Vorzeigen der Reisegenehmigung jedoch passieren. Plötzlich wurde es hinter ihnen laut. „Das ist ja schlimmer als früher in der DDR!", brüllte ein älterer Mann mit hochrotem Kopf die Sicherheitsleute an. „Wollen Sie mir etwa verbieten, meine Tochter in Oslo zu besuchen? In welchem Staat leben wir denn! Ich fliege auf jeden Fall. Lassen Sie mich gefälligst durch!" Er versuchte sich durch die Schlange zu drängen und rempelte dabei andere Wartende an, bis zwei Polizeibeamte ihn rechts und links am Arm packten und mitnahmen.

„Manche kapieren's einfach nicht", sagte Klaus. „Hören die denn keine Nachrichten?"

Sie waren gut zwanzig Meter in der Schlange vorgerückt, als es in den Lautsprechern knackte. „Sehr geehrte Damen und Herren", sagte eine Männerstimme in sachlichem Ton, „es folgt eine wichtige Durchsage der Bundespolizeidirektion Flughafen Frankfurt Main. Aus zwingenden sicherheitstechnischen Gründen müssen wir den Flughafen unverzüglich räumen. Alle für heute angekündigten Abflüge werden bis auf Weiteres gestrichen. Ankommende Flüge werden nach Düsseldorf umgeleitet. Bitte bewahren Sie Ruhe und folgen Sie den Anweisungen des Sicherheitspersonals, des Bundesgrenzschutzes und der Polizei. Nach Räumung des Flughafens wird im Airport Hotel ein provisorisches Informationszentrum eingerichtet, in dem Sie sich nach weiteren Reisemöglichkeiten per Bus oder Bahn erkundigen können. Auch der Zugverkehr zum und ab Flughafen Frankfurt wird vorübergehend gesperrt. So schnell wie möglich werden wir Schienenersatzverkehr zum Frankfurter Hauptbahnhof einsetzen und kostenlose Transferbusse zur Verfügung stellen. Bitte haben Sie Verständnis für diese Ausnahmesituation."

Der Mann räusperte sich kurz. „Ich wiederhole: Aus zwingenden sicherheitstechnischen Gründen …"

Danach wurde die Durchsage auf Englisch, Französisch, Türkisch, Spanisch und Italienisch wiederholt. Während es aus allen Lautsprechern ununterbrochen dröhnte, wurde Gemurmel im Menschenpulk vor dem Lufthansaschalter laut, das von einzelnen Rufen an der Spitze der Schlange übertönt wurde. „Aber mein ganzes Gepäck ist doch schon weg", jammerte eine Frau im Businesskostüm, die unmittelbar vor dem Schalter stand. „Was mach ich denn jetzt?" Ein smarter junger Mann hielt eine Bodenstewardess am Arm fest. „Und wie steht's mit dem Schadenersatz, wenn mein Geschäftsabschluss jetzt platzt?", brüllte er wütend. Bald darauf gingen die Proteste in der allgemeinen Unruhe unter: Reihen uniformierter Polizisten, allesamt mit Schlagstöcken ausgerüstet, tauchten ringsum auf, bildeten Ketten und schoben die Menschen in Richtung der Ausgänge.

„Bitte verlassen Sie zügig das Gebäude!", rief einer von ihnen durch ein Megafon. „Nicht stehen bleiben!"

Einige der älteren Leute im aufgeregten Pulk, die mit dem Tempo nicht mithalten konnten, wurden von der Menge so eingequetscht, dass sie laut schrien, andere gerieten ins Stolpern und hielten sich verzweifelt an ihren Nachbarn fest. Klaus half einer jungen Frau auf, die inmitten vorbeieilender Füße tränenüberströmt auf dem Boden hockte und verwirrt um sich blickte. Dabei hätte er fast seinen Koffer mit dem Saxofon verloren, da die Leute hinter ihm rücksichtslos vorwärtsdrängten.

„Was ist denn überhaupt los?", rief er zu einem jungen Polizisten hinüber, aber der schüttelte nur den Kopf. „Weitergehen. Bitte bleiben Sie nicht stehen!"

Zu seinem Entsetzen sah er, wie weiter vorne einer der jungen Polizisten entnervt zum Schlagstock griff und einem Mann, der sich ihm zornig in den Weg gestellt hatte und Auskunft verlangte, einen heftigen Schlag auf die Schulter versetzte. „Ihr Schweine!", brüllten einige Umstehende und wollten auf den Beamten losgehen. Doch sofort eilten ihm Kollegen zur Hilfe.

„Achtung, Achtung", brüllte der Beamte mit dem Megafon. „Gehen Sie in Ihrem eigenen Interesse sofort weiter. Der Flughafen ist unverzüglich zu räumen. Weitere Informationen erhalten Sie außerhalb des Gebäudes."

Als Klaus inmitten des Pulks endlich die automatische Tür nach draußen erreicht hatte und nach den anderen Bandmitgliedern Ausschau hielt, die er im Getümmel verloren hatte, sah er, dass an allen Ausgängen behelmte Bereitschaftspolizei wartete.

Hinter Schutzschilden gedeckt. Schlagstöcke in der Hand.

Bombendrohungen legen Frankfurter Flughafen lahm

FRANKFURT. (eigener Bericht/dpa). Aufgrund mehrerer Bombendrohungen ist der Flugverkehr vom und zum Flughafen Frankfurt/Main seit gestern Mittag vorübergehend eingestellt. Bei der Räumung der Gebäude kam es zu tumultartigen Szenen. Ein vermutliches Bekennerschreiben weist auf einen Erpressungsversuch mit politischem Hintergrund hin.

Wie ein Sprecher der Bundespolizeidirektion Flughafen Frankfurt/Main mitteilte, sind gestern Morgen mehrere telefonische Bombendrohungen bei der Flughafenzentrale eingegangen. Die Polizei wollte bisher keine Angaben dazu machen, ob die Drohungen einzelnen Fluggesellschaften, bestimmten Linienmaschinen oder dem Flughafen Frankfurt insgesamt galten. Allerdings gab sie bekannt, dass gestern Morgen auch ein anonymes Schreiben bei der Flughafenzentrale eintraf, das möglicherweise in Verbindung mit den Bombendrohungen zu sehen ist. Dieses Schreiben weise auf einen EU-kritischen Hintergrund und innereuropäische rechtspopulistische Strömungen hin, vermutlich in Ländern beheimatet, die von der Pilzseuche bislang nicht betroffen sind. Wörtlich heißt es in diesem Schreiben:

„Jetzt reicht es uns. Nicht genug, dass wir für die Schulden korrupter, schlampiger Mitgliedsstaaten der EU blechen sollen, jetzt wollt ihr uns auch noch eure Pest einschleppen. Das werden wir zu verhindern wissen, und zwar durch Abschottung aller noch gesunden Länder. Wir fordern den ausnahmslosen Stopp des innereuropäischen Flugverkehrs und lückenlose Kontrollen des Schiffs-, Schienen- und Automobilverkehrs. Wir lassen uns unsere

Landwirtschaft nicht kaputt machen. Deshalb greifen wir jetzt zur Selbsthilfe. *Gezeichnet: Vereinigung der wahren Europäer*

Nach Angaben des Polizeisprechers wurden die Bombendrohungen in Verbindung mit diesem Schreiben als ernst zu nehmend beurteilt. Deshalb wurde um kurz nach elf Uhr der Alarm ausgelöst. Der Flughafen wurde komplett geräumt; ankommende Maschinen wurden zum Flughafen Düsseldorf umgeleitet. Im benachbarten Airport-Hotel richtete die Flughafendirektion eine Informationszentrale für die Flugpassagiere und Abholer ein; außerdem organisierte sie unverzüglich einen Bus-Shuttle-Service zum Frankfurter Hauptbahnhof, da auch der Schienenverkehr ab und zum Flughafen unverzüglich gesperrt wurde.

Sämtliche Flughafengebäude und wartenden Linienflugzeuge wurden mit Spürhunden abgesucht. Die Bundespolizei, die für den Schutz vor Angriffen auf die Sicherheit des zivilen Luftverkehrs zuständig ist, schickte ein Bombenentschärfungskommando, das jedoch nicht zum Einsatz kam, da die Suche nach Sprengkörpern bislang ergebnislos verlief. Sie soll noch bis heute Abend fortgesetzt werden.

Am Rande der Räumung brach Panik unter den Fluggästen aus. Augenzeugen (Namen sind der Redaktion bekannt) berichteten, die Polizei habe keine Informationen zum Hintergrund der Räumung gegeben und die Menschen äußerst rigide, zum Teil auch unter Einsatz von Gewalt zu den Ausgängen gedrängt. Dabei hätten einige Beamte auch mehrfach vom Schlagstock Gebrauch gemacht. Mehrere Menschen seien inmitten von Menschenpulks zu Boden gestürzt und niedergetrampelt worden. Inzwischen haben einige Fluggäste Strafanzeige gegen die Polizei wegen Körperverletzung gestellt. Die Bundespolizeidirektion Frankfurt hat eine Untersuchung der

Räumungsaktion angekündigt.

Inzwischen hat die Flughafenzentrale unter der Nummer 069 690 100 100 eine kostenlose Hotline für Flugpassagiere und Abholer eingerichtet, die rund um die Uhr besetzt ist. Hier erhalten die Anrufer alle aktuellen Informationen und Beratung zu alternativen Reisemöglichkeiten per Bus und Bahn, zu möglichen Umbuchungen auf andere Flughäfen und Fluglinien sowie zum Entschädigungsverfahren. Nach Auskunft der Flughafenzentrale ist derzeit noch nicht absehbar, ob der Flughafen den Betrieb morgen wieder aufnehmen kann.

(Aus: Frankfurter Rundschau)

24 Bordeaux, Frankreich

Nach einer Woche das erste Aufrichten, der erste Blick zurück. Trotz der unvermeidlichen Fehler, Vergesslichkeiten und Geräteprobleme waren sie vorangekommen. Sie hatten die Transformationen in die Plus-Stämme abgeschlossen, die Paarungen zwischen den transformierten Hyphen und dem aggressiven Stamm angesetzt. Jetzt stieg die Spannung. Mehrmals am Tag kontrollierten sie das Gewächshaus. Wie waren die Kreuzungen auf den angeimpften Pflanzen gediehen?

Auch heute zogen Nicole und Felix nach einer hastig hinuntergestürzten Tasse Kaffee in die Gewächshäuser, um die Claviceps-Hybride zu prüfen. Als sie die ersten abgeknickten Weizenblätter anhoben, um das Wachstum des Pilzes abzuschätzen, schaute Pierre mit der Zigarette im Mundwinkel und einem Plastikbecher Kaffee in der Hand durch die Tür.

„O là là, schon wieder im Grünen, die beiden Täubchen. Dachte ich mir doch, euch hier zu finden."

„Mann, Pierre, hast du mich erschreckt", Nicole presste sich die Hand auf die Brust. „He, Pierre, du weißt doch, dass du mit dem Kaffee hier nicht hereindarfst. Und mit der Zigarette auch nicht. Also sag, was los ist, und bleib draußen."

„Komm, hab dich nicht so", brummelte Pierre gutmütig. „Schöner Gruß vom Chef, ob ihr in einer Stunde Zeit habt. Er will wissen, was aus eurem Versuch herausgekommen ist."

Pierre deutete mit der qualmenden Zigarette auf die Pflanzen. „Und? Wie steht's? Könnt ihr schon was erkennen?"

„Drängle nicht, Pierre, wir sind gerade erst hereingekommen. Also hat François offenbar doch zugehört und sich gemerkt, dass wir heute mit der Auswertung anfangen. Allerdings dauert das einige Stunden. Wir können froh sein, wenn wir bis zum Abend fertig sind."

„Aber der arme Mann sitzt doch auf Kohlen!"

„Na gut, wir wollten uns sowieso erst mal die wichtigsten Experimente anschauen. Aber nur, wenn du endlich mit der Tasse plus Zigarette aus dem Gewächshaus verschwindest. Obwohl, halt, Pierre, du kannst uns eigentlich bei der Auswertung helfen. Dann geht's schneller. Kannst du auch Marie fragen, falls sie schon da ist?"

Pierre zuckte ergeben die Schultern und ließ die Tür zufallen. Durch die Glasscheiben des Gewächshauses winkte er mit erhobenem Daumen zu den beiden hinüber.

Nach wenigen Minuten schob sich Pierre, gefolgt von der Laborassistentin Marie, wieder ins Gewächshaus.

Irgendwann inspizierte auch François die Blüten, drehte Blätter um und fragte, welche Transformation dies sei.

Nicole blickte erschrocken auf die Uhr. „Oh je, der Vormittag ist ja fast schon rum. Die Lagebesprechung hatte ich ganz vergessen. Aber ich glaube, das Wichtigste haben wir. Wir können gleich mit der Sitzung anfangen." Sie richtete sich auf und massierte sich das vom Bücken steif gewordene Kreuz.

„Moment, nur noch zwei Pflanzen, dann bin ich mit der Serie fertig." Marie stellte den Topf mit der ausgemessenen Pflanze zurück und holte das nächste Weizenblatt zum Mikroskop.

Auch Felix streckte sich langsam und rollte die Schultern. Jetzt wusste er, woher German seine Rückenprobleme hatte. Zu viele Jahre über zu kleine Pflanzen gebückt. Zu oft am Mikroskop gesessen, zu viele Petrischalen mit Pilzfäden angestarrt.

Im Besprechungsraum breiteten sie die vollgekritzelten Auswertebögen vor sich aus. Die zusammengehörenden sortierten sie auf kleine Stapel und verteilten sie zum Auswerten. Felix hatte sich den wichtigsten gleich geschnappt und rechnete eifrig. Dann schob er Nicole einen der Zettel hinüber, auf dem er rechts oben die vorgenommenen Transformationen mit Kürzeln gekennzeichnet hatte. Die Akronyme hatten sie so abgesprochen, dass sie die Tests jederzeit identifizieren konnten. Ungeduldig tippte er mit dem Finger auf das Blatt Papier, auf dem er die Auswertung der Dreifachtransformation notiert hatte, wie Nicole sofort erkannte.

Verblüfft überflog Nicole die Wachstumsraten der Pilzfäden. Das Protokoll zeigte, dass diese Kreuzung zwischen transformiertem Stamm und aggressivem Pilz auf Roggen viel langsamer als der mutierte Claviceps wuchs, auf Weizen nur zaghaft, auf Mais überhaupt nicht. Anders ausgedrückt: Das Wachstum entsprach dem eines normalen Stammes des Claviceps purpurea.

Als sie merkte, dass Felix sie gespannt beobachtete, zwinkerte sie ihm zu und spreizte Zeige- und Mittelfinger unauffällig zum „Victory"-Zeichen.

„He, ihr beiden, hier wird nicht herumgeturtelt, das ist eine Arbeitsbesprechung. Also, was liegt vor?", sagte François mit gespielter Strenge.

„Wir haben's geschafft!", platzte Nicole heraus. „Wir haben die drei Gene, genau wie geplant, gleichzeitig transformiert und in den mutierten Claviceps eingekreuzt. Und, siehe da, diese Kreuzung scheint sich genau wie der normale Pilzstamm zu verhalten. Offenbar ist die mit den drei Genen transformierte Mutante kuriert und jetzt genauso harmlos wie der gewöhnliche Pilz! Oder fast so langsam."

„Seid ihr da auch hundertprozentig sicher? Wie sehen die Vergleichsdaten beim normalen Pilzstamm aus? Und wie die beim mutierten Claviceps, bei dem ihr diese Transformationen nicht vorgenommen hattet?"

François ließ sich von Pierre die Blätter mit den Daten der Kontrollgruppen reichen und verglich die Wachstumsraten sorgfältig miteinander. „Sieht wirklich nach einem Durchbruch in unseren Versuchen aus", bemerkte er schließlich. „Und tatsächlich keine locker sitzenden Zellen an den Pilzfäden?"

„Das müssen wir noch kontrollieren", warf Nicole ein. „Wir haben Fäden von jeder Kreuzung gesammelt. Die müssen wir jetzt prüfen und danach die chemischen Zuckernachweise erstellen."

François war deutlich anzumerken, wie die Anspannung der letzten Tage plötzlich der Hoffnung wich. Er strahlte über das ganze Gesicht und klopfte Nicole und Felix auf die Schultern. „Da habt ihr ja buchstäblich ins Schwarze getroffen! Toll gemacht! Fantastisch! Danke an alle, auch an Marie und Pierre!"

„Ich gehe davon aus, dass unsere Daten hieb- und stichfest sind", erklärte Nicole. „Schließlich haben wir die Transformationen an einer großen Gruppe von Pflanzen durchgeführt und können sie jederzeit wiederholen. Jetzt müssen wir testen, ob sich dieser transformierte Stamm auch auf einem ganzen infizierten Feld mit dem mutierten Claviceps-Stamm kreuzt. Und ihn lahmlegt. Dazu brauchen wir ein Versuchsfeld."

„Richtig, Nicole. Wir müssen diese Linie so bald wie möglich auf einem ganzen Feld testen." François zögerte, offenbar dachte er intensiv nach. „Habt ihr euch schon mal überlegt, welche Mengen des transformierten Claviceps wir brauchen, um halb Europa damit einzusprühen?"

Schlagartig dämpfte diese Frage die allgemeine Euphorie.

„Nicole und ich haben gestern Abend mal theoretisch die Mengen für den ersten Feldversuch überschlagen", erwiderte Felix. „Aber natürlich noch nicht für alle befallenen Gebiete in Europa. Dazu brauchen wir erst den Test. Vielleicht kann man das anhand unserer Zahlen später hochrechnen."

Nicole kramte ein dicht beschriebenes Blatt aus dem Papierstoß in der Mitte des Tisches. „Also, wir denken, dass wir pro Quadratmeter mit ungefähr so viel transformiertem Pilz auskommen, wie auf einer Petrischale wächst. Das sind ungefähr fünf Gramm. Und natürlich müssen wir die Pilzfäden zerhacken, um sie fein verstreuen zu können."

Sie blickte in die Runde. „Was wir als Nächstes diskutieren sollten, ist die Frage der Technik. Wie bekommen wir die transformierten Zellen auf das Feld? Der Acker muss so groß sein, dass wir die Wirksamkeit abschätzen können, also viel größer als die fünf Quadratmeter Handtuch hinter den Gewächshäusern. Wir müssen mindestens einen Hektar testen. Wie wäre es mit einem Feld an der Außenstelle des INRA in Perignac?"

Als sie sah, dass die anderen nickten, fuhr sie fort: „Also gut, bei einem ganzen Acker können wir aber wohl kaum mit den kleinen Sprühflaschen arbeiten, die wir sonst einsetzen. Wenn wir ein ganzes Feld von mutierten Claviceps-Pflanzen mit der neuen Kreuzung einsprühen wollen, wären dafür Vernebler aus der Luft ideal. Ich meine diejenigen, mit denen Hubschrauber und kleine Flugzeuge früher Pestizide als Pflanzenschutzmittel über Feldern verteilt haben – Wolken von Gift. Aber das ist bei uns nach den EU-Richtlinien von 2009 ja inzwischen in der Regel verboten."

„Das ist das eine Problem", warf Felix ein. „Das andere besteht darin, dass wir eine Unmenge von Pilzzellen brauchen, um ein ganzes Feld mit transformierten Zellen einzudecken. Aber das könnten wir wohl hinbekommen. Nicole hat erzählt, dass die notwendigen Gärtanks zur Vermehrung von Zellkulturen irgendwo im Institut herumstehen."

Pierre nickte bestätigend.

„Wie lange wird es eurer Schätzung nach denn dauern, bis wir die nötige Startmenge von Pilzzellen für unsere Gärtanks zusammenhaben?", fragte François. „Wie ich euch kenne, habt ihr das bestimmt auch schon ausgerechnet, stimmt's?"

„Stimmt." Nicole grinste. „Nach etwa fünf Tagen müssten wir genug Hyphen haben, um einen Zehnliter-Fermenter starten zu können. Bis zur nächsten Fermentergröße dürfte es dann noch mal zwei, drei Tage dauern. Immer vorausgesetzt, dass die Pilzfäden optimal wachsen."

„Und nur, wenn wir vorher nichts aus den Kulturen herausnehmen. Plant besser noch etwas mehr Zeit ein", warnte François. „Erstens brauchen wir noch jede Menge Zellen für Tests und Kontrollen im Gewächshaus. Zweitens dürft ihr nicht vergessen, dass nicht immer alles so schnell wächst, wie es theoretisch sollte. Aber wem erzähle ich das. Aber viel schwerer wiegt das Drittens."

„Und was ist das?", fragte Pierre.

„Drittens ist leicht absehbar, wie die Öffentlichkeit bei uns und im Ausland reagieren wird, wenn wir erklären, dass wir Claviceps verstreuen wollen. In deren Ohren klingt das bestimmt so, als wollten wir den Teufel mit dem Beelzebub austreiben. Pilze über die Felder sprühen! Genau die Pilze, die den Bauern die Ernte kaputt gemacht haben und Menschen vergiften. Und dann noch transgene Zellen, genetisch manipulierte Pilze. Die Leute drehen durch, wenn wir vorschlagen, tonnenweise transgene Pilze über halb Europa zu versprühen. Hinzu kommen, und das könnte ausschlaggebend für ein absolutes Verbot sein, die neuen EU-Richtlinien, nach denen in den letzten Jahren zahlreiche Pflanzenschutzmittel komplett aus dem Verkehr gezogen werden mussten. Ausnahmegenehmigungen gibt es nur noch, wenn zum Beispiel ganze Ernten durch einen bestimmten Schädling gefährdet sind und keine nicht-chemischen Alternativen zur Bekämpfung existieren. Natürlich geht es bei uns ja nicht um Pestizide – so weit, so gut. Aber in diesem Zusammenhang wurde auch das Versprühen von Pflanzenschutz aus der Luft grundsätzlich verboten. Und das ist noch nicht alles. Ich habe Paneloux gefragt, die machen solche Versuche und er kennt die Kanäle in der Bürokratie für die Genehmigungsverfahren. Dann hat er mir noch die neueste Richtlinie geklagt: Sogar wenn Landwirte mit Spritzgeräten für Pflanzenschutzmittel über die Felder fahren, müssen sie jetzt strikte Auflagen erfüllen. Dazu gehört eine langsame Fahrgeschwindigkeit, eine spezielle Düsentechnik, das heißt: Abdrift mindernde Düsen, damit die Pflanzenschutzmittel nicht über die Grenzen des Feldes hinaus verweht werden. Und so weiter und so fort. Und diese Richtlinien wird man möglicherweise auch auf unsere Sprühaktion anwenden. Außerdem haben wir es in diesem Fall dann nicht nur mit dem französischen

Agrarministerium, sondern mit der ganzen EU zu tun! Und ihr wisst doch, was …"

„Aber das ist unsere einzige Chance, den Pilz unschädlich zu machen", fuhr Nicole dazwischen. „Das muss doch auch die EU-Verantwortlichen und die Umweltschützer überzeugen. Außerdem ist unser Claviceps harmlos."

„Bring das mal Umweltschützern bei, die von transgenen Zellen und genetisch manipulierten Pilzen hören! Ich will euch lediglich vor dem warnen, was da auf uns zukommt. Mal ganz abgesehen vom Kampf mit der EU-Bürokratie."

François dachte kurz nach. „Für einen einzigen eng umgrenzten Feldversuch in Perignac, ob vom Boden oder von der Luft aus, sehe ich immerhin eine Chance. Schließlich steht unser Agrarministerium unter Zugzwang. Und wenn die Paarung der Zellen auf dem Feld tatsächlich funktioniert und wir nachweisen können, dass wir den Claviceps auf diese Weise unschädlich machen können, haben wir auch bessere Chancen, die Aktion in größerem Maßstab durchzusetzen. Europaweit, meine ich."

Erneut hielt er inne. „Vor diesem Feldversuch", fuhr er schließlich fort, „sollten wir allerdings unbedingt prüfen, wie wirksam die Kreuzung tatsächlich ist. Noch im Gewächshaus müssen wir quantitative Tests durchführen und checken, wie viele transformierte Zellen wir auf die Pflanzen sprühen müssen, die mit dem wild wuchernden Claviceps infiziert sind."

Felix nickte. „Und dafür gehen auch schon wieder Zellen drauf."

„Wir könnten noch heute drei oder vier Schalen transformierten Claviceps abernten, die Pilzfäden zerkleinern und auf infizierte Pflanzen aufsprühen", schlug Nicole vor. „Von denen haben wir ja reichlich."

„Dafür könnten wir das Gewächshaus fünf nehmen", warf Pierre ein. „Das ist seit einer Woche sowieso mit dem aggressiven Stamm verseucht. Dort stehen ein paar vollständig durchwachsene, schon fast tote Pflanzen, aber auch ein paar frisch infizierte.

Und es ist alles dabei: Roggen, Weizen und Mais. Geradezu ideal für unsere Zwecke."

François nickte. „Genauso machen wir's."

„Es wird schon klappen", sagte Pierre aufmunternd und überraschte alle mit einem weiteren Vorschlag. „Bei der Zerkleinerung der Zellen sollten wir unbedingt so vorsichtig vorgehen, dass die Enden der Zellfäden gut verheilen. Vor einigen Jahren hab ich verschiedene Methoden ausprobiert. Wenn man die Pilzfäden einfach von der Agarplatte löst und auf einem Schneidebrett mit Messer oder Skalpell zerhackt, stirbt mindestens die Hälfte der Zellen. Viel besser ist es, eine Pufferlösung mit Zucker und Ionen darin für die Pilzfäden vorzubereiten. Außerdem sind scharfe Messer wichtig, dann erhält man beim Schnitt der Zellen glatte Enden, die sich wieder schließen können. Bei einigen meiner Experimente wuchsen fast neunzig Prozent wieder zusammen. Ich gebe euch nachher das Rezept für die beste Mischung der Pufferlösung."

„Und mit welchen Messern sollen wir die Zellen am besten zerkleinern?", fragte Felix.

„Ganz einfach mit einem Küchenmixer, nur müssen dessen Messer sehr scharf sein. Außerdem darf man den Mixer natürlich nicht zu lange laufen lassen, sonst hat man …"

„… nur noch Mus", vollendete Nicole den Satz.

„Gut, dass du daran gedacht hast, Pierre", bemerkte François. „Also abgemacht, ich werde dann schon mal den Antrag für den Feldversuch formulieren."

„Aber dazu ist es doch noch viel zu früh", wandte Felix ein.

„Keineswegs", widersprach François. „Selbst wenn bei uns alles schiefgehen sollte und wir die Genehmigung des Agrarministeriums – oder auch die der EU – am Ende doch nicht brauchen sollten, müssen wir sofort loslegen. Wir wissen doch, wie langsam die Mühlen der Bürokratie schon normalerweise mahlen. Und jetzt noch all diese Richtlinien der EU, die zu berücksichtigen sind. Auf jeden Fall werde ich die Besprühung aus der Luft sofort beantragen, sonst dauert alles noch viel länger, und der Pilz kann derweil munter in weitere Länder einmarschieren. Dabei zählt jeder Tag! Jetzt kann Leloupe im Agrarministerium mal zeigen, was er an Überzeugungskraft drauf hat und wie stark sein Rückgrat ist. Er muss diese Ausnahmegenehmigung für uns durchboxen!"

Transgene Pilze gegen die Seuche

BORDEAUX. Das Ministerium für Landwirtschaft in Paris hat jetzt eine Sondergenehmigung für ein Feldexperiment erteilt: Genetisch veränderte Pilzzellen sollen die Pflanzenpest stoppen. Wissenschaftler am INRA in Bordeaux (Institut National de la Recherche Ágronomique) haben die transgenen Zellen gezüchtet. Mit den manipulierten Zellen wollen sie den aggressiven Pilz Claviceps ausschalten.

Vertreter des Ministeriums nennen dies den ersten Erfolg versprechenden Versuch, den Pilz auf unseren Feldern zu vernichten. Mit der Verbreitung des genetisch veränderten Schädlings, so hätten die Tests des INRA bestätigt, sei keinerlei Gefahr für Mensch und Umwelt verbunden.

Hingegen übte ein Sprecher der Umweltorganisation „ArbreVert" scharfe Kritik an der Genehmigung. Die Ungefährlichkeit des Feldversuchs sei keineswegs erwiesen. Genetisch manipulierte Krankheitskeime mit voller Absicht zu verbreiten, stelle ein unverantwortliches Risiko für die Bevölkerung dar. Der Vorsitzende des Bauernverbandes bezeichnete es unserer Zeitung gegenüber als „hanebüchen, einen weiteren Pilz auf die Felder zu streuen" und kündigte Protestaktionen seines Verbandes ein, dessen Stellungnahme das Ministerium nicht eingeholt habe.

Demgegenüber betonte das Ministerium auf Nachfrage unserer Zeitung, die für den Feldversuch genehmigten Zellen der Pilzart Claviceps seien genetisch so verändert, dass sie den gefährlichen Pilzstamm sexuell unschädlich machten und ihn dadurch an der Weiterverbreitung hinderten. Von einer Neuverbreitung eines weiteren gefährlichen Pilzes könne keine Rede sein; der Feldversuch mit dem „Gegenmittel" sei ausschließlich auf ein bereits vom Claviceps infiziertes, eng umgrenztes Gebiet fernab von allen Ansiedlungen beschränkt. (*AFP*)

(Aus: Le Jour)

25 Bordeaux, Frankreich

François stürmte in den Seminarraum und warf eine zusammen-geknüllte Zeitung auf den Tisch. „Wieso muss ich das erst aus der Zeitung erfahren?"

Er stülpte zwei alte Plastikbecher auf dem Tisch ineinander und warf sie mit Kraft in den Abfalleimer, sodass Kaffeereste auf den Boden spritzten. Während er die Kühlschranktür auf-riss und eine Wasserflasche herauszog, deutete er mit dem Kopf auf die Zeitung. „Da, da drinnen könnt ihr lesen, was wir hier machen." Wütend murmelte er einschlägige französische Flüche vor sich hin.

Nicole klappte die Titelseite des *Le Jour* auf und hielt sie hoch, damit Felix über ihre Schulter mitlesen konnte. Sein Französisch hatte sich inzwischen so weit verbessert, dass er verstand, worum es ging.

Plötzlich lachte Nicole laut auf. Sie tippte auf den letzten Satz. „Irre", stieß sie hervor, „das ist wirklich stark. Den Pilzstamm ‚sexuell unschädlich machen', na bravo! Da denken die Leute doch gleich an kastrierte Triebtäter. Mit Sicherheit hat das nicht mal einer vom Agrarministerium so formuliert. Typisch Zeitung. Nur die halbe Wahrheit, und dann noch so vereinfacht, dass es schlicht falsch wird – aber wenigstens klingt's reißerisch."

Felix gewann dem Artikel die gute Seite ab: Die Genehmigung für den Test war erteilt. Er verstand aber, warum Francois so zornig geworden war. „Das Ministerium hätte dir wirklich zuerst Bescheid geben müssen, François", bemerkte er. „Die Entschei-dung muss doch schon gestern gefallen sein, bevor der Artikel in Druck ging."

„Das ist ja die Sauerei. Natürlich wäre reichlich Zeit gewesen, uns zu informieren." François seufzte. „Es gehört sich doch ein-fach, zuerst die Antragsteller zu informieren. Aber nein, Politik ist wichtiger. Die pressewirksame Ankündigung war das Erste und Wichtigste für diese Schwachköpfe. Hauptsache, es sieht so aus, als ob sie persönlich was bewegten. Die Leute, die die Arbeit in Wirklichkeit leisten, zählen nicht. Die kann man vernachlässigen. Nur die Wählerstimmen nicht."

Er dachte kurz nach. „Mit Protesten der Umweltschützer war natürlich zu rechnen. Und da wird noch mehr kommen. Selbstverständlich ist der Begriff ‚transgen‘ für die ein absolutes Reizwort. Aber zumindest die Bauern sollten auf unserer Seite sein. Hoffen wir, dass das Agrarministerium seiner Pflicht nachkommt und den Bauernverband noch einmal gründlich informiert. Eigentlich müsste deren Angst vor der Seuche doch viel größer sein als ihr Misstrauen gegenüber unserer Freisetzung. Da fehlt nur die Aufklärung. Das werde ich auch noch Leloupe stecken."

Nicole nickte. „Mach dir keine Sorgen, François. Wenn wir Erfolg haben, werden die Leute schon mitziehen. Immerhin haben wir jetzt die Genehmigung und können loslegen."

„Ja, wir sollten gleich mal nachsehen, wie weit der transgene Pilz gewachsen ist", schlug Felix vor.

Nicole und Felix waren schon fast an der Tür, als François ihnen hinterher rief: „Wartet mal, ihr zwei. Wir müssen noch festlegen, wo wir den Versuch starten wollen. Bevor wir uns ein Feld ausgucken, müssen wir überlegen, wie weit die Infektion darauf gediehen sein sollte."

François notierte die Kriterien auf der Rückseite eines Rundschreibens. „Das Wichtigste wird der Reifezustand sein. Wir brauchen ein Feld in satter Infektion. Gleichzeitig muss es alle Befallsstadien enthalten, damit wir möglichst viele Informationen herausziehen können."

„Es sollte möglichst auch eine frisch befallene Ecke dabei sein", warf Nicole ein. „Allerdings darf das Testfeld auch nicht zu schwach infiziert sein. Auf dem Versuchsacker sollte sich so viel wild wuchernder Claviceps befinden wie auf wirklich schlimm infizierten Feldern. Sonst sehen wir nicht, ob unsere Kur auch anschlägt."

„Also gut, ideal wäre dann ein Feld, auf dem alle Infektionsstadien vertreten sind", fasste François zusammen.

„Vielleicht gibt es ja genau so ein Feld bei der INRA-Station in Perignac?", überlegte Nicole.

„Ja, ich werde Paneloux fragen, was sie uns bieten können. Zeit müssten die dort ja jetzt im Überfluss haben. Züchten und kreuzen können sie sowieso nicht mehr, wo die Felder von Claviceps befallen sind."

„Wenn du schon dabei bist, frag sie auch gleich, wie groß die Zellklumpen sein sollen und in welchem Medium sie schwimmen müssen, damit sie am wirksamsten versprüht werden können. Sonst gibt es nachher Probleme mit der Mechanik", schlug Felix vor. Dann fiel ihm noch etwas ein. „Frag sie bitte auch, wie groß der Druckunterschied beim Sprühen ist. Wenn da plötzlich ein Mordsschock entsteht, platzen die Zellen. Und dann läuft gar nichts."

François versprach, Paneloux gleich anzurufen.

Zum Lunch reihten sich Nicole und Felix in die lange Schlange vor der Kantine ein. Schritt für Schrittchen zuckelte die träge Masse an den Edelstahlgestellen mit Salatschälchen und Nachtischtellern vorbei.

Felix beugte sich zu Nicole vor. „Ein unerforschtes psychologisches Phänomen", flüsterte er ihr ins Ohr. „Solange die Leute in der Schlange stehen, sind sie ungeduldig. Sobald sie aber an den Futtertrögen stehen, haben sie alle Zeit der Welt, suchen ewig lange aus und lassen sich von der Schlange hinter ihnen kein bisschen nerven. Dann tun sie genau das, worüber sie sich vorher so tierisch aufgeregt haben, nämlich rücksichtslos trödeln. Ist schon komisch."

Nicole verzog ihre Mundwinkel. „Heißt das, dass ich zu lange brauche, bis ich weiß, welche Soße ich für meinen Salat haben will? Du bist auch nicht gerade der Schnellste beim Auswählen deines Desserts, mein Lieber."

„Du doch nicht, ich doch nicht, wir doch nicht. Nur die Anderen bummeln. Guck nur mal, wie sie das Obst befühlen und dann in die Schale zurücklegen. Die Teller mit dem Nachtisch vorziehen und sich darüber beugen. Dass sie nicht hineinspucken, ist alles. Die Typen findest du überall. Ein internationales Verhaltensschema in allen Gesellschaften. Gutes Thema für eine Doktorarbeit in Soziologie."

Sie hatten sich gerade gesetzt, als François zu ihnen stieß. „Konnte mich leider nicht früher nach euren Fortschritten erkundigen. Hab den ganzen Morgen am Telefon verbracht." Seufzend nahm er ihnen gegenüber Platz und stellte sein Tablett – bescheiden mit einem Schinkensandwich und einem Glas Mineralwasser dekoriert – auf dem Tisch ab.

„Also, zuerst mal ein paar persönliche Dinge, ehe ich sie vergesse. Nicole, deine Mutter hat angerufen und wollte wissen, ob es dir gut geht, weil sie so lange nichts von dir gehört hat. Ich hab dich nicht geholt, weil ich dich nicht aus der Arbeit reißen wollte, das war hoffentlich in deinem Sinne. Du sollst sie bei Gelegenheit zurückrufen. Sie hat in der Zeitung von den transgenen Pilzen gelesen und sich gefragt, ob du an diesen Forschungen beteiligt bist. Ich hab ihr gesagt, dass du tolle Arbeit leistest und einen wunderbaren deutschen Kollegen an deiner Seite hast, der immer auf dich aufpasst."

François lachte, als Felix leicht errötete. „Also, Nicole, du sollst diesen Kollegen irgendwann mal mitbringen, hat deine Mutter gemeint."

François sah Felix an. „Gleich danach war German am Apparat, er lässt dich herzlich grüßen. Ich hab ihn auf den aktuellen Stand gebracht. In Deutschland hat unser Feldversuch noch nicht die Runde gemacht, aber das wird sicher nicht mehr lange dauern. Ich habe mit German diskutiert, ob wir Kyoto und Stanford jetzt schon über den neuen Feldversuch bei uns unterrichten sollen. Wir sind aber beide der Meinung, dass wir nicht über ungefangene Fische reden sollten. Besser, wir warten erst mal ab, wie es bei uns läuft, und schicken ihnen dann hoffentlich eine Erfolgsmeldung. Übrigens hat German auch von der Bombendrohung auf dem Frankfurter Flughafen und den Tumulten bei der Räumung erzählt. Annes Freund, dieser Musiker, war genau zu der Zeit dort. Auch von Anne soll ich dich grüßen."

Er biss kurz in sein Sandwich und fuhr heftig kauend fort: „Tja, und dann hat sich Leloupe höchstpersönlich bei mir gemeldet. Hat sich wortreich dafür entschuldigt, dass wir erst durch die Presse von der Versuchsgenehmigung erfahren haben. Im Agrarministerium sei es die ganze Zeit über drunter und drüber gegangen. Offenbar musste Leloupe an allen möglichen Drähten ziehen, um die Ausnahmegenehmigung durchzudrücken. Zunächst hat die Ministerin ihm diese neuen EU-Richtlinien zum Pflanzenschutz um die Ohren gehauen, außerdem auch die EU-Regelung für das Besprühen von Feldern von Luftfahrzeugen aus, die Verbote in Artikel neun. Glücklicherweise kennt Leloupe die Regelung in- und auswendig und hat mit Absatz zwei pariert. Man darf das nämlich machen, wenn unmittelbar Gefahr für Mensch und Umwelt im Verzug ist und es keine praktikable Alternative gibt. Nach einigem Hin und Her hat die Ministerin unseren Feldversuch dann genehmigt und auch die EU-Kommission über das Vorgehen in Frankreich informiert. Von der Seite kommt noch irgendwas nach, darauf könnte ich wetten. Wir müssen also baldmöglichst loslegen, ehe sie uns neue bürokratische Hürden aufbauen."

Er trank einen Schluck Mineralwasser. „Ach ja, und dann haben Leloupe und ich gemeinsam eine etwas korrektere und ausführlichere Pressemitteilung zum Feldversuch formuliert. Geht noch heute an Leloupes großen Verteiler raus. Auch an den Bauernverband, zusammen mit der Einladung zu einem Informationsgespräch im Ministerium. Von der Seite dürften dann kaum noch Proteste kommen."

„Gut gemacht", sagten Nicole und Felix wie aus einem Munde.

„Dann haben einige wichtige Zeitungen bei mir angerufen, wollten Interviews und Stellungnahmen. Außerdem kamen jede Menge Anfragen per E-Mail." Er schüttelte den Kopf. „Die haben Nerven – als hätten wir jetzt Zeit dafür! Hab sie alle an Leloupe verwiesen, der hat ja jetzt die Vorlage für solche Auskünfte."

Er stürzte den Rest des Wassers hinunter. „So, und nun zu den wesentlichen Dingen, den praktischen. Hatte ein langes Gespräch mit Paneloux. Wie er sagt, haben sie Felder in fast allen Infektionsstadien. Auch der letzte bisher noch gesunde Acker ist seit ein paar Tagen infiziert, gerade rechtzeitig für unseren Versuch, so makaber das klingt. Dieses Feld liegt in einem windgeschützten Tal, da kam der Pilz wohl nicht so schnell hin. Wir können das Feld für den Test haben, sagt er. Und alle anderen auch. Er klang ziemlich fertig. Nach dem totalen Verlust seiner Pflanzen scheint es ihm egal zu sein, was mit den Feldern passiert."

„Klar, dass sie dort deprimiert sind", warf Nicole ein. „Schließlich ist ihre Arbeit von mindestens einem Jahr vernichtet. Sie können nur noch die Pflanzenleichen abräumen."

„Das hat er auch gesagt. Die gute Nachricht ist: Sie haben alle Ressourcen, die wir brauchen. Das Flugzeug hat er auch schon organisiert, können wir jederzeit benutzen, der Pilot steht bereit. Beide gehören zu einer privaten Firma, die das INRA nach Bedarf anheuert. In Perignac brauchen sie ja auch jedes Mal Sondergenehmigungen, wenn sie aus der Luft agieren. Zu dem Aerosol meinte Paneloux nur, es sollte möglichst dünnflüssig sein. Ein zäher Schleim könnte die Düsen verkleben."

„Und der Druckunterschied an der Düse?", fragte Felix, als François in sein Sandwich biss. „Normalerweise sprühen sie bloß Chemikalien, da ist der Druckabfall kein Problem, aber mit lebenden Zellen müssen wir vorsichtig sein."

„Dazu haben sie spezielle Düsen, meinte Paneloux", erwiderte François kauend. „Mit denen streuen sie auch Bakterien wie den Bacillus thuringensis aus. Paneloux sagt, dass die Bakterien nach dem Versprühen lebend auf den Pflanzen landen."

„Natürlich!" Felix schlug sich an die Stirn. „Darauf hätte ich selbst kommen müssen. Mit den Biobazillen klappt es ja auch."

„German hat versprochen, ebenfalls Fermenter für die Massenanzucht vorzubereiten", fuhr François fort. „Und sobald wir wissen, ob unsere Taktik aufgeht, könnt ihr auch in Ulm loslegen."

Er sah Felix und Nicole an, die zustimmend nickten. „Hab inzwischen die Menge hochgerechnet, die wir für unser Versuchsfeld brauchen. Nach meiner Kalkulation können wir in voraussichtlich sechs Tagen die Probe aufs Exempel machen, also am kommenden Samstag."

„Wir halten uns ran!", versprach Nicole.

Zum Kaffee wechselten sie in die Cafeteria über dem Kantinensaal hinüber, wo François sich mit Pierre verabredet hatte. Mit einem Espresso ausgerüstet, steuerte Pierre bereits zielstrebig den Raucherbereich an und winkte sie zu sich herüber.

Nachdem sie dort Pierre zuliebe, allerdings leicht Nase rümpfend, einen Tisch gesucht hatten, platzte er sofort mit den neuesten internationalen Nachrichten heraus: „Hab gerade Radio gehört: Katastrophenmeldungen ohne Ende. Heute früh waren Krisensitzungen in Brüssel, Warschau, Berlin und London. In Paris sowieso. Auf den internationalen Flughäfen der Hauptstädte hat es weitere Bombendrohungen gegeben, außerdem auch Demonstrationen in den Innenstädten. Der innereuropäische Flugverkehr ist komplett zusammengebrochen. Und die Grenzen sind vorerst alle dicht."

Pierre griff nach dem Aschenbecher. „Willkommen als Dauergast in Frankreich, Felix", sagte er lächelnd. „Sieht ganz so aus, als müsstest du vorläufig hierbleiben. Im Moment darf keiner mehr raus oder woanders rein. England hat heute früh zwar zwei

Flugzeuge aus Paris landen lassen, aber nur zum Auftanken, und gleich wieder zurückgeschickt. Niemand durfte aussteigen."

Pierre drückte seine Zigarette aus und zündete sofort die nächste an. „Die Deutschen haben sich aufgeregt, als einer ihrer Flieger nach Frankfurt zurückgeschickt wurde. Der war schon in der Luft, als die Engländer das verschärfte Embargo verkündeten."

Er seufzte. „Die Massenhysterie wird nicht lange auf sich warten lassen. Ich wette, dass jede Menge Leute plötzlich dringend irgendwohin fahren müssen, woran sie vorher nicht im Traum gedacht hätten. Und dann haben wir hier das reinste …"

Er brach ab, da von draußen laute Rufe und Stimmengewirr zu hören waren, sprang auf und trat ans Fenster. Unter sich sah er einen Menschenpulk und Transparente mit Aufschriften wie *Ein Giftpilz reicht! Sofortiger Stopp der genetischen Pilzversuche!* und *Transgene Pilze geben Frankreich den Rest!* Vor dem Haupteingang des Instituts hatten sich Demonstranten versammelt, die ein Banner von „ArbreVert" mit dem Symbol des grünen Baums hoch streckten. Im Hintergrund waren die Sirenen näherkommender Polizeifahrzeuge zu hören.

„Tja, das Chaos tobt offenbar schon vor unserer Haustür", sagte er, als er zum Tisch zurückeilte. „Ich glaube, wir beide werden da unten gebraucht, François."

Proteste vor dem INRA Bordeaux

BORDEAUX. Vor dem IN-RA Bordeaux, an dem derzeit Gegenmittel zum gefährlichen Getreidepilz Claviceps entwickelt werden, kam es gestern am frühen Nachmittag zu Protesten von Umweltschützern. Unter dem Motto „Ein Giftpilz reicht" hatte ArbreVert zu einer Kundgebung vor dem Institut aufgerufen, an der sich nach Angaben der Veranstalter rund 350 Menschen beteiligten. Die Polizei schätzt die Teilnehmerzahl auf circa 150 Personen.

Als der „spontane", nicht angemeldete Demonstrationszug vor dem Hauptgebäude eintraf – ArbreVert hatte dazu einen Autokorso organisiert – trat Projektleiter François Bertrand, INRA, vor die Menge und erklärte sich zu einer Stellungnahme zur Funktionsweise und zum Gefahrenpotenzial des transgenen Pilzes bereit. Die inzwischen angerückten Polizeibeamten bat er, auf eine Räumung des Geländes zu verzichten, da es sich seiner Einschätzung nach um einen friedlichen „Meinungsaustausch" handele. Jeder Bürger habe ein „Recht auf Information".

Yvette Martin, örtliche Sprecherin von ArbreVert, begrüßte seine Bereitschaft zum Dialog. Doch noch während sie Bertrand ein Megafon reichte, wurden Sprechchöre laut und aus der Menge heraus Farbbeutel auf Bertrand und seinen Mitarbeiter Pierre Rousseau geschleudert. Die Polizei reagierte sofort, indem sie die mutmaßlichen Werfer festnahm und mit der Räumung des Platzes begann, während sich Bertrand und Rousseau ins Gebäude zurückzogen.

Im Namen ihrer Organisation distanzierte sich Martin von den Ausschreitungen und entschuldigte sich öffentlich bei Bertrand und Rousseau. Zugleich betonte sie in ihrer Presseerklärung, auch ArbreVert sei „zu einem öffentlichen Dialog mit den Wissenschaftlern jederzeit bereit." (*AFP*)

(Aus: Le Jour)

Pro und Contra „Genpilz"
an der Universität Bordeaux

Als Reaktion auf die Vorfälle vor dem INRA Bordeaux (wir berichteten) hat der Fachbereich Biologie der Universität Bordeaux für den kommenden Freitag, 19 Uhr, Aula, eine öffentliche Podiumsdiskussion mit dem Titel „Claviceps – ein Schritt vor, zwei Schritte zurück?" angekündigt. Vertreter des Agrarministeriums Aquitaine, des INRA Bordeaux, des Bauernverbandes und der Umweltschutzorganisation Arbre-Vert haben ihre Teilnahme bereits zugesagt und werden dabei Stellung zur Bekämpfung der Pilzseuche nehmen.

(Aus: Le Jour, zwei Tage später)

26 Berlin, Deutschland

„Wir können die Entscheidung nicht vertagen." Kalkhaus kochte innerlich. Er war aber viel zu sehr Verhandlungsprofi, als dass er sich irgendetwas hätte anmerken lassen.

„Meine sehr geehrten Damen und Herren", sagte er äußerlich ruhig und musterte die beiden Frauen und drei Männer am runden Tisch. „Leider haben wir keine Zeit für weitere Überprüfungen. Und leider gibt es auch kaum noch etwas zu diskutieren. Denken Sie daran: Schlimmer kann es nicht mehr werden. Vom wissenschaftlichen, aber auch vom ökonomischen und politischen Standpunkt aus müssen wir der Strategie der französischen Wissenschaftler zur Bekämpfung der Pilzseuche zustimmen."

Nachdem die EU die Entscheidung über den Einsatz des transgenen Claviceps gegen die Pilzseuche an die unmittelbar betroffenen Mitgliedsstaaten delegiert hatte, war von der deutschen Agrarministerin unverzüglich eine Sonderkommission eingesetzt worden, die eine Entscheidungsvorlage für die Regierungskoalition erarbeiten sollte. Als Experten des Wissenschaftsministeriums hatte man Kalkhaus mit dem Vorsitz betraut.

Der grüne Umweltminister hatte zwei Vertreterinnen entsandt, die sich bereits vehement gegen die Freisetzung des genetisch veränderten Pilzstammes aus den Labors von Bordeaux ausgesprochen hatten. Wieder und wieder hatten sie auf die Paragrafen des Gentechnikgesetzes verwiesen, die ausführliche Evaluationen und Überprüfungen vorschrieben.

Hingegen hatten sich die drei Vertreter des Bundesministeriums für Ernährung, Landwirtschaft und Verbraucherschutz bisher nicht eindeutig geäußert und weiteren Informationsbedarf geltend gemacht. „Diese Entscheidung ist nicht auf die leichte Schulter zu nehmen", hatte einer von ihnen betont. „Wir dürfen sie nicht an der Bevölkerung vorbei treffen. Nach aktuellen Umfragen sind zweiundsiebzig Prozent grundsätzlich gegen Gentechnik eingestellt. Und vierundfünfzig Prozent sind gegen die Freisetzung des genetisch veränderten Pilzes."

Kalkhaus seufzte. Solche Umfragen kannte er zur Genüge. Er wusste, dass deren Ergebnisse in erster Linie mit der Art der Fragestellung zusammenhingen. Wie konnte man auf derart undifferenzierte Fragen wie „Sind Sie für Gentechnik oder dagegen?" eine aussagekräftige Antwort erwarten! Oder die Meinung zum Einsatz eines „gentechnisch veränderten Pilzes" erfragen, ohne den nötigen Hintergrund an Informationen zu geben! Viel mehr hätte ihn die Meinung der Menschen in den Regionen interessiert, in denen der wilde Claviceps bereits gründlich gewütet hatte. Mit Sicherheit würde das Ergebnis dort anders aussehen.

Aber er kannte die Hörigkeit der Politiker gegenüber solchen Meinungsumfragen. Wer stand schon gern im Sperrfeuer der Medienkritik, wenn er unpopuläre Entscheidungen durchsetzen musste?

Er überlegte fieberhaft. Wie konnte er das Ruder herumreißen? Wie eine Zustimmung dazu bekommen, die Freisetzung des transgenen Claviceps prinzipiell und im Voraus zu genehmigen, so wie es in Polen und Belgien bereits geschehen war?

„Meine Damen und Herren", sagte er schließlich. „Uns bleibt schlicht keine Zeit, diese Geschichte auszusitzen oder zu vertagen. Keine Zeit für weitere Anhörungen. Keine Zeit, den Ethikrat tagen zu lassen. Keine Zeit für irgendwelche Bundestagsausschüsse. Wir müssen den Einsatz des einzigen Gegenmittels hier und heute in die Wege leiten, denn er kostet in Deutschland ja auch noch Vorbereitungszeit. Und mit jedem weiteren Tag sterben weitere Felder und sind Menschenleben bedroht. Ist Ihnen denn nicht bewusst, dass bei uns der Ausnahmezustand herrscht? Dass der internationale Personen- und Güterverkehr vollständig zum Erliegen gekommen ist, die Wirtschaft Tag für Tag Milliarden von Einbußen hinnehmen muss, wir uns mitten in einer schwerwiegenden ökonomischen und politischen Krise befinden? Bitte überzeugen Sie sich mit eigenen Augen davon, was diese Seuche bewirkt."

Er schaltete Laptop und Beamer ein und rief die Powerpoint-Präsentation auf, die er im Vorfeld dieser Sitzung zusammengestellt hatte.

Auf dem ersten Bild leuchtete ein goldenes Weizenfeld unter einem strahlend blauen Sommerhimmel.

„So friedlich sah es hier aus, bevor der Pilz kam."

Das nächste Bild zeigte schwarze, tote Äcker.

„Und das hat der Pilz daraus gemacht."

Immer schneller folgte Bild auf Bild: Szenen von der chaotischen Räumung des Frankfurter Flughafens, Aufnahmen von aufgebrachten Menschenschlangen vor der geschlossenen Grenze von Kehl, von gewaltsamen Auseinandersetzungen in Supermärkten, von Kundgebungen des Bauernverbandes, von Demonstrationen der Gewerkschaften gegen die Kurzarbeit in vielen exportabhängigen Unternehmen.

„Wollen Sie unserem Land das wirklich antun?", fragte er. „Wollen Sie ihm das einzig bekannte Gegenmittel gegen diese Seuche, gegen diese Krise wirklich vorenthalten?"

„Schöne Rhetorik", fuhr die Wortführerin der Grünen dazwischen. „Aber so funktioniert das nicht. Sie können uns nicht einfach durch irgendwelche Horrorszenarien unter Druck setzen. Vielleicht gibt es bald Bilder aus Frankreich, die einige verheerende Wirkungen Ihres hochgepriesenen transgenen Pilzes zeigen? Wir werden der Freisetzung von genetisch veränderten Organismen ohne die gesetzlich vorgeschriebenen Evaluationen auf keinen Fall zustimmen."

„Wir sehen das etwas anders", erklärte einer der Vertreter des Landwirtschaftsministeriums. „In Anbetracht der Tatsache, dass sich kein anderer Ausweg aus dieser grenzübergreifenden Krise abzeichnet und wir unverzüglich handeln müssen, stimmen wir dem Einsatz des transgenen Pilzes grundsätzlich zu. Mit der

Einschränkung, dass er zunächst einmalig in einem genau kontrollierten kleinen Bereich durchgeführt werden sollte, weit abseits von jeder Besiedelung. Und unter dem Vorbehalt, dass der Feldversuch in Frankreich tatsächlich die erhofften Ergebnisse bringt. Bis dahin sollten wir noch abwarten, in der Zwischenzeit jedoch schon alle nötigen Vorbereitungen zum breitflächigen Einsatz des Anti-Seuchenmittels treffen. So lautet unsere Empfehlung an die Regierung."

Und so endete die Debatte ohne einmütiges Ergebnis. Die kontroversen Stellungnahmen bargen genügend Sprengstoff für eine saftige Krise in der Regierungskoalition.

Noch am selben Nachmittag ließ sich Kalkhaus mit German Nördlich in Ulm verbinden.

27 Bordeaux, Frankreich

François hatte nicht nur im wahrsten Sinne des Wortes den eigenen Kopf hingehalten, um ihr Projekt aus der öffentlichen Schusslinie zu ziehen, sondern erwies sich in den Folgetagen auch als gewiefter Taktiker.

Während er und Pierre sich mühsam von der klebrigen roten und grünen Farbe befreiten, fluchte er zwar lautstark auf alle „frei herumlaufenden Idioten, Ignoranten und Chaoten" im Umkreis von ArbreVert, verzichtete aber auf eine Strafanzeige wegen Körperverletzung.

Unverzüglich nahm er Yvette Martin von ArbreVert beim Wort (und in die Pflicht) und erklärte sich öffentlich für dialogbereit. Zugleich spann er seine Fäden zur Universität Bordeaux, zum Agrarministerium von Aquitaine und zum Bauernverband. Nachdem er den Fachbereich Biologie der Universität als Veranstalter einer Podiumsdiskussion gewonnen hatte, ließ er den Termin wegen „eigener Unabkömmlichkeit während der nächsten Tage" so legen, dass die Ergebnisse des Feldversuchs bis dahin so oder so feststehen würden. Entweder ihre Methode der Pilzbekämpfung würde scheitern – dann mussten sie die Versuche vorerst sowieso auf Eis legen und weiterforschen – oder sie würden mit einem Erfolg allen Gegnern den Wind aus den Segeln nehmen.

Bei Anfragen der Presse zum Stand des Projekts verwies er auf die kommende öffentliche Veranstaltung. Selbstverständlich erwähnte er nicht, dass sie den transgenen Pilzstamm schon vorher auf einem infizierten Feld testen würden. Und das unterließ er sogar guten Gewissens, denn auch sein Team wusste noch nicht, wann und wo genau der Versuch stattfinden würde. Nur Eines war klar: Den vorgesehenen Termin am kommenden Samstag würden sie beim besten Willen nicht halten können.

Während François den anderen in jeder Hinsicht den Rücken frei hielt, setzten Felix und Nicole die letzten Vorbereitungen auf den Stichtag fort.

Auch in Perignac liefen die Vorbereitungen auf Hochtouren. Das Team aus Bordeaux hatte sich mit Paneloux darauf geeinigt, dass Paneloux, Nicole, Felix und einer der Techniker die Sprühaktion mit einer kleinen Cessna durchführen würden; der angeheuerte Pilot war bereits informiert. Zusammen mit den Technikern hatte er die überzähligen Sitze ausgebaut und den Raum mit Tanks und Pumpen für die Sprühmittel und anderen Maschinen vollgestopft.

Alles war geregelt: Pierre würde sie am Morgen des entscheidenden Tages nach Perignac chauffieren. Die Gefäße mit den Pilzzellen wollten sie besonders gesichert hinten im Kleinbus verstauen.

Nur spielte der Pilz nicht ganz so mit, wie geplant: Es dauerte schließlich doch zwei volle Tage länger als geplant, bis sie genügend von dem dreifach transformierten Claviceps ernten konnten. Die Zellen waren nicht so schnell gewachsen, wie sie gehofft hatten. Nicole musste einige Platten für ein zweites Animpfen opfern. Aber die Gewächshausversuche liefen gut. Die Dreifachmutante kreuzte sich auf allen Pflanzen mit dem mutierten Claviceps und neutralisierte ihn.

Endlich war der Weg für das Feldexperiment frei.

28 Perignac, nordöstlich von Bordeaux

Sie hatten sich mit Paneloux auf dem kleinen Flugplatz von Perignac verabredet. Mit zwei Technikern des Instituts, Claude und Marc, wartete er bereits auf dem Flugfeld. Die beiden waren Sprühspezialisten und normalerweise für die Strömungsmechanik bei der Vernebelung von Pestiziden zuständig. Der Pilot, Jean Buscot, war in dem kleinen Hangar damit beschäftigt, das Auftanken der Cessna zu überwachen.

Eine ganze Stunde lang panschten Claude und Marc mit der Pilzsuspension herum und versuchten mit einer Salzlösung, die Viskosität der Flüssigkeit zu verringern. Nach mehrfachen Verdünnungen maßen sie ein letztes Mal die Zähigkeit der Pilzsuppe und atmeten schließlich erleichtert auf. In ihrem Umfeld standen jetzt deutlich mehr Claviceps-Lösungen herum, als die Wissenschaftler aus Bordeaux mitgebracht hatten. Das Volumen hatte sich durch die Verdünnungen so erweitert, dass sie noch zwei leere, gespülte Mayonnaiseeimer aus einem Restaurant hatten holen müssen. Sie wuschen sich sorgfältig die Hände: erst mit einer Desinfektionslösung über einem aus dem Institut mitgeschleppten biologischen Abfallcontainer, dann unter einem Wasserhahn an der Außenseite des Hangars.

Da die Cessna inzwischen aufgetankt und flugbereit war, gingen sie zusammen mit Buscot zum Aufenthaltsraum des winzigen Flughafengebäudes hinüber, wo sich die Wissenschaftler am Getränkeautomaten versammelt hatten.

„Fertig", sagte Marc zu den Wartenden. „Die Pumpen müssten die Brühe jetzt schaffen, solange keine Zellen verklumpen."

Er zog eine Plastikflasche mit Mineralwasser aus dem Automaten und trank einen großen Schluck. „Gott sei Dank hatten wir Kanister mitgebracht. Nur mit den Tanks und den Eimern aus der Kneipe wären wir niemals ausgekommen. So hat es gerade gereicht."

Claude wandte sich an François. „Ihr müsst bedenken, dass wir die Pilzzellen auf ungefähr ein Drittel herunterverdünnt haben. Also müsst ihr jetzt die dreifache Menge Lösungsmenge pro Quadratmeter verteilen."

François wirkte leicht verunsichert. „Tja, wie viel wir brauchen, wissen wir auch nicht genau. Zehn Millionen Zellen pro Quadratmeter sollten reichlich sein, und so um die Hunderttausend müssten gerade hinkommen. Weniger wäre zu wenig, um den meisten der mutierten Claviceps-Zellen einen Partner anzubieten. Wir dachten, an einer Seite des Feldes konzentriert mit vielen Zellen anzufangen, und die Menge zur anderen Seite hin dann mehr und mehr zu reduzieren."

Der Techniker schob die Unterlippe vor. „Wir schätzen, dass die Suspension pro Liter immer noch zehn Millionen Zellen beträgt. Bei der höchsten Konzentration müsste also ein Liter pro Quadratmeter reichen. Das müsste Buscot gerade so hinkriegen. Er hat Erfahrung mit solchen Flügen. Weniger Lösung pro Quadratmeter zu verteilen, dürfte dann leichter sein."

Buscot schüttelte den Kopf. „So einfach ist das leider nicht, Leute. Theoretisch habt ihr zwar recht, aber meistens schaffen die Pumpen dann doch nicht so viel. Um die theoretische Leistung von einem Liter pro Quadratmeter hinzubekommen, müssen sie bis zum Anschlag aufgedreht und die Lösungen so dünn wie möglich sein. Wenn eure zähe Pilzsuppe knapp an der Grenze zur Vernebelung ist, schaffen wir das kaum. Selbst wenn wir so langsam und niedrig wie möglich fliegen, wird's eng. Die einzige Chance wäre, gegen den Wind zu segeln, und zwar mit verringerter Geschwindigkeit und nahe am Boden. Der Wind ist heute aber schwach und wird auch nicht stärker werden, sagt die Vorhersage der Wetterwarte. Sonst ist das Wetter ideal: warm, aber nicht zu heiß, hohe Luftfeuchtigkeit. Da sollten die Zellen überleben, und das Aerosol müsste gleichmäßig zu Boden sinken, ohne abzudriften."

Er ging zu der Landkarte hinüber, die auf einem der Plastiktische ausgebreitet war, und fuhr mit dem Zeigefinger das Feld ab, das Paneloux ausgesucht hatte.

„Wir müssten das Flugmuster um fünfundvierzig Grad drehen und in einer Ecke anfangen. Dabei jeweils nur auf dem Flug gegen den Wind sprühen. Das heißt, dass der Flug mehr als doppelt so lange wie gedacht dauern wird, da wir nur auf der Hälfte der Überflüge sprühen werden und in den Ecken nur sehr kurze Bahnen haben. Für die Wendemanöver brauche ich immer eine gewisse Strecke, also Zeit."

Er wandte sich an Paneloux. „Ist es ein Problem, wenn wir länger brauchen, außer, dass es entsprechend teurer wird?"

Paneloux winkte ab. „Die Kosten sind nicht das Problem, die tragen wir sowieso nicht selbst. Wichtig ist hier nur, den Pilz in den Griff zu bekommen."

Der Pilot zuckte mit den Achseln. „Na gut, probieren wir's. Ich werde versuchen, so langsam und tief wie möglich zu fliegen. Zum Glück liegt ringsum nur Acker. Ich glaube, ich kenne das Feld, bin ich schon ein paar Mal daran vorbeigeflogen. Da stehen wenigstens keine Bäume in der Nähe."

Paneloux nickte. „Die Felder ringsherum sind alle tot. Dick mit Claviceps befallen. Der Pilz ist auf diesen Äckern schon länger unterwegs als auf unserem Versuchsfeld. Dieses mittlere Stück liegt in einer leichten Mulde. Da kam der Pilz erst später hin und ist gerade in voller Blüte. Bäume stehen erst auf den nächsten Hügeln. Die sind aber so weit weg, dass ihr vor den Baumreihen problemlos wenden könnt."

Er grinste leicht. „Macht also überhaupt nichts, wenn von dem transformierten Claviceps was auf die Felder daneben spritzt."

Buscot griff nach der Tasche mit den Flugunterlagen, holte die Papiere und Formulare für die Fluganmeldung heraus und begann die Flugdaten einzutragen. „Also, zum Papierkram. Wie viel Flüssigkeit haben wir jetzt an Bord? Das ist ja durch die Verdünnung deutlich mehr geworden."

Claude zog einen Notizzettel heraus, „Für die fünftausendfünfhundert Quadratmeter haben wir jetzt insgesamt achthundertzwanzig Liter statt der ursprünglich vorgesehenen zweihundertfünfzig Liter. Zuerst, wie gesagt, einen Liter pro Quadratmeter verteilen, danach bei jedem Überflug den Ausstoß drosseln. Einer von uns muss während des Fluges die Kanister wechseln, aus denen die Suspension mit dem transgenen Pilz gesaugt wird. Am Anfang, wenn viel durch die Düse zischt, sollten wir die großen eingebauten Tanks nehmen. Zum Glück ist in der Maschine noch ein altes System eingebaut, das über eine Saugleitung funktioniert. Bei den neuen Flugzeugen sind die Behälter unter den Tragflächen montiert, und man kommt während des Fluges nicht mehr ran."

„O je, da haben wir aber ein dickes Problem mit dem Gesamtgewicht", erklärte Buscot nach kurzem Nachrechnen. „Mit so viel Brühe in der Maschine wird es nicht nur eng, sondern zu schwer. Es kann nur noch eine Person mitfliegen, allenfalls zwei Leichtgewichte. Auf keinen Fall mehr als 120 bis 130 Kilogramm insgesamt."

Paneloux blickte an seinem gerundeten Bauch hinunter und zuckte mit gespielter Verzweiflung die Achseln. „Ab sofort gehöre ich zum Bodenpersonal. Ist mir aber durchaus recht. Wenn ich an die engen Kurven denke, die ihr fliegen müsst, wird mir schon hier unten schlecht. Vielen Dank für die gute Entschuldigung."

Der ebenfalls rundliche Claude, der sich während des Fluges um den Containerwechsel hatte kümmern sollen, blickte fragend zu Nicole und Felix hinüber. „Traut ihr euch zu, während des Fluges nicht nur Papiertüten an den Mund zu halten, sondern auch den Ansaugstutzen von Container zu Container zu schieben? Dann bleibe ich auch unten. Ich zeige euch, worauf ihr achten müsst."

Buscot musterte die beiden von oben bis unten. „Die Dame ist ja zierlich, und der Herr zwar groß, aber sehr schlank. Ich schätze euch auf plus/minus fünfzig beziehungsweise fünfundsechzig Kilo, kommt das ungefähr hin?"

Nicole und Felix nickten.

„Vom Gewicht her werdet ihr also gerade so reinpassen. Ich denke, euch verkraften wir. Wichtig ist, die Container so zu verstauen, dass das Gewicht gut verteilt ist und gleichmäßig geleert werden kann. Die Reihenfolge, in der die Behälter ausgepumpt werden, müssen wir genau festlegen. Der Containerwechsel muss reibungslos laufen. Darum kann ich mich nicht kümmern, sonst landen wir irgendwo, wo keiner hin will."

Claude stand auf, klopfte Felix auf die Schulter und winkte Nicole mitzukommen. „Auf in den Hangar. Dort zeige ich euch, was zu tun ist."

Währenddessen unterschrieb Buscot den Flugplan, fügte die Namen seiner Passagiere ein und schickte das Fax an die Flugsicherung in Bordeaux.

In der Halle standen die ältliche Cessna und zwei andere Privatflugzeuge. Claude, Marc, Nicole und Felix verstauten die Container in den eingebauten Gestellen und auf den hinteren Sitzen der Cessna. Anschließend markierten sie die Reihenfolge, in der die Plastikgefäße abwechselnd rechts und links geleert werden sollten.

Bald darauf stieß Buscot zu ihnen, kontrollierte die Sicherung der Ladung und machte sich an den Pre-Flight-Check. Dazu ging er um das Flugzeug herum, bewegte hier und da die Klappen und hakte sorgfältig die einzelnen Punkte auf seiner Liste ab. Schließlich scheuchte er Nicole und Felix zur Luke, winkte Felix neben sich und ließ Nicole in der hinteren Reihe neben den Containern Platz nehmen. Nachdem er sich die Kopfhörer übergestülpt und die Instrumente überprüft hatte, ließ er den Motor an und den Flieger langsam auf die Wiese rollen, die als Startbahn diente.

„Seid ihr bereit? Beide angeschnallt?"

Wegen des Motorenlärms verstanden sie den Piloten nicht. Erst als er seine Fragen schreiend wiederholte, nickten sie und deuteten auf ihre Sicherheitsgurte. In dem winzigen Flugzeug dröhnte der hochtourige Motor ohrenbetäubend laut.

Buscot lachte. „Wartet nur, bis wir voll aufdrehen und der Motor seine Touren für den Take-off erreicht. Die alte Dame kann noch ganz schön Krach machen."

Felix wunderte sich. Die Türen sahen zerbrechlicher aus als beim billigsten Kleinwagen. Er fühlte sich ziemlich ungeschützt hinter dem dünnen Blech. Auch die Fenster schienen schlecht zu der komplizierten Maschinerie eines Flugzeugs zu passen. Einfache Klappen an kleinen Scharnieren, die wie bei den alten 2CV-Enten nach außen hochgestemmt und dort festgeklemmt wurden.

Das tat Buscot jetzt auf seiner Seite. Er wendete die Maschine am Ende der Wiese, um die Bewegungen der Klappen und Seiten- und Höhenruder zu verfolgen, während er die entsprechenden Hebel und den Steuerknüppel bediente. Interessiert verfolgte Felix, welcher Hebel wofür zuständig war. Noch nie hatte er in einer so winzigen Flugmaschine und direkt neben dem Piloten gesessen. Als Buscot an ein kleines rundes, aus dem Armaturenbrett herausragendes Glas klopfte, fragte er Buscot nach dessen Funktion.

„Das ist der sogenannte künstliche Horizont. Wie alles hier drinnen ist er zwar ein bisschen altersschwach, aber er funktioniert. Wirst du nachher sehen, wenn wir fliegen. Die Kugel verlagert sich entsprechend der Neigungswinkel. Das merkst du besonders in den Kurven, wenn die Kiste schief hängt. Die Kugel hält immer die Waage, und du kannst sowohl den Neigungswinkel zur Seite als auch die Winkel nach vorn oder hinten erkennen. Der Winkel der Flugzeugnase über dem Boden gibt dir gleichzeitig die Steigung an. Dabei spielt aber auch die Geschwindigkeit eine Rolle. An den künstlichen Horizont muss man sich erst gewöhnen. Meistens versucht man aus dem Fenster zu sehen und denkt, man orientiert sich besser an dem, was man da draußen sieht. Aber das kann täuschen. Bei dem Auf und Ab in Turbulenzen wird der Gleichgewichtssinn so durcheinandergeschüttelt, dass man auf sein Gefühl nichts mehr geben kann. Und bei Nebel oder Wolken siehst du vom Boden sowieso nichts. Die Zahlen auf dem künstlichen Horizont geben dir meistens eine zuverlässigere Information. Aber es dauert einige Flugstunden, bis einem das in Fleisch und Blut übergeht."

Gleich darauf schob Buscot einen Doppelhebel über seinem Kopf nach vorn. „Vollgas!"

Als der Motor aufheulte und der Propeller aufdrehte, begann die ganze Maschine zu vibrieren. Erst in gemächlichem Tempo, dann schneller und schneller hoppelten sie auf der Grasbahn an Hangar und Flughafengebäude vorbei, wo François, Paneloux und die Techniker winkend standen. Schließlich zog Buscot sanft am Steuerknüppel, und die Maschine hob gehorsam ab.

„Jetzt solltest du den Weg verfolgen, damit wir während des Fluges jederzeit wissen, wo wir sind." Buscot deutete auf die Landkarte, die Felix auf dem Schoß ausgebreitet hatte. „Versuch mal, dich zu orientieren."

Felix musterte die Karte: In großem Maßstab zeigte sie die INRA-Station mit den umliegenden Wiesen, ausgedehnten Feldern und vereinzelten Häusern. Die Flugpiste fand er schnell, aber um die Höhenlinien mit den unter ihnen vorbeiziehenden Hügeln in Einklang zu bringen, musste er mehrere Male hinaus und zurück auf die Karte blicken. Zum Glück war ihr Ziel, das Versuchsfeld, deutlich mit einem roten Kreuz markiert.

Bald darauf erreichten sie die Getreidefelder – schwarze Flächen, leer und öde. Gebannt starrten Felix und Nicole auf die Wüste, die nur vom Grün der Busch- und Baumreihen und einigen kleinen Wäldchen unterbrochen wurde.

„Ich seh das zwar fast jeden Tag", bemerkte Buscot, „aber hab mich noch immer nicht daran gewöhnt. Macht mir jedes Mal Angst. Ihr hättet die Felder hier vor ein paar Monaten sehen sollen: prachtvoll grün und vor Kraft strotzend. Im Sonnenlicht und bei leichter Brise ein herrlicher Anblick. Und jetzt – alles tot. Umgebracht von diesem Scheißpilz. Hoffentlich hat eure Strategie Erfolg. Ich hab zwar nicht so genau verstanden, wie ihr den Giftpilz ausschalten wollt, aber Paneloux meinte, euer Versuch sei unsere letzte Chance. Über die Herbizide und Insektizide weiß ich inzwischen einigermaßen Bescheid, aber eure Molekularbiologie und die transformierten Zellen sind mir zu hoch. Seid ihr auch sicher, dass nichts Schlimmes passieren kann? In der Zeitung stand, ihr würdet einen noch gefährlicheren Pilz freisetzen und wüsstet nicht mal genau, was ihr da ausstreut. Die Umweltorganisationen hetzen ganz schön gegen euch."

Felix und Nicole nickten beklommen. Angesichts der gewaltigen Macht des winzigen Pilzes fühlten sie sich plötzlich klein und ohnmächtig. Beide dachten an die schreckliche Verantwortung, die jetzt auf ihnen lastete. Was, wenn sie die Hoffnungen so vieler Menschen enttäuschten?

Buscot riss Felix aus seinen Gedanken, indem er ihn heftig in die Rippen stieß. „Hinter dem Wäldchen da vorn müsste jetzt gleich unser Feld auftauchen."

Felix folgte auf der Landkarte dem kleinen Fluss, der sich unter ihnen schlängelte, und fand dort auch den vor ihnen liegenden Hügelkamm. Er nickte dem Piloten zu.

Buscot drehte sich kurz zu Nicole um. „Bist du bereit? Das Aussaugen der ersten Haupttanks müsste eigentlich problemlos funktionieren. Ich sag dir Bescheid, wenn ich die Pumpe anwerfe. Diese Tanks sind ziemlich groß. Es wird also ein Weilchen dauern, bis wir zu den kleineren Kanistern kommen. Von da an wird es kritisch für dich. Du musst dann ständig darauf achten, ob sie leer werden. Und möglichst schnell den Saugrüssel in den nächsten Container umstecken."

Buscot ging so weit herunter, dass sie den letzten Hügelkamm knapp über den Baumwipfeln überquerten. Vor ihnen lag das Tal mit dem Versuchsfeld. Kein richtiges Tal, eher eine weite Bodensenke. Felix konnte die unterschiedlichen Infektionsstadien des Feldes an ihrer Farbtönung erkennen. In nur zwanzig Metern Höhe flogen sie auf die Mitte der Mulde zu, wo man die Ackergrenzen anhand der Traktorspuren erkennen konnte. In der höher gelegenen rechten Hälfte war das Feld deutlich dunkler als im tiefer liegenden Teil, in dem das Getreide noch stand und sich erst schwarz einzufärben begann. Vor den Reihen fielen Felix Schilder auf: Vermutlich markierten sie die einzelnen Zuchtlinien.

Im Nu hatten sie das andere Ende des Feldes erreicht. Als Buscot „Vorsicht, Kurve!" rief, legte sich das Flugzeug auch schon auf die Seite, sodass Felix den Boden unmittelbar unter sich hatte, als er aus dem Fenster sah. Unwillkürlich hielt er sich am Türgriff fest; die Landkarte rutschte ihm vom Schoß. Nicole stieß einen spitzen Schrei aus.

„Keine Panik", lachte Buscot. „Wir fliegen noch eine kleine Runde zur Erkundung, und dann fangen wir in der Ecke dort drüben an." Buscot wies mit dem Finger nach vorn, wo direkt in Flugrichtung der Winkel des Feldes auftauchte, den sie als Startpunkt für die höchste Konzentration an Claviceps-Zellen ausgesucht hatten. „Noch ein Überflug, Kurve und wieder zurück, dann habt ihr euch an das Gefühl gewöhnt. Ist gar nicht so schlimm, wie es einem beim ersten Mal vorkommt."

Diesmal legte Buscot die Kurve ohne jede Vorwarnung ein, sodass Felix und Nicole gleichzeitig aufstöhnten. Als der Pilot sein Fenster nach oben klappte und den Kopf hinausstreckte, übertönte der Fahrtwind sogar das Motorengeräusch. Die plötzliche Brise zerrte an den Haaren des Piloten und wirbelte wild durch die Kabine.

Schließlich zog Buscot den Kopf wieder ein. „Das müsste gehen. Ich hoffe, wir sind so langsam, dass wir genügend Flüssigkeit pro Quadratmeter herunterschaffen können." Buscot steuerte jetzt diagonal über das Feld. „Sobald wir die nächste Kurve geflogen haben, schalte ich die Pumpe ein. Nicole, du achtest auf die Pegel in den Containern."

Er streckte seinen Kopf wieder hinaus, zog die Höhenruder weiter hoch und drosselte gleichzeitig den Motor. Das Flugzeug wurde deutlich langsamer. Felix kam es vor, als ob es in der Luft stehen bliebe. Buscot zog eine vorsichtige Kurve, bei der sie mit der einen Flügelspitze fast die Baumwipfel berührten, gab wieder etwas mehr Gas und richtete die Maschine so aus, dass sie gerade auf den Winkel des Versuchsfeldes zu glitt. Während er nach draußen sah, tastete er mit der rechten Hand zwischen den Sitzen herum und tippte auf einen der Knöpfe an einer Schalttafel.

Nicole fasste Felix an der Schulter und deutete nach unten. Er sah gerade noch, wie sich eine kleine Nebelwolke exakt über die ausgesuchte Ecke des Feldes legte.

„Wahnsinn", sagte er. Als Buscot ihn fragend ansah, wiederholte er: „Wahnsinn! Maßarbeit. Haargenau getroffen."

Der Pilot lächelte zufrieden. „Nicht schlecht, wie? Jahrelange Übung. Ich mache das seit zwölf Jahren immer mal wieder, Felder besprühen. Ab und zu ein Rundflug für die Kids oder die Gewinner eines Preisausschreibens, dann mal wieder Felder."

Buscot lachte leise in sich hinein, während er die nächste Kurve beendete und zum zweiten Mal anflog. Wieder steckte er den Kopf aus dem Fenster und musste im Fahrtwind die Augen selbst hinter der Sonnenbrille zusammenkneifen. Mit der rechten Hand löste er den nächsten Sprühnebel aus. Felix beobachtete, wie die Dunstwolke mit den genetisch veränderten Pilzzellen wieder zielgenau auf den etwas längeren Feldabschnitt fiel.

Buscot schob den Kopf wieder herein. „Bei den Rundflügen baue ich immer ein paar extrasteile Kurven ein. Vorher teile ich aber Spucktüten aus, sicher ist sicher. Schließlich hab ich keine Lust, hinterher noch stundenlang in dem Gestank zu sitzen. Ein paar steile Kurven, und die Leute fühlen sich wie Abenteurer."

Schon hatte er den Kopf wieder im Wind, zog die nächste scharfe Kehre und setzte zur dritten Sprührunde an. „Wie weit sind wir mit den Containern?", rief er nach hinten.

„Für den nächsten Flug wird der erste Tank nicht mehr ganz reichen", schrie Nicole. „Wir haben jetzt schon mehr als bei den ersten Flügen gebraucht."

„Dann musst du den Hebel schon während des Sprühens umlegen. Sieh zu, dass du es schaffst, während noch ein kleiner Rest im ersten Container drin ist. Bereit zur nächsten Runde?"

Erneut wendete Buscot die Maschine, drosselte die Geschwindigkeit und begann zu sprühen. Kurz bevor sie das Ende des Feldes erreicht hatten und die nächste steile Kurve zum Rückflug einlegten, fragte er Nicole: „Hast du eigentlich schon umgeschaltet?"

„Ja, mittendrin war der erste Kanister leer."

Jean Buscot war beeindruckt, „He, das war gut. Hab gar nichts gemerkt, der Nebel kam ohne Pause. So eine flotte Assistentin könnte ich öfter brauchen. Okay, noch drei Runden."

Inzwischen brannte die Sonne so stark, dass die Luft über dem aufgeheizten Boden zu flimmern begann.

„Vorletzte Runde", rief Buscot schließlich. Wie bei jedem Überflug schaute er aus dem offenen Fenster auf den Boden und verfolgte die sich langsam setzenden Nebelschwaden. Auch Felix beobachtete die kleine Aerosolwolke, die sich auf das Feld senkte, blickte aber gleich wieder nach vorn. Es war ihm nicht wohl dabei, dass der Pilot den Kopf ständig aus dem Fenster streckte und kaum in Flugrichtung blickte. Und diesmal rasten sie auf irgendetwas zu. Sein Magen zog sich zusammen: Direkt vor sich sah er eine düstere Windhose. Der Wirbel sog den schwarzen Pilzstaub vom Nachbarfeld auf, zog ihn in ihre Flughöhe hoch und drehte sich weiter.

Er wollte Buscot noch warnen, aber da war das Flugzeug schon durch die schwarze Wolke geschossen. Der Pilot hielt immer noch den Kopf nach draußen gestreckt. „Windhosen sind ziemlich harmlos, so lange sie so klein sind", rief er Felix zu. „Bis zu einem richtigen Hurrikan fehlt da noch Einiges. Das Maschinchen hat nicht einmal gewackelt. Oder hast du etwas bemerkt?"

„Nein. Aber diese Windhose sah wegen des schwarzen Staubes ziemlich gefährlich aus."

Buscot setzte zur letzten Runde an, konzentrierte sich auf die Kehre und das letzte Sprühen, ehe er das Fenster schließlich zuklappte. „Okay, das war's, Freunde. Jetzt düsen wir zurück zum Flugplatz." Er nieste heftig.

Felix blickte noch einmal zum Versuchsfeld zurück, das jetzt hinter dem Hügelkamm verschwand. Nach und nach fiel die Spannung von ihm ab. Die Zellen hatten ausgereicht, und sie hatten auch die geplante Konzentrationsdichte am Anfang geschafft. Jetzt mussten sie nur noch abwarten, ob die „guten" Zellen die „bösen" tatsächlich ausschalten würden.

Buscot rieb sich die Augen, nieste erneut und versuchte, mit der rechten Hand ein Taschentuch aus der Hosentasche zu ziehen. Felix achtete nicht darauf, da er gerade einen Vogelschwarm beobachtete, der unter ihnen schnell vorbeizog. Plötzlich merkte er, dass sie nicht mehr geraden Kurs hielten, sondern eine leichte Rechtskurve einschlugen. Fragend sah er zu Buscot hinüber, doch der war immer noch mit seinem Taschentuch beschäftigt und hielt den Kopf gesenkt.

Felix sah den Wald auf der nächsten Hügelkuppe direkt auf sich zukommen. Jetzt spürte er die Abwärtsbewegung, fühlte, wie Buscot das Flugzeug wohl noch ruhig, aber nicht mehr waagerecht in der Luft hielt. Es verlor stetig an Höhe.

Alarmiert blickte Felix über seine Schulter zu Nicole hinüber. Als sie seinen Gesichtsausdruck sah, stutzte sie. „Was ist los?"

Felix deutete auf Buscot. „Irgendwas stimmt nicht, wir fliegen direkt auf den Wald da vorn zu."

Buscot zupfte weiter an seinem Taschentuch herum und machte keinerlei Anstalten, nach vorn zu sehen. Offenbar hatte er gar nicht gehört, was Felix gesagt hatte.

Felix stieß ihn in die Seite. „Buscot, was ist hier los?"

Als der Pilot nicht reagierte, fasste Felix ihn am Arm und schüttelte ihn. „He, Buscot. Mann, wo fliegen wir hin?"

Nicole hatte sich nach vorn gebeugt. „Was hat er denn? Was ist los mit ihm?"

„Ich weiß nicht, er antwortet nicht. Und wir kommen dem Wald immer näher."

Erneut stieß Felix den Piloten in die Seite – und schien endlich Erfolg zu haben. Langsam richtete Buscot sich auf, stierte durch die Frontscheibe und griff nach dem Steuerknüppel. Während sich die Nase des Flugzeugs hob und die Maschine sich auf den Horizont ausrichtete, leckte sich Buscot über die Lippen. Er schien etwas sagen zu wollen, schluckte, räusperte sich, brachte aber nur undeutliches Gemurmel heraus.

Felix beugte sich hinüber. „Was sagst du? Was soll ich?"

„Du … du musst fliegen … Weiterfliegen … Kann nicht … Mir ist nicht gut … Geradeaus …"

Felix schüttelte ihn wieder. „Wie denn? Ich hab doch keine Ahnung vom Fliegen!" Verzweifelt drehte er sich zu Nicole um, die ihn erschrocken ansah. „Wie soll ich steuern? Was soll ich machen?"

Wie in Zeitlupe bewegte der Pilot den rechten Arm zur Mitte des Armaturenbretts, ließ die Hand sinken, deutete auf irgendetwas. Auf seiner Stirn standen Schweißtropfen, die Wangenmuskeln zuckten. „Musst umschalten … Konsole … umlegen … Kontrolle … übernehmen … Kann nicht … du … musst landen …"

Nicole deutete auf den unteren Teil der Mittelkonsole. „Ich glaube, er meint den großen Knopf da. Er will, dass du weiterfliegst. Du sollst mit dem Hebel die Kontrolle auf deine Steuerung umschalten."

Felix sah zweifelnd auf den Steuerknüppel vor sich, der vorher parallel jede der Bewegungen mitgemacht hatte, mit denen Buscot das Flugzeug gelenkt hatte. Jetzt waren dessen Hände vom Steuer geglitten; mit leerem Blick lehnte er am geschlossenen Seitenfenster.

„Los", drängte Nicole. „Drück den Knopf und zieh das Steuer hoch. Wir sinken bereits!"

Felix warf einen hastigen Blick nach vorn. Es war ein anderer Wald, der da auf ihn zukam, näher und größer als der, auf den sie vorhin zugeflogen waren. Immer schneller schienen die Bäume auf sie zuzurasen. Schließlich griff er nach dem Hebel, den Nicole ihm gezeigt hatte, und zog ihn seitlich zu sich heran, bis er mit einem Klicken einrastete. Vorsichtig bewegte er den Steuerknüppel. Endlich reagierte das Flugzeug, stieg leicht empor, sodass die Räder knapp über die höchsten Bäumen glitten.

„Jetzt musst du das Steuer wieder nach vorn schieben!", rief Nicole, „sonst steigen wir viel zu hoch!"

Vor ihnen war nur noch Himmel zu sehen. Die Steigung drückte sie in die Sitze.

Hastig befolgte Felix Nicoles Anweisungen, bis sich die Nase des Flugzeugs wieder senkte. Vor Angst und Aufregung war ihm übel. Als er leise aufstöhnte, legte Nicole ihm die Hand auf die Schulter. „Irgendwie schaffen wir das schon."

Er zog das Steuer wieder zu sich heran, bis sie wackelig und ruckend in ziemlich geringer Höhe flogen. „Wo sind wir eigentlich? Kannst du irgendwas Bekanntes erkennen?"

„Moment, ich hol mir die Karte." Nicole langte unter Felix´ Sitz, zerrte sie hervor und breitete sie auf dem Schoß aus. „Kannst du irgendwas erkennen? Vielleicht einen Fluss, Häuser oder eine Straße?"

Als Felix sich nach rechts, zum Außenfenster lehnte, hinderte sie ihn mit dem Arm daran. „Nein, guck nach vorn! Sag mir einfach, wenn dir da draußen was auffällt. Und halt das Flugzeug gerade. Vielleicht ein bisschen höher? Du machst das übrigens ziemlich gut dafür, dass du ein Pilot ohne jede Flugstunde bist."

Felix war sich da nicht so sicher. Die Maschine hob und senkte sich ständig, er übersteuerte mal in die eine, mal in die andere Richtung. Bei einer viel zu steilen, ungewollten Abwärtsbewegung sah er kurz Wasser aufblitzen. „Da unten liegt ein Fluss,

Bach oder See. Ist das vielleicht der Fluss, über den wir gekommen sind? Was siehst du, Nicole? Kannst du die Kurven auf der Karte erkennen?"

„Hm. Sieht anders aus als auf der Karte. Ist sicher nicht derselbe Fluss, dazu sind wir viel zu weit nach rechts abgekommen. Meiner Meinung nach müsste unsere Hinflugroute links von uns liegen."

„Eher rechts, denke ich. Nach meinem Gefühl sind wir zu sehr nach links gerutscht. Daher müsste der Fluss rechts liegen. Kannst du die Schleifen da unten mit denen auf der Karte vergleichen? Vor uns macht der Fluss einen großen Bogen nach rechts."

Als Felix sich nach rechts zum Fenster beugte, neigte sich das Flugzeug merklich zur Seite und begann, eine Rechtskurve zu ziehen.

Nicole schrie unwillkürlich auf, als die Fliehkraft der Kurve und der verringerte Auftrieb die Maschine absacken ließen. „Pass auf, nicht nach unten sehen! Du musst uns in der Luft halten und schön gerade fliegen. Ich schaue auf der Karte nach."

Nicole überlegte kurz. „Also, wie kommen wir zurück zur Landepiste? Beim Hinflug sind wir gegen die Sonne geflogen, also nach Südosten. Dann müssen wir jetzt auf jeden Fall in die andere Richtung steuern, nach Nordwesten. Ungefähr mit der Sonne im Rücken." Nicole legte Felix die Hand auf die Schulter. „Hörst du mich? Wir fliegen in die falsche Richtung. Du musst umdrehen. Los, Felix, mach schon."

„Ja, ja, ich mach ja schon. Das mit der Sonne ist eine gute Idee. Und es ist noch nicht so spät, dass die Sonne viel weitergewandert wäre. Müsste in etwa hinkommen."

Als sie die Sonne ungefähr im Rücken hatten, konzentrierte sich Nicole wieder auf die Karte und blickte ab und an kurz nach draußen, um nach irgendetwas Vertrautem Ausschau zu halten, während Felix angestrengt nach vorn starrte. Auf den ersten Blick sah dieses weite Tal so aus wie das, das sie gerade verlassen hatten. Gehölze und kleine Wäldchen wechselten mit rechteckigen Feldern ab. Die meisten Äcker lagen schwarz und abgestorben da. Selbst große Teile der Sonnenblumenfelder waren von einem leichten Grauschleier überzogen, Zeichen des Pilzes, Vorboten der vollständigen Vernichtung.

„Da, Felix, Häuser! Da wohnen Leute", rief Nicole und deutete nach links. „Dort drüben, siehst du's? Rote Dächer und weiße Häuser. Und da ist auch eine Straße. Vor den Häusern stehen zwei Autos."

Sehnsüchtig blickte Felix auf die Idylle hinunter. „Ich weiß zwar nicht wie, aber vielleicht sollten wir versuchen, hier zu landen. Dann könnten uns die Leute dort weiterhelfen. Ich versuche etwas tiefer zu gehen, während wir um den Hof herum fliegen. Vielleicht siehst du ein passendes Feld."

Beide erschraken, als die Maschine sich immer stärker zur Seite legte.

„Mehr Gas. Du musst mehr Gas geben!", rief Nicole, als sie spürte, wie das Flugzeug an Fahrt verlor. Felix zog am Hebel der Kerosinzufuhr: Sofort lief der Motor schneller, und die Maschine richtete sich etwas auf. Beide seufzten erleichtert, als das Flugzeug wieder ruhig in der Luft lag.

Nicole deutet aus ihrem Fenster. „Da drüben sehe ich ein ziemlich großes Feld. Offenbar abgeerntet. Vielleicht können wir da landen."

Felix warf einen kurzen Blick durch das Seitenfenster. „Ja, sieht schön groß aus. Kannst du dort einen Hang erkennen? Dann könnten wir nämlich versuchen, bergauf zu landen. Das würde uns etwas abbremsen."

„Ja, scheint leicht bergauf zu liegen."

„Also müssen wir nur noch aus der passenden Richtung kommen. Und dann irgendwie landen. Hast du eine Idee, wie man landet? Was ich tun muss, um richtig aufzusetzen?"

„Ich weiß nur, dass wir noch tiefer gehen und viel langsamer werden müssen. Und dann musst du kurz vor der Landung die

Nase der Maschine gerade so hochziehen, dass die Fahrt möglichst abgebremst wird."

„Aber wie kommen wir jetzt in die richtige Richtung? Was meinst du, noch eine halbe Runde, dann dahinten, von der anderen Seite aus, dicht an dem Bauernhof vorbei und bergauf gerade auf das Feld zu?"

„Ja, aber probier während der halben Runde noch tiefer zu gehen. Und dann versuch, so gerade wie möglich auf das Feld zuzufliegen."

Im Halbkreis näherten sie sich der Baumgruppe, die Felix sich als Markierung für den Anflug auf das Landefeld gemerkt hatte. Er zog das Seitenruder schärfer nach links und wartete, dass die Kurve steiler wurde.

„Gas geben!", rief Nicole erneut, als die Maschine über den zu steil stehenden linken Flügel abzusacken drohte. Er zog den Gashebel schnell ein wenig heraus und stellte das Seitenruder senkrecht. Felix blickte durch die vordere Scheibe auf den Hang gegenüber, rechts rauschten die Baumwipfel an ihnen vorbei.

Nachdem sich die Maschine wieder ausgerichtet hatte, drosselte Felix die Spritzufuhr. Sofort sackte die Maschine ab. Gleich darauf kam das freie dunkelgraue Feld auf sie zugerast. Felix brach der Angstschweiß aus, Nicole schrie leise auf. Während er weiter abbremste, zerrte er gleichzeitig am Höhenruder und versuchte, die Nase der Maschine im letzten Moment hochzuziehen. Zu spät: Die Räder berührten bereits den Boden.

Es gab einen gewaltigen Schlag. Die leichten Rohrgestänge der Räder hielten den Druck nicht aus und brachen unter der Maschine weg. Gleich darauf setzte das Bugrad mit einem Ruck auf, verhakte sich in der groben Erde und knickte knirschend ab. Eine Flügelspitze schlug auf dem Boden auf und schleifte so über den Acker, dass die Maschine sich drehte. Jetzt bohrte sich der rechte Flügel in die Erde und blieb in den Schollen hängen. Als sich die träge Masse des Flugzeugs über die abbrechende Tragfläche schob, überschlug sich die Cessna. Die zweite Tragfläche fiel weg, als sie durch die Luft wirbelten. Senkrecht krachte der Rumpf auf den Boden, bäumte sich wie mit einem letzten Zucken noch einmal auf und legte sich, eingehüllt in eine dichte Staubwolke, auf die Seite. Stille senkte sich über das Wrack.

Was war passiert? Wenn es ein Traum gewesen war, dann jedenfalls ein sehr plastischer. Eben noch hatte er am Steuer einer Cessna gesessen, obwohl er doch gar keinen Flugschein besaß. Dann hatte er landen wollen, aber was war danach geschehen? Sein Kopf pochte. Als er mühsam die Hand hob und sich an die Stirn fasste, spürte er Feuchtigkeit. Verblüfft musterte er das Blut an seinen Fingern. Als er sich aufzusetzen versuchte, schoss ihm ein jäher Schmerz durch den Körper, und er stöhnte laut auf. *Nicole.* Sie war bei ihm gewesen. Er blinzelte durch den Blutschleier – das Blut sickerte ihm mittlerweile von der Stirn in die Augen – und versuchte sich zu orientieren. Er hing angeschnallt in einem Sitz, wusste aber nicht, wo oben und unten war. Tageslicht drang durch ein kleines Klappfenster in einer Flugkabine.

Eindeutig kein Traum. Nach und nach kamen die Erinnerungen zurück. Er hatte für den Piloten einspringen müssen, wie hieß er doch gleich? Hulot? Buscot? Nicole hatte ihm, so gut sie konnte, beim Lenken der Cessna geholfen.

Wo war Nicole? Als er sich nach ihr umschauen wollte, schrie er unwillkürlich auf, weil sich in seinem Brustkorb ein Messer umzudrehen schien. Vorsichtig löste er den Sicherheitsgurt, drückte sich hoch und stand auf, wäre wegen der Schräglage der Kabine aber fast nach unten gerutscht. Während er sich am Sitz festklammerte, blickte er sich in der Kabine um.

Nicole hing in ihrem Sicherheitsgurt, den Kopf an die Außenwand gelehnt. Ihre Augen konnte er nicht sehen, ihre langen Haare waren darüber gefallen. Die linke, jetzt untere Tür lag auf dem Boden und darauf, zusammengekrümmt, Buscot. Aus einer tiefen Stirnwunde lief ihm Blut über das Gesicht. In der Stirn steckten mehrere Metallsplitter, die vermutlich aus den zerbrochenen Teilen des Instrumentenbrettes stammten.

Er musste versuchen, die Tür neben sich nach oben aufzustemmen. Musste sie entriegeln und dagegen drücken. Doch der Schmerz in den Rippen nahm ihm jede Kraft. Beim ersten Versuch schnappte die Verriegelung zurück und rastete wieder ein. Er verankerte einen Fuß auf dem verbogenen, jetzt sinnlosen Steuerknüppel und probierte es erneut. Als er spürte, wie sich die Verrieglung löste, biss er die Zähne zusammen und begann, gegen das dünne Metall zu drücken. Endlich gab die Tür nach, bewegte sich widerstrebend aufwärts, klappte schließlich ganz auf und fiel scheppernd gegen den Rumpf.

Erschöpft sackte er zurück auf seinen Sitz und wartete ab, bis sich sein Atem ein wenig beruhigt hatte und der Schmerz in Kopf und Brustkorb nachließ. Schließlich rappelte er sich auf, hielt sich am Sitz fest und steckte den Kopf nach draußen. Rings um das Wrack schwebten Wolken aus Staub, Pflanzenresten und Claviceps.

So schnell wie möglich musste er Nicole und Buscot in Sicherheit bringen. Hilfe holen. Jetzt fiel ihm wieder ein, dass sie in der Nähe eines Bauernhofes gelandet waren.

Vorsichtig atmete er ein und aus und versuchte, in den hinteren Teil der Kabine zu gelangen, ohne den Brustkorb zu bewegen. Den einen Fuß verankerte er in der Seitenverkleidung dicht neben Nicoles Kopf, den anderen schob er tiefer unter ihren Sitz, bis er sich über sie beugen konnte. Als er ihr die Haare aus dem Gesicht strich und ihr über die geschlossenen Augen fuhr, merkte er zu seiner unendlichen Erleichterung, dass sich ihr Brustkorb langsam hob und senkte.

Er lauschte nach draußen: In der Ferne hörte er aufgeregte Rufe. Vor Schmerzen halb ohnmächtig, schob er sich zurück zur offenen Tür, um ins Freie zu spähen. Zwei Männer rannten durch die Staubwolke auf ihn zu. Ihre Gesichter konnte er nicht erkennen, sie hielten sich Taschentücher vor den Mund. *Natürlich,* dachte er noch, *schließlich ist der Staub des Claviceps giftig.* Dann umfing ihn Schwärze.

29 Bordeaux, Frankreich

Nicole hörte leises Rauschen. Durch die Lider schimmerte Helligkeit. Mit aller Kraft versuchte sie die Augen zu öffnen.

Eine graue Decke. Als sie den Kopf drehte, ein Krankenzimmer. Neben ihr ein leeres Bett. Auf der anderen Seite ein lächelndes Gesicht. Felix.

„Willkommen in der Welt", hörte sie ihn sagen. „Endlich wachst du auf."

Sie sah sich um. „Wo bin ich? In einem Krankenhaus?" Sie versuchte sich aufzurichten, doch Felix bettete ihren Kopf behutsam zurück aufs Kissen. So schonend wie möglich brachte er ihr bei, was passiert war, denn Nicole konnte sich nur noch an den Abflug der Cessna vom kleinen Flughafen bei Perignac erinnern.

„Also haben wir uns überschlagen, Felix? Wie geht es Buscot? Und was ist mit deinem Kopf? Du trägst einen Verband."

„Ach, das ist nur eine kleine Platzwunde."

Doch Nicole sah, wie er unwillkürlich eine Hand an den Brustkorb presste, als er ihr das Kissen aufklopfen wollte. „Und was hast du da?"

„Alles auf dem Wege der Besserung. Zwei gebrochene Rippen und eine angeknackste. Aber glücklicherweise keine Komplikationen." Er lächelte schief, stand auf, beugte sich über Nicole und küsste ihre Stirn. „Ich kann dir gar nicht sagen, wie froh ich bin, dass du wieder unter den Lebenden bist", flüsterte er ihr zu.

Sie versuchte, ihm einen Arm um den Hals zu legen, aber der Arm wollte ihr nicht gehorchen. „Wieso kann ich mich nicht bewegen?", fragte sie bestürzt. „Und wie sind wir überhaupt aus der Cessna herausgekommen?"

Felix nahm wieder auf dem Stuhl neben ihrem Bett Platz, behielt aber ihre Hand in seiner.

„Ich weiß nur noch, dass wir uns überschlagen haben und später zwei Leute übers Feld kamen. Dann bin ich weggekippt. Die Ärzte haben mir erzählt, dass der Bauer und sein Sohn aus dem angrenzenden Gehöft uns geholfen haben. Sie haben uns aus dem Flugzeug gezogen, während die Frau die Sanitäter gerufen hat. Der Notarzt hat uns dann mit der Ambulanz hierher gefahren."

„Und …", sie traute sich kaum zu fragen, „wie geht es Buscot?"

„Keine Sorge, es geht ihm schon wieder ganz ordentlich. Er hat ein paar Glas- und Metallsplitter im Gesicht und wird wohl einige Narben zurückbehalten. Außerdem hatte er eine massive Ergotaminvergiftung. Wir beide übrigens auch. Das Gift hat wahrscheinlich dazu beigetragen, dass wir das Bewusstsein verloren haben. Wir beide haben aber nicht so viel abbekommen wie Buscot, sagte die Ärztin. Uns hat es erst bei der Landung erwischt, als das Flugzeug den Claviceps-Staub aufgewirbelt hat."

„Landung ist vielleicht nicht der richtige Ausdruck." Nicole versuchte zu lächeln. „War wohl eher eine Bruchlandung, oder?"

Als sie sah, dass er protestierend Luft holte, drückte sie seine Hand. „Ist doch keine Kritik an dir, im Gegenteil! Dafür, dass du noch nie ein Flugzeug gesteuert hast, war das eine Superlandung, eine wahre Glanzleistung. Du hast uns allen das Leben gerettet, mein Süßer."

Sein Gesicht hellte sich auf. „Trotzdem hast du recht, es war wirklich eine schlimme Bruchlandung. Und sie hat dir eine schwere Gehirnerschütterung und drei gebrochene Finger an der rechten Hand beschert."

Mit der linken Hand schob Nicole sofort die Decken zurück und sah, dass die rechte Hand dick in Gips eingepackt war. „Kein Wunder, dass ich sie nicht aus dem Bett ziehen kann."

„Ist aber nicht so schlimm, wie es aussieht", beruhigte Felix sie. „In ein paar Wochen ist das wieder zusammengeheilt, sagt

Dr. Maière, unsere Ärztin. Sie ist sehr nett. Und auch sehr kompetent."

Felix erzählte, was Dr. Maière ihm berichtet hatte: Sie habe inzwischen so viele Vergiftungen behandelt, dass sie schon an den Symptomen genau unterscheiden könne, wie viel Ergotamin jemand aufgenommen habe. „Ihrer Meinung nach werden unsere Ergotaminvergiftungen ohne Folgen bleiben. Bei uns ist das meiste Gift offenbar schon abgebaut."

„Und das gilt hoffentlich auch für Buscot", bemerkte Nicole.

Felix nickte. „Ach ja, außerdem hast du auch Prellungen an Beinen und Hüften abbekommen, hat die Ärztin gesagt. Da müsstest du jetzt ein paar schöne bunte Flecken haben, genau wie ich. Das tut zwar ein bisschen weh, aber der Schmerz schwindet mit der Farbe."

„Die würdest du dir jetzt wohl gern ansehen, oder?" Nicole wollte lächeln, aber das klappte nicht so recht.

„Später, Nicole. Leider erst später, aber dann muss ich das alles ganz genau untersuchen."

Nicole überlegte kurz. „Welcher Tag ist heute überhaupt? Wie lange war ich bewusstlos?"

„Drei Tage", antwortete Felix. „Ich war fast zwei Tage weggetreten, bin gestern Abend zum ersten Mal aufgewacht. Nur kurz, dann war ich wieder weg bis heute früh. Dr. Maière meint, dass bei uns Schock, Anstrengung, Aufregung, die Verletzungen, das Gift aus dem Claviceps und bei dir die Gehirnerschütterung zusammenkamen und uns ausgeschaltet haben. Unsere Körper haben zu unserem eigenen Schutz so reagiert. Als ich heute früh aufgewacht bin, war mir auch noch mulmig, und ich konnte nichts essen. Habe dann über Mittag noch mal geschlafen."

„Und was ist mit unserem Experiment? Hat es geklappt?"

Nicole wurde lebhafter, versuchte sich aufzurichten, ein Bein aus dem Bett zu schwingen. Felix drückte sie sanft zurück in die Kissen.

„Es hat funktioniert", erwiderte er lächelnd. „Die Pilze auf dem Feld sind gebremst. Sogar die kleinste Menge an transgenen Pilzzellen, die wir beim letzten Überflug versprüht haben, reicht offenbar aus. François hat mir heute früh am Telefon erzählt, dass sich die Kreuzung womöglich sogar automatisch fortsetzt. Die Paarung der beiden Stämme – des ‚bösen' Claviceps und unserer Dreifachmutante – verbreitet sich offenbar schneller, als wir dachten. Es scheint jedenfalls zu funktionieren. Auf unserem Versuchsfeld ist der Claviceps jetzt gezähmt. François meint, dass die Bauern den gekreuzten Claviceps nur unterzupflügen brauchen und die nächsten Jahre keinen Roggen anbauen dürfen. Dann zersetzen sich die Pilzzellen im Boden."

„Und wie geht es jetzt in Frankreich weiter? Und in den anderen Ländern? Werden unsere transgenen Zellen reichen, den Claviceps überall zu killen? Schließlich ist halb Europa verseucht. Werden auch die anderen Staaten unsere transgenen Pilze akzeptieren und auf ihren Feldern einsetzen? Auch bei dir in Deutschland, wo so viele Leute prinzipiell gegen Gentechnik eingestellt sind?"

„Vermutlich wird ihnen gar keine andere Wahl bleiben. François hatte mehrere Telefongespräche direkt mit Kalkhaus. Der hat ihn kontaktiert, weil sie jetzt auch den Einsatz in Deutschland vorbereiten wollen. Kalkhaus hat erzählt, dass es wegen des transgenen Pilzes zwar einen ziemlichen Krach in der Regierungskoalition gegeben hat, aber offensichtlich haben die Grünen nach unserem Erfolg in Frankreich jetzt eingelenkt. Vorbehaltlich rigider Sicherheitsauflagen natürlich, zum Beispiel was die Abdrift beim Sprühen betrifft. Heute Abend nimmt François an dieser Podiumsdiskussion an der Uni Bordeaux mit dem Bauernverband und den Umweltschützern teil, aber jetzt hat er ja alle Trümpfe in der Hand. Er freut sich sogar darauf, hat er gesagt."

Felix strich ihr liebevoll übers Gesicht. „Die ganze Welt nimmt Anteil an dem, was wir getan haben. Ich soll dich sehr herzlich von allen im Institut grüßen und dir ausrichten, dass aus Stanford und Kyoto bereits Glück- und Genesungswünsche gemailt wurden."

Er sah sie an. „Du siehst müde aus, ruh dich jetzt aus. Und mach dir wegen der Zellenmenge keine Sorgen. In Bordeaux wird unser transgener Stamm schon in großem Maßstab gezogen. Zugleich läuft in der Industrie die Züchtung von Massenkulturen in riesigen Fermentern an. François ist zuversichtlich, dass schon in ein paar Wochen genügend Zellmaterial zum Sprühen zur Verfügung steht. Dann wird man überall sofort mit den Überflügen beginnen, genauso wie wir es gemacht haben."

Er lachte. „Na ja, vielleicht nicht ganz genau so wie wir. Besser ohne Bruchlandung."

Nicole sah ihn nachdenklich, fast ein bisschen traurig an. „Also gehst du bald zurück nach Deutschland?"

Felix grinste sie an. „Nun ja, German hat mir erst mal Schonzeit in Frankreich verordnet. Bis die Rippen nicht mehr so wehtun und ein paar Dinge abgeklärt sind."

„Was für Dinge? Sind die Grenzen denn immer noch dicht? Brauchst du auch jetzt noch eine Sondergenehmigung für die Rückreise?"

„Die dürfte kein Problem sein, außerdem wird der Ausnahmezustand sicher bald aufgehoben. Aber ich brauche eine sehr spezielle Genehmigung. Von dir, Nicole. Die Genehmigung, auch weiter in deinem Leben mitzumischen. Und das nicht nur bei Lösungen für Pilzfäden."

30 Weingut Duvalle, nahe bei Bordeaux

Nicoles Eltern, Nadine und Gilbert Duvalle, hatten darauf bestanden, dass sich ihre Tochter nach der Entlassung aus der Klinik ein paar Tage bei ihnen erholte. „Und deinem deutschen Kollegen wird das bei all diesen Rippenbrüchen sicher auch guttun", hatte Nadine nicht ohne Hintergedanken nachgesetzt. „Außerdem darfst du ja sowieso noch nicht wieder selbst Auto fahren."

Beim frühen Abendessen auf dem kleinen Weingut, zu dem der hauseigene Wein serviert wurde, berichteten Nicole und Felix abwechselnd von ihrer Feldexpedition, stellten sie jedoch vor allem als großes Abenteuer dar, um Nicoles Mutter möglichst wenig aufzuregen.

„Und Sie sind wirklich noch nie selbst geflogen?", erkundigte sich Gilbert bei Felix. „Respekt! Dann sind Sie ja so was wie ein Held."

Nadine legte den Arm um ihre Tochter. „Jedenfalls hoffe ich, dass ihr die kommenden Monate am Boden bleibt." Sie lachte. „Soweit euch das derzeit möglich ist", setzte sie mit einem vielsagenden Blick zu Felix hinüber nach. „Auf euch beide und auf euer Projekt!" Sie stießen miteinander an.

Nach dem Essen schlenderten Nicole und Felix eng umschlungen zu den kleinen Weinbergen hinüber. Stolz deutete Nicole auf die roten Rebsorten. „Weißt du, mein Vater hat das hier alles selbst aufgebaut. Als er genügend Geld zusammen hatte, hat er das alte Haus und das Land gekauft. Vorher war er Versicherungsvertreter, aber die Arbeit hat er gehasst. Also ist er einfach ausgestiegen, und meine Mutter hat ihn von Anfang an darin unterstützt. Nach und nach haben sie sich alle Kenntnisse über den Weinbau angeeignet. Und mein Bruder tritt jetzt in ihre Fußstapfen."

„Du hast wunderbare Eltern, und deine Eltern haben eine wunderbare Tochter." Er küsste sie, löste sich aber gleich darauf von ihr. Neugierig ging er zu einer Rebenreihe hinüber, hob eine der schweren Reben an und befühlte die roten Trauben. Plötzlich stutzte er: Auf der innenliegenden Seite einer Traube bemerkte er einen grauen Belag. Als er die Beere weiter drehte, sah er eine dunkle Schicht auf dem tiefen Rot der Traube. Bei genauem Hinsehen erkannte er feine Fäden, die in der Mitte zu einem weichen Filz verknäult waren. Sein Herz machte einen Satz. War das der nächste mutierte Pilz? War es der gleiche böse Claviceps, der jetzt wider Erwarten auch Weinreben anfiel?

Nicole war zu ihm getreten. „Keine Sorge", sagte sie, als sie seinen bestürzten Blick bemerkte, „das ist Edelfäule, genauer gesagt Botrytis cinerea. Wenn der jetzt im späten Sommer und im Herbst auftritt, ist er durchaus nützlich. Er macht Löcher in die Schalen, das Wasser verdunstet heraus, und die Konzentration von Zucker und Geschmacksstoffen steigt – der Wein wird besser. Aber auch nur bei trockenem Wetter, wenn er langsam wächst. Im Frühjahr wäre der Botrytis eine Katastrophe, in feuchter Luft überwuchert er die jungen Beeren, und die Ernte ist weg. Allerdings muss ich meinen Vater morgen gleich darauf ansprechen, es ist noch ein bisschen früh in diesem Jahr. Er muss aufpassen, dass es nicht im kommenden Frühjahr bei dem Austrieb der jungen Beeren Probleme gibt."

Sie lachte leise. „Jedenfalls ist das kein Claviceps, mein Lieber. Wenigstens diesmal ein guter Pilzbefall. Und keine neue bösartige Mutante."

Felix sah sie skeptisch an. „Bist du sicher?"

Nachwort

Das, was Sie gerade gelesen haben, ist Fiktion. Ein Thriller, denn wie in diesem Genre üblich, setzen die Helden der zerstörerischen Kraft eines mächtigen Widersachers List, Erfindungsreichtum, Kombinationsgabe und einen hartnäckigen Kampf entgegen, um ihm das Handwerk zu legen und Leben zu retten.

Nur ist in diesem Fall kein menschlicher Bösewicht am Werk, sondern eine gefährliche biologische Mutation, ein „tödliches Geflecht". Und die Helden sind nicht 007 oder 008, sondern Agenten der Wissenschaft.

Reine Fiktion also?

Ja und nein. Werden im Ernstfall tatsächlich solche Helden wie German, Felix, Anne, Nicole, François und Pierre zur Stelle sein? Besessene Wissenschaftler, die ohne Rücksicht auf die Bürokratie den Kampf gegen einen schwer zu fassenden Gegenspieler aufnehmen? Und die es auch noch schaffen, die nötigen finanziellen Mittel dafür locker zu machen? Schwer vorstellbar, angesichts der Sparmaßnahmen und bürokratischen Strukturen an unseren Universitäten.

Andererseits ist eine bedrohliche Pilzmutation, wie sie im vorliegenden Roman beschrieben wird, vielleicht schon Realität und der Grenzen überschreitende Horror auf dem Vormarsch.

Seit einigen Jahren verbreiten sich üble Mutanten von Claviceps rasant um die Welt. Befallen zum Beispiel Hirse. Im Jahr 2004 vernichtete eine neue Variante von Claviceps 90 % der Hirse in Texas. Sie denken, das sei für uns nicht wichtig, Hirse gebe es nur noch in den USA und in Afrika, und das sei alles weit weg? Hirse ist das fünftwichtigste Getreide der Erde.

Bei uns in der EU sind maximal 0,05 % (Gewichtsprozente) Kontamination mit Claviceps bei solchen Nahrungsmitteln erlaubt, die für den menschlichen Konsum vorgesehen sind. Bereits zwischen 1995 und 2004 fand das Bundesinstitut für Ernährung in Roggen regelmäßig 0,11 % Kontamination mit dem giftigen Pilz. Und besonders gefährdet sind die neuen Züchtungen von Hochleistungssorten.

Axel Brennicke, im Sommer 2011

Kurzes Glossar biologischer Fachbegriffe

Agar/Agarplatte

Agar (auch chinesische oder japanische Gelatine genannt) wird aus den Zellwänden bestimmter Algenarten gewonnen und ist ein Geliermittel, das schon in geringer Konzentration ein wirksames Gel ergibt. Es wird bei 95 °C flüssig und erstarrt bei 45 °C. Agarplatten werden in Petrischalen als Nährboden für die Mikrobiologie genutzt. In der Molekularbiologie wird die Hauptkomponente Agarose als Matrix für die Auftrennung von Nukleinsäuren verwendet.

ACGT

Mit diesen Buchstaben werden Nukleotid-Abfolgen bezeichnet. Jedes Chromosom enthält zahlreiche Gene aus den vier „Buchstaben" (Nukleotiden) in verschiedenen Abfolgen. Die Abfolge der Nukleotide definiert dabei die enthaltene genetische Information (s. auch Nukleotid).

Alkaloide

Von Pflanzen, Tieren oder Mikroorganismen produzierte, meist alkalische Substanzen, die auf den tierischen oder menschlichen Organismus einwirken können. Mutterkornalkaloide sind organische Verbindungen, die in dem dichten Geflecht von Pilzfäden des Mutterkornpilzes *Claviceps purpurea* vorkommen. Diese Alkaloide können die als Ergotismus bezeichneten Vergiftungen auslösen. Sie werden auch in bestimmten Pharmazeutika eingesetzt und als Bausteine für verschiedene synthetische Drogen benutzt.

Animpfen

So bezeichnet man in der Biologie das Ein- oder Aufbringen von Mikroorganismen in eine Nährlösung oder auf einen Nährboden zur Vermehrung.

Antikörper

Ein Eiweißmolekül (Protein), das ein Antigen (Teil einer fremden (an-)organischen Substanz) erkennt, sich an dieses anheftet, es direkt inaktiviert und/oder andere Abwehrmechanismen gegen den Eindringling in Gang setzt.

Aufschluss von Zellen

Zerstörung der Zellhüllen von Mikro- oder anderen Organismen, um deren innere Stoffe zu isolieren und zu untersuchen.

Autoradiografie

Das Sichtbarmachen von chemischen Komponenten durch radioaktive Isotope. Die Aufnahme mit einem Röntgenfilm wird als Autoradiogramm bezeichnet.

Bacillus thuringiensis

Bacillus thuringiensis (Bt) ist ein Bodenbakterium. Unterarten von *B. thuringiensis* produzieren über 200 verschiedene Bt-Toxine, die oft sehr spezifisch Insekten schädigen. Zur Schädlingsbekämpfung werden in der ökologischen Landwirtschaft ganze Bakterien auf die Pflanzen gesprüht. In der grünen Gentechnik werden die sauberen Gene der Bakterien in die Pflanzen eingebaut, sodass diese die Toxine selbst produzieren. Bt-Toxine sind für Säugetiere unschädlich.

Blotten

Verfahren zur Übertragung von DNA, RNA oder Proteinen auf eine Membran zur dauerhaften Fixierung. Zunächst wird das Material dabei durch Gelelektrophorese entsprechend der Molekülgrößen aufgetrennt, von dort auf eine Membran übertragen und fixiert. Dann wird eine Gensonde oder ein Antikörper hinzugefügt, die/der an der gesuchten Sequenz haften bleibt (s. auch Hybridisierung).

Bonitur

Erfassung von pflanzlichen Merkmalen, beispielsweise der Zahl der Blüten, des Gewichts der Früchte, der Blattgröße oder der gesamten Biomasse.

Boten-RNA

Die Boten-RNA (mRNA = Messenger-RNA) wird von einem Stück der DNA abgeschrieben und transportiert diese genetische Information aus dem Zellkern zu dem Ort in der Zelle, an dem die Proteine gebildet werden.

Botrytis

Die Grauschimmelfäule (*Botrytis cinerea*) ist ein Schimmelpilz und wächst als Parasit auf mehr als 200 Arten von Pflanzen. Im Weinbau ist er mal Schädling, mal Nützling: Auf unreifen Weinbeeren verursacht er große Schäden, befallene junge Trauben verschimmeln. Auf reifen Trauben durchlöchert die Grauschimmelfäule die Haut der Beeren, Wasser verdunstet aus den Trauben und Zucker und Aromastoffe in den Beeren werden konzentriert. Dadurch wird der Wein gehaltvoller – besser.

BSE

Bovine spongiforme Enzephalopathie, umgangssprachlich Rinderwahn genannt. Tierseuche mit tödlicher Erkrankung des Gehirns.

Bulk-Preis

Fachausdruck für Mengenpreis im Handel.

CDC-Gene/Proteine

CDC-Gene (cell division cycle) kodieren Proteine, die an der Zellteilung beteiligt sind. Etwa 100 solcher Proteine sind inzwischen bekannt, die Teilungen von Zellen in allen Organismen einleiten, steuern und durchführen. Die Entdeckung dieser Gene wurde 2001 mit dem Nobelpreis honoriert.

Claviceps

Claviceps purpurea, der Mutterkornpilz ist ein Schlauchpilz, der auf Roggen und anderen Gräsern als Parasit wächst. In den Ähren bildet der Mutterkornpilz dunkle bis schwarze Mutterkörner, die Sklerotien. Der Name Mutterkorn stammt von der früheren Verwendung als Abtreibungsmittel, da die Inhaltsstoffe Wehen auslösen können.

Clean Bench

Reinraumwerkbank, die aufgrund spezieller Filter steriles Arbeiten in einem geschlossenen Laborbereich ohne zusätzliche Raumdesinfektion ermöglicht.

Chromatografie

Verfahren zur Analyse von Stoffgemischen und ihrer jeweiligen Konzentrationen, bei dem die einzelnen Bestandteile voneinander getrennt werden (andere Reinigungstechniken: siehe Elektrophorese und Zentrifuge).

Detergenzien

In Reinigungsmitteln im Haushalt wie auch in der Biologie Substanzen, mit denen man die Löslichkeit von Biopolymeren verbessert oder auch Zellmembranen zerstört. Dabei setzen diese Tenside die Oberflächenspannung an Wasser abweisenden Oberflächen herab, z. B. bei Fetten. Beispiele für Biopolymere: Proteine, DNA und RNA, Mehrfachzucker (Polysaccharide) wie Stärke oder Cellulose und langkettige Fette.

DNA

Desoxyribonukleinsäure, das berühmte Doppelhelix-Molekül; die gesamte in der DNA enthaltene Information ist der Genotyp eines Organismus. Die DNA kodiert die Proteine und andere Elemente, die in ihrer Gesamtheit den Phänotyp ergeben, das äußere Erscheinungsbild eines Lebewesens.

Elektrophorese

Methode zur Trennung von Molekülgemischen; ermöglicht den Nachweis bestimmter DNA-Stücke (Gene) oder Proteine. Dabei wandern die Moleküle unter elektrischer Spannung durch ein Gel, das wie ein „Sieb" funktioniert: Kleinere Moleküle passieren das Gel schneller als größere. Später sind die Moleküle an unterschiedlichen Stellen im Gel einzeln nachweisbar, so über Farbreaktionen oder Autoradiografie.

EMBL

European Molecular Biology Laboratory (deutsch: Europäisches Laboratorium für Molekularbiologie), 1974 gegründet. Das Grundlagenforschungsinstitut wird von öffentlichen Forschungsgeldern der Mitgliedstaaten finanziert. Unabhängige Forschungsgruppen arbeiten hier an Projekten im gesamten Spektrum der Molekularbiologie. Das Hauptlaboratorium des EMBL ist in Heidelberg.

Enzyme

Enzyme werden von allen lebenden Zellen und Mikroorganismen gebildet. Sie wirken sowohl innerhalb als auch außerhalb der Zellen. Es sind Proteine, die biochemische Reaktionen beschleunigen oder erleichtern (katalysieren). Sie arbeiten hochspezifisch, d. h. jedes Enzym steuert eine bestimmte biochemische Reaktion, von der Verdauung bis zum Kopieren und Transkribieren der Erbinformationen. In der Molekularbiologie sind bestimmte Enzyme die Instrumente, mit denen man die DNA als Träger der Erbinformation zerschneiden und zusammenfügen kann.

Eppendorf-Gefäß

Im Biolabor benutzte Reaktionsgefäße aus Polypropylen für kleine Proben im Mikroliterbereich. Sie zeichnen sich durch Chemikalienresistenz aus und bewahren auch bei Temperaturen über 100 °C ihre Form.

Ergotamine

Komplexe organische Moleküle, die als Hauptgiftstoffe im Mutterkornpilz *Claviceps* entdeckt wurden. Ergotamine wirken an den Verbindungen zwischen verschiedenen Nervenzellen und verändern die Signalleitung. Daher lösen sie bei Menschen Halluzinationen aus, werden aber auch bei Migräneanfällen eingesetzt. LSD ist ein chemischer Abkömmling der Ergotamine.

Fermenter

Gärtank, in dem Bakterien oder Zellkulturen vermehrt werden.

Fotometer

Instrument zur Messung der Lichtdurchlässigkeit von Flüssigkeiten. In der Biologie und Chemie dienen Fotometer zur Bestimmung von Konzentrationen in Lösungen. Die Messung des von Flüssigkeiten absorbierten Lichts lässt Rückschlüsse auf die Konzentration bestimmter Substanzen in der Flüssigkeit zu.

FPLC-Verfahren

Die „Fast Protein Liquid Chromatography" dient zur Trennung und Isolierung von Proteinen oder anderen Biomolekülen aus komplexen Mischungen.

Gel/ 2D-Gel-Elektrophorese

Gele sind viskoelastische Fluide. Die Eigenschaften eines Gels liegen zwischen der einer Flüssigkeit und der eines festen Körpers. Die 2D-Gel-Elektrophorese ist eine analytische Methode in Biochemie und Molekularbiologie zur Separierung komplexer Proteingemische zu Einzelproteinen, die eine besonders hochauflösende Trennung erreicht. Gele bestehen meist aus lockeren Netzwerken langkettiger Moleküle. „Götterspeise" = „Wackelpeter" ist ein solches Gel.

Gen/Genom

Das Gen wird derzeit definiert als „Abschnitt der DNA (oder RNA), der die Information für eine bestimmte Funktion trägt". So ist ein Gen ein DNA-Abschnitt, der ein Molekülprodukt – in der Regel ein Protein – kodiert. Es enthält nicht nur die Nukleotide, die das Protein selbst kodieren, sondern auch Abschnitte, die darüber bestimmen, wie viel von dem Protein produziert wird und wann und in welcher Form das geschieht. Gene können auf verschiedene äußere Reize hin unterschiedliche Proteinkombinationen hervorbringen. Ein Gen ist also eigentlich eine Datei mit Steuerzeichen in einem großen Rechenzentrum, dem Genom. Das Genom ist die Gesamtheit der genetischen Information aller Dateien in einem Lebewesen.

Gradient/Gradientenelektrophorese

Als Gradienten bezeichnet man das Gefälle oder den Anstieg einer gegebenen Größe innerhalb eines Abschnitts. Ein Stoffgradient entsteht durch unterschiedliche Konzentrationen eines Stoffes im Raum.
Bei der Gradientenelektrophorese wird in einem Gel ein Gradient erzeugt. Dabei kann es sich um einen Gel-Dichte-Gradienten oder auch um einen pH-Gradienten handeln. Bei der elektrophoretischen Trennung konzentrieren sich dann die zu untersuchenden Stoffe in einem Sektor nicht nur ihrer Größe, sondern auch anderen Eigenschaften entsprechend.

Hefen

Einzellige Pilze, die sich durch Sprossung oder Spaltung vermehren. In der biologischen Forschung werden sie häufig als Modellorganismen oder „Expressionsplattformen" genutzt, da sie sich im Labor leicht untersuchen, kultivieren oder genetisch verändern lassen. Verschiedene Hefen werden für die gentechnische Herstellung von Proteinen genutzt. Bier- oder Bäckerhefen sind Beispiele für solche Pilze.

Hepafilter

Der Begriff ist die Abkürzung für „High Efficiency Particulate Air"-Filter und bedeutet „Filter mit hoher Wirksamkeit zum Abfangen auch feinster Teilchen". Einige Staubsauger sind bereits mit HEPA-Filtern gegen Hausstaub ausgerüstet.

HPLC-Verfahren

HPLC steht für „High Performance Liquid Chromatography", deutsch Hochleistungsflüssigkeitschromatografie. Das Verfahren ist eine analytische Methode, mit dem man Gemische aus organischen Stoffen trennen, die einzelnen Komponenten identifizieren und quantifizieren, d. h. deren genaue Menge bestimmen kann. Im Unterschied zur Gaschromatografie, einer Trennmethode für verdampfbare Stoffe, können mit der HPLC auch nicht flüchtige Substanzen analysiert werden.

Hybridisierung

Bei der Hybridisierung lagert sich an einem Einzelstrang einer DNA oder RNA ein mehr oder weniger vollständig passender (komplementärer) DNA- bzw. RNA-Einzelstrang an, indem Wasserstoffbrückenbindungen zwischen den jeweils komplementären Nukleinbasen ausgebildet werden.

Hyphen

Fadenförmige Zellen von Pilzen. Bei symbiotischen Hyphenpilzen in oder an Pflanzen bleiben Pilz- und Pflanzenzelle stets voneinander getrennt, selbst wenn der Pilzfaden in einzelne Pflanzenzellen hineinwächst.

Impfen

Einbringen eines Organismus in ein Nährmedium zur Vermehrung (siehe Animpfen).

Inhibitor

Substanz, die eine oder mehrere Reaktionen – chemischer, biologischer oder physikalischer Natur – verlangsamt, hemmt oder verhindert. In der Biochemie hemmen oder verzögern Inhibitoren vor allem Enzymreaktionen.

Inkubator

Ein Inkubator schafft kontrollierte Umgebungsbedingungen für biologische Brut- und Wachstumsprozesse. In der Biologie werden Inkubatoren vor allem für die in Petrischalen gehaltenen oder in flüssigem Nährmedium angeimpften Zell- und Bakterienkulturen verwendet.

Invertase

Ein Enzym, das Saccharose in seine beiden Bestandteile Glucose (Traubenzucker) und Fructose (Fruchtzucker) zerlegt. Invertase wird aus Hefen gewonnen.

Isolat

Durch Isolation von frischem Material gewonnene Reinkultur eines Mikroorganismus sowie jede Subkultur, die von ihr hergestellt wird.

Isomerase

bezeichnet Enzyme, die die Umwandlung einer Verbindung in eine isomere Struktur katalysieren. Isomere sind zwei oder mehrere chemische Verbindungen mit der gleichen Anzahl von Atomen, aber unterschiedlicher chemischer Struktur.

Klon

Die genetisch identische Kopie eines Organismus. In der Molekularbiologie wird daher als Klon die Gesamtheit aller Zellen bezeichnet, die aus einem Bakterium oder einer Pilzzelle mit bestimmten Genen hervorgegangen sind.

Klonieren

Methode zur Gewinnung und identischen Vervielfältigung von DNA. Es geht dabei aber nicht um die Herstellung genetisch identischer Organismen („Klonen"), sondern um die Herstellung identischer DNA-Moleküle. Dabei wird ein gewünschtes DNA-Stück (z. B. ein Gen) in einen Vektor (ein Plasmid) integriert. Das im Vektor eingebaute Gen wird in einen Organismus als Wirt eingebracht, z. B. in ein Bakterium. Wenn sich die Wirtszellen bei der Zellteilung vermehren, entstehen zugleich identische Kopien des klonierten DNA-Stückes entweder mit dem Vektor oder im Genom selbst. So können durch Klonierung auch Gene auf fremde Organismen übertragen werden, etwa, um deren Resistenz gegen Schädlinge zu verbessern. Dabei werden genetisch identische Nachkommen mit dem neuen Gen weiter gezogen.

Knockout
Gezielte (Zer-)Störung eines Gens in einem Organismus.

Konidienzellen
Sporen von Pilzen, die der ungeschlechtlichen Fortpflanzung dienen. Dabei sind ein- oder mehrzellige Formen möglich.

MKS
Maul- und Klauenseuche ist eine ansteckende Viruserkrankung vor allem bei Rindern und Schweinen, die aber auch Menschen infizieren kann.

Molare Masse
Bei molekularen Verbindungen mehrerer Atome zu einem Molekül wird die Summenformel der Atome zur Berechnung der Stoffmasse verwendet. Der Zahlenwert der molaren Masse in g/mol entspricht der Molekülmasse.

Mutation
Veränderung eines Gens oder DNA-Abschnitts und damit des Erbgutes, die von einer Zelle an neu entstehende Tochterzellen weitergegeben wird. Eine Mutation kann negative, positive oder keine Auswirkungen auf die Merkmale des Organismus haben. Mutationen können spontan auftreten, werden aber meist durch äußere Einflüsse verursacht, etwa durch Strahlung. Organismen mit Mutationen im Vergleich zu dem Wildtyp-Organismus bezeichnet man als Mutanten.

National Institutes of Health (NIH)
Einrichtung des amerikanischen Gesundheitsministeriums, die Mittel für die biomedizinische Forschung vergibt und auch eigene Labors betreibt.

Nukleotid
Nukleotide sind die Grundbausteine von DNA und RNA und definieren den genetischen Code. Darüber hinaus haben viele Nukleotide regulatorische Funktionen in Zellen. Ein Nukleotid ist aus drei Bestandteilen aufgebaut: einer Phosphorsäure, einem Monosaccharid (Zucker) und einer der fünf Nukleobasen A (Adenin), G (Guanin), C (Cytosin), T (Thymin) oder U (Uracil). In der DNA werden A, C, G, T verwendet, in der RNA tritt Uracil (U) an die Stelle des Thymin (T). Der Zucker ist bei der DNA die Desoxyribose, bei der RNA die Ribose. DNA ist die Abkürzung für desoxyribonucleic acid, die Säure (acid) bezeichnet den Phosphatrest.

Paper
Das „Paper" bezeichnet im Jargon der Wissenschaften eine Veröffentlichung von Forschungsergebnissen in einer einschlägigen Spezialzeitschrift. Der Druck eines drei- bis zehnseitigen Berichts fast immer auf mehr oder weniger gutem Englisch in der Zeitschrift *Mycological Research* zählt als „Paper", ein Bericht in *Der kleine Pilzsammler* oder in der *BILD* nicht. Die Zeitschriften („Journals") bilden eine strenge Hierarchie, die Zahl der Paper und das Ranking dieser Zeitschriften entscheiden über Arbeitslosigkeit oder Beamtentum des Wissenschaftlers.

Petrischale
Eine Petrischale ist eine flache, runde, durchsichtige Schale mit übergestülptem Deckel aus Glas oder Plastik. Petrischalen wurden 1887 vom deutschen Bakteriologen Julius Richard Petri eingeführt und werden zur Kultivierung von Mikroorganismen und zur Zellkultur genutzt.

Plasmide
Kleine, zirkuläre DNA-Moleküle, die in Bakterienzellen vorkommen können, aber nicht zur eigentlichen DNA des Bakterienchromosoms gehören. Plasmide können mehrere Gene enthalten. Jedes Plasmid enthält mindestens eine DNA-Sequenz, die als Startpunkt der DNA-Replikation dient. So kann das Plasmid unabhängig von der chromosomalen DNA in der

Bakterienzelle vermehrt (= repliziert) werden. Für die Zelle sind sie nicht unbedingt notwendig, enthalten aber oft Gene, die den Bakterien zu einem Vorteil verhelfen, etwa zur Resistenz gegen Antibiotika. In der Gentechnik werden Plasmide auch als „Transporter" benutzt, um ein Fremdgen in Zellen anderer Organismen, etwa von Pflanzen, einzuschleusen.

Polymerase-Kettenreaktion (Polymerase Chain Reaction, kurz PCR)/ PCR-Maschine

Methode, um die Erbsubstanz DNA mit einem Enzym, der DNA-Polymerase, zu vervielfältigen. „Kettenreaktion" bedeutet hier, dass die Produkte vorheriger Zyklen als Ausgangsstoffe für den nächsten Zyklus dienen und somit eine exponentielle Vervielfältigung ermöglichen. Die PCR wird in Biolabors beispielsweise für die Vervielfältigung und Untersuchung von Genen (von DNA) ohne Vermehrung über Klonieren in Bakterien eingesetzt. Die PCR-Maschine, auch Thermocycler genannt, besteht aus einem computerkontrollierten Ofen mit Kühleinheit, bei dem ein Programm schnelle Wechsel der Temperatur steuert.

Primer

Soll die gentechnische Veränderung in einem Organismus nachgewiesen oder eine Gensequenz mit der PCR-Methode (Polymerase-Kettenreaktion) zur Untersuchung vermehrt werden, benötigt man dazu einen Startblock, ein kurzes DNA-Stück als Primer. Dieser Primer ist die Spiegelbildkopie eines Abschnitts aus der nachzuweisenden DNA-Sequenz. Bei dem PCR-Nachweis heftet sich der Primer an die zu vermehrende DNA-Sequenz und startet den Kopiervorgang. Die DNA-Sequenz wird dann so oft vervielfältigt, bis eine messbare Menge erreicht ist. So lassen sich aus einem DNA-Molekül viele Kopien herstellen, z. B. aus einer Mumie oder einem Mammut.

Proteine

Proteine sind Eiweiße mit Molekülketten einer definierten Abfolge und festgelegten Zahl der zwanzig verschiedenen Aminosäuren. Diese Abfolge der Aminosäuren ist in der Reihenfolge der Nukleotide in der DNA durch den genetischen Code in einem Gen festgelegt, nach dem die Proteine synthetisiert werden (siehe RNA). Die meisten Gene kodieren Proteine, also Eiweiße, die bei allen Organismen Struktur- und Steuerungsaufgaben erfüllen. Sie funktionieren in der Zelle oft als molekulare Maschinen, sie transportieren Stoffe, katalysieren chemische Reaktionen und können sich zu größeren Komplexen zusammenfinden. Zu den vielen verschiedenen Proteintypen gehören beispielsweise Enzyme, viele Hormone, Kollagene, Keratine und Antikörper.

Rezeptor

Rezeptoren sind „Aufnahmestationen", die aus der Umgebung gezielt Material oder Signale aufnehmen – oft lebenswichtige Informationen für Zellsysteme – und in das Innere der Zelle weiterleiten. Auf organismischer Ebene ist das Auge ein Lichtrezeptor, die Nase ein chemischer Rezeptor. Auf zellulärer Ebene kann der Rezeptor wie ein Stäbchen oder Zapfen im Auge eine spezialisierte Zelle sein, die äußere oder innere chemische oder physikalische Reize verarbeitet und dem Organismus mitteilt. Auf molekularer Ebene ist ein Rezeptor ein Protein oder Proteinkomplex, das oder der an der Oberfläche einer Biomembran verschiedene Signale, Moleküle oder Licht erkennt. Diese importiert der Rezeptor selektiv in die Zelle, wo sie biochemische Signalprozesse auslösen, oder er gibt ein anderes Signal an das Innere der Zelle weiter.

RNA

Ribonukleinsäure, eine Kette aus vielen Nukleotiden in genau festgelegter Anordnung von ACGU. Eine wesentliche Funktion der RNA in der Zelle ist die Umsetzung von genetischer Information aus der DNA in Proteine. Als Messenger-RNA (Boten-RNA; mRNA) fungiert sie als Informationsüberträger und liefert den Ribosomen die Matrize zum Aufbau von Proteinen. Ribosomen sind Komplexe aus rRNA (ribosomaler RNA) und speziellen Proteinen, die neue Proteine entlang der mRNA synthetisieren. Andere RNAs sind an der Genregulation beteiligt.

Sequenzierung

Untersuchung der Reihenfolge in der die Molekülbausteine z. B. in einem Protein oder in einer Nukleinsäure angeordnet sind. In der Genetik ermittelt man die Sequenz der Nukleotide in einem Gen, einem Abschnitt von DNA oder RNA oder im Gesamtgenom, bei der Proteinsequenzierung die Abfolge der Aminosäuren in einem Protein.

Sklerotium

Ein dichtes Geflecht von Pilzfäden (Hyphen), das bei einigen Pilzen als Dauerform auftritt. Mutterkornpilze bilden solche Sklerotien als sichtbares schwarzes Mutterkorn in den infizierten Getreideähren.

Suspension

Stoffgemisch aus einer Flüssigkeit und darin fein verteilten Feststoffen, die in der Flüssigkeit mit geeigneten Aggregaten (z. B. einem Rührer), meistens auch mit zusätzlichen Chemikalien in der Schwebe gehalten werden. Milch ist eine solche Suspension von Fetttröpfchen und Proteinpartikeln in Wasser.

Transformation

Das Einbringen von DNA (meistens mit einem Plasmid) in Bakterienzellen, Pilze, Algen, Hefen oder Pflanzen. In der Gentechnik wird im Labor die Transformation von Bakterien, Pilzen oder Pflanzen eingesetzt. Transformation von Bakterien wird genutzt, um bestimmte Stücke von DNA in die Zellen einzubringen und sie von den Bakterien vervielfältigen zu lassen.

Überimpfen

Die Übertragung von Bakterien oder Pilzen auf ein frisches Nährmedium, wenn das alte aufgebraucht ist (siehe Animpfen).

Vektor

Ein Vektor (Überträger) in der Biologie ist zum einen Krankheitsüberträger, zum anderen in der Gentechnik ein Genüberträger. Ein Gen wird als DNA-Stück in den Vektor, meist in ein Plasmid aus einem Bakterium oder einen entschärften Virus eingebaut und in die Zielzelle eines Bakteriums, eines Pilzes, einer Pflanze oder eines Tieres eingeschleust.

Zentrifuge

Gerät zur Trennung von festen und flüssigen Bestandteilen einer Mischung durch einen Schleuderprozess ähnlich einer Wäscheschleuder.

Zytoplasma

Der Inhalt einer Zelle, der nach außen hin von der Zellmembran umschlossen wird. Zytoplasma besteht aus der Zellflüssigkeit und dem Zellskelett. Oft werden die Zellorganellen dazugerechnet, in der Biologie aber meist getrennt betrachtet. Zellorganellen kommen nur bei Eukaryoten vor, d. h. Zellen mit Zellkern und Kernmembran wie bei Tieren, Pilzen und Pflanzen. Bei Prokaryoten (Zellen ohne Zellkern, Bakterien) liegt die Erbsubstanz der DNA frei im Zytoplasma, bei Eukaryoten abgetrennt im Organell Zellkern.

Printing: Ten Brink, Meppel, The Netherlands
Binding: Stürtz, Würzburg, Germany